人工智能训练师基础

上册

武卫东 盛鹏勇 李健 唐雄飞 马玲玉◎著

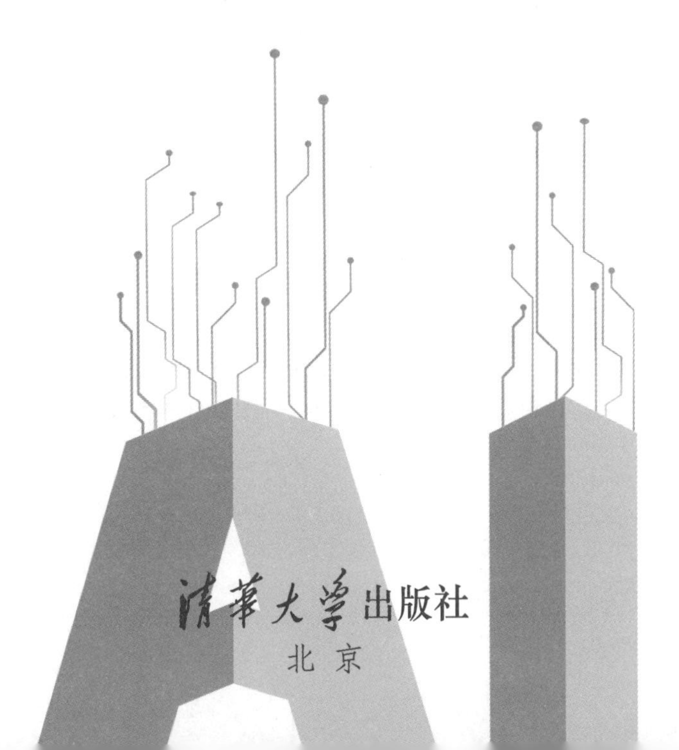

清華大學出版社
北 京

内 容 简 介

本书从人工智能的基本概念和发展历程入手，详细介绍了人工智能训练师需要了解和掌握的基础知识与技能，包括人工智能技术和算法原理、数据采集标注的知识方法、常见人工智能产品的使用运维、运营数据分析和业务分析方法、行业应用场景等。

本书图文并茂、案例翔实，适合准备或刚刚从事人工智能训练工作的人士，也适合对人工智能有兴趣的大众阅读。

图书在版编目（CIP）数据

人工智能训练师基础. 上册/武卫东等著. —北京：清华大学出版社, 2022.9
ISBN 978-7-302-61821-8

Ⅰ. ①人… Ⅱ. ①武… Ⅲ. ①人工智能－职业技能－鉴定－教材 Ⅳ. ①TP18

中国版本图书馆 CIP 数据核字(2022)第 166450 号

责任编辑：严曼一
封面设计：汉风唐韵
责任校对：王荣静
责任印制：朱雨萌
出版发行：清华大学出版社
网　　址：http://www.tup.com.cn，http://www.wqbook.com
地　　址：北京清华大学学研大厦 A 座　　邮　　编：100084
社 总 机：010-83470000　　邮　　购：010-62786544
投稿与读者服务：010-62776969，c-service@tup.tsinghua.edu.cn
质 量 反 馈：010-62772015，zhiliang@tup.tsinghua.edu.cn
印 装 者：小森印刷霸州有限公司
经　　销：全国新华书店
开　　本：170mm×240mm　　**印　张：**16.5　　**字　　数：**294 千字
版　　次：2022 年 11 月第 1 版　　**印　　次：**2022 年 11 月第 1 次印刷
定　　价：75.00 元

产品编号：097055-01

推荐序

人工智能自 1956 年被提出以来，已经走过了起起伏伏的六十余载。从早期占据主流的符号主义范式，到如今风头正劲的连接主义范式，人工智能在语音识别、图像识别、棋类游戏等一些条件和边界都清晰的任务、决策中的表现已经超过了人类，这也为它带来了商业化的可能。尽管从理论上说，无论是知识驱动的人工智能，还是数据驱动的人工智能，都有各自的优点，还远不能与人类智能相提并论，但对被诸多痛点与难题掣肘的许多行业而言，当下的人工智能技术已经可以作为促进经济增长的有效手段。

人工智能产业化发展至今，已经从单纯的解决需求侧某些应用场景痛点的商业模式探索阶段，演进到与各行业典型应用场景融合的阶段。这就要求人工智能产业的从业者，提高自身技术水平，了解人工智能的基础知识与技术原理，掌握工作所需的具体业务与知识技能，以便更好地推动产业发展，创造经济价值。

本书就是为满足人工智能产业人才培养需要而编著的专用教材。作为一本为人工智能训练师这一特定职业而设计的教材，本书有以下几个明显特点。

第一，基础与前沿兼顾。本书既有对人工智能学科全貌的讲解，又有对当下热点、行业趋势的关注，可以帮助读者快速建立起对人工智能的认知体系。

第二，理论与实践并重。本书以行业实践为导向，理论与方法的阐释均辅以案例，是一本面向从业人员的实用的书。

第三，广度与深度协调。本书并不局限于单一行业、单一技术，在涵盖人工智能训练可能涉及的环节的同时，尽可能地进行了深入挖掘，以满足不同层次读者的需求。

第四，专业与通俗平衡。本书尽可能以通俗易懂的语言对人工智能训练师应该具备的知识与技能进行了讲解，是一本非常适合入门的读物。

当然，随着人工智能技术的不断发展，人工智能训练师的职业要求也会不断更新，本书的内容选材还需要根据行业变化与各界反馈修改完善。希望经过课堂教学的长期检验之后，本书能真正成为人工智能行业的精品教材，为业界输送大批高水平的人工智能训练师人才。

张长水

智能技术与系统国家重点实验室学术委员会委员
清华大学自动化系教授、博士生导师
清华大学自动化实验教学中心主任

前　言

2016 年，AlphaGo 与李世石的围棋对弈引发了全世界的关注。这是继 1997 年 IBM 深蓝与加里・卡斯帕罗夫的国际象棋比赛后人工智能（AI）领域又一打破圈层的里程碑式事件。这次人机大战以 AlphaGo 3.5∶2.5 胜利，人工智能也因此真正进入大众视野，迎来了新一波的发展热潮。

而自 2020 年开始的新冠肺炎疫情又进一步推波助澜。疫情发生后，人工智能技术被引入疫情监测分析、药品研发、医疗救治、人员物资管控、后勤保障等疫情防控工作中，并发挥了重要作用，成为抗疫情、稳增长、保民生的关键支撑。同时，传统的零售、餐饮、酒店、娱乐、交通、旅游、教育等第三产业在疫情的严重冲击下，不得不改变既有的服务方式与购买方式，向线上化、数字化、智能化的方向发展。可以说，整个社会都被倒逼着加速向智能化转型。

这一趋势在相关的报告数据中可见一斑。根据国际数据公司（IDC）最新发布的数据，2022 年全球人工智能市场的收入将实现 19.6%的同比增长，达到 4 328 亿美元，并将在 2023 年突破 5 000 亿美元大关。在中国，人工智能的发展势头同样强劲。据相关数据，中国人工智能市场规模由 2016 年的 154 亿元增长至 2020 年的 1 280 亿元，年均复合增长率为 69.9%。中商产业研究院预测，2022 年中国的人工智能市场规模将达 2 729 亿元。

在人工智能市场前景越发明朗的情况下，人工智能人才的需求也随之激增。然而由于我国人工智能起步较晚、前期积累不足，人工智能产业面临着有效人才供给不足的窘境。2019 年人社部等三部门联合发布的《新职业——人工智能工程技术人员就业景气现状分析报告》测算，我国人工智能人才缺口超过 500 万，国内供求比例为 1∶10，供求比严重失衡，如不加强人才培养，至 2025 年人才缺口将突破 1 000 万。

在产业对人工智能人才的需求中，懂 AI（人工智能）算法的算法研发工程师由于作用巨大且门槛较高，一直是最稀缺的人才。此外，和传统互联网应用类似，人工智能应用的落地也需要有相应知识背景的产品经理、应用开发、交付运维、市场销售、高级管理等岗位人才的协同参与。而随着行业发展带来的分工细化，人工智能产业还诞生了一个特有的岗位，那就是人工智能训练师。

人工智能训练师的出现与人工智能技术在客服行业的落地密切相关。作为聊天机器人的商业化应用，智能客服专注于回答用户关于产品或服务的问题，可以为企业带来降本增效的巨大价值，近年来应用颇为广泛。虽然智能客服可以通过语音识别、自然语言处理（natural language processing，NLP）、语音合成等 AI 技术与用户进行交互，但受限于当前的技术水平，智能客服要想精准理解并回答用户的问题，还需要人工智能训练师对其进行一番“训练”才行，即完成业务知识的维护、交互数据的标注、效果测试与优化等工作。

随着人工智能技术的应用场景不断增加，人工智能训练师不再局限于智能客服领域，其工作边界不断扩展、工作内容越发丰富。他需要了解人工智能的基本概念、算法的基础原理，也需要掌握人工智能产品的所有功能，还需要熟悉具体行业的实际业务场景，才能最终优化人工智能的应用体验。在不同技术背景的公司里，人工智能训练师所承担的工作内容也大相径庭，有的更偏向数据标注，有的更偏向业务运营，还有的甚至会参与产品设计和算法调优。如果要对这一职业进行一个明确的界定，人社部给出的定义或许最为合适，即“使用智能训练软件，在人工智能产品实际使用过程中进行数据库管理、算法参数设置、人机交互设计、性能测试跟踪及其他辅助作业的人员”。

本书参考了人社部发布的《人工智能训练师国家职业技能标准（2021 年版）》，并结合编者的行业经验，力图兼顾理论与实践、专业与通俗，以达到使读者掌握人工智能训练师职业基础知识与技能的目的。本书共六章，分别为：人工智能概述、人工智能数据采集与处理、人工智能数据标注、人工智能系统运维基础、人工智能业务分析基础、人工智能常见算法，涵盖了人工智能训练师基础工作的方方面面。本书既可作为人工智能训练师的培训教材，也可作为人工智能的科普读物供广大读者自学或参考。

本书由长期从事人工智能产业应用一线工作的技术专家人员共同完成，韩璐、向孟秋、蔡夫凡、霍雅祺、刘美、施倩、张旭衡、史雨晗、李明阳、陆萧、张媛、李媛、张潇允、莫杰连、李思敏等专业工程师协同参与了内容编写，对相关编者的用心思考、细心撰写表示由衷的感谢。另外本书参考、借鉴了一些专著、教材、论文、报告和网络上的成果、素材、结论或图文，受篇幅限制没有在参考文献中一一列出，在此一并向原创作者表示衷心感谢。

由于时间仓促，编者水平有限，不足之处在所难免，恳请广大读者批评指正。

编者

2022 年 10 月

目　次

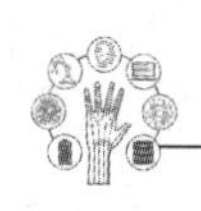

第1章

人工智能概述

人类社会的每一次技术进步，都会催生新的生产、生活方式与社会思潮。历次工业革命给经济、政治、文化领域带来的系统性变革已是不争的事实。在以智能制造为主导的第四次工业革命中，人工智能无疑是对其起到巨大推动作用的重要技术。

或许是科幻作品中的人工智能动辄拥有自我意识，随时准备反攻人类，让普罗大众对其产生了遥远而不切实际的印象，实际上，人工智能早已渗透进我们日常生活的方方面面——从手机上的语音助手、美颜相机、翻译软件，到各类网站及 App 中的个性化推荐，从家居生活中的智能音箱、扫地机器人，到门禁考勤、公交安检中的人脸识别——人工智能技术已经有了不少成熟的应用，也吸引了越来越多的人才自发投入其中。而纵观全球，美国、中国、欧盟、英国、德国、法国、日本等诸多国家和国际组织都发布了人工智能的相关战略或规划，人工智能的发展势头锐不可当。

学习人工智能、研究人工智能，既是实现个人价值的需要，也是顺应时代发展的需要。

1.1 什么是人工智能

1.1.1 人工智能的定义与分类

概念的界定是一切研究展开的前提。什么是人工智能？这是每一本关于人工智能的著作都必须首先解答的问题。

追本溯源，“人工智能”一词首次正式出现是在 1955 年 8 月 31 日的《人工智能达特茅斯夏季研究项目提案》中。参与此提案的学者麦卡锡（J. McCarthy）、马文·明斯基（M. L. Minsky）、罗切斯特（N. Rochester）、香农（C. E. Shannon）这样写道：“我们提议 1956 年暑期在新罕布什尔州汉诺威的达特茅斯学院进行一次为期 2 个月、10 人参加的人工智能研究。该研究是基于这样一种猜想进行的，即学习的每个方面或智能的任何其他特征在原则上都可以被如此精确地描述，以至于可以制造机器来模拟它。我们将尝试寻找如何使机器使用语言，形成抽象和概念，解决现在留给人类的各种问题，并改进自己。”提案中还有一个更明确的定义：“就目前的目的而言，人工智能问题被认为是使机器以一种被称为智能的方式运行，如果人类如此表现的话。”更直白地说，他们认为人工智能就是用机器模仿人的智能。

这是对人工智能较早且较为流行的一个定义。但这种定义方式的背后其实是仿生学的思路，它没有考虑到机器产生非类人的智能的可能，也就是说，机器有可能通过与人类智能完全不同的形式达到我们所谓智能的效果。这方面最有名的例子就是 AlphaGo Zero——谷歌旗下 DeepMind 公司推出的围棋人工智能程序。它在学习围棋的过程中完全抛弃了人类棋手的经验，通过自我训练的方式，以 100∶0 的战绩战胜了此前打败过人类顶尖棋手李世乭、柯洁等人的 AlphaGo。

麦卡锡后来也认识到了这种定义方式的局限，他在 2007 年一篇写给外行的人工智能科普文章中给出了新的释义：“它是制造智能机器，特别是智能计算机程序的科学和工程。它与使用计算机理解人类智能的类似任务有关，但人工智能不必局限于生物学上可观察的方法。”他还进一步对智能作出了解释：“智能是实现世界上目标的能力的计算部分。人类、许多动物和一些机器都具有不同种类和程度的智能。”但是，只有计算才是智能吗？很显然，人与环境的交互并不都是由计算来驱动的，虽然计算对智能机器而言必不可少。

从这个角度来说，尼尔斯·尼尔森（Nils J. Nilsson）对智能及人工智能的看法或许更为合适：“人工智能是致力于使机器变得智能的活动，而智能是使实体能够在其环境中适当地运作并具有远见的品质。”类似地，斯图尔特·罗素（Stuart Russell）和彼得·诺维格（Peter Norvig）在人工智能教材《人工智能：一种现代的方法》中给出了这样的定义：“我们将人工智能定义为从环境中接受感知并执行行动的智能体（agent）的研究。”他们还进一步地将人工智能分为四类：像人一样行动、像人一样思考、合理地思考、合理地行动。

中国电子技术标准化研究院发布的《人工智能标准化白皮书（2018 版）》中也尝试给出了自己的定义：“人工智能是利用数字计算机或者由数字计算机控制的机器模拟、延伸和扩展人的智能，感知环境、获取知识并使用知识获得最佳结果的理论、方法、技术及应用系统。”

可以看到，同其他难以界定的科学概念一样，学界并没有在“人工智能”的定义上达成共识。事实上，在人工智能的研究成熟之前，我们很难给出一个准确而适当的定义。在理论上或实践中追求具体而明确的目标无疑更具有现实意义。不过，了解这些行业先驱与巨擘的观点，可以帮助我们更好地理解这个方兴未艾的人工智能世界。

与定义上的诸多分歧不同，在人工智能的类型问题上，学者们的意见比较一致。根据能力的不同等级，人工智能可以分为两类：弱人工智能（weak AI）和强人工智能（strong AI）（图 1-1）。

图 1-1　人工智能的类型

弱人工智能，也称狭义人工智能（narrow AI）或专用人工智能（artificial narrow intelligence，ANI），简单来说就是达到专用或特定技能的智能。我们目前能够成功实现和应用的人工智能都属于弱人工智能——哪怕是看起来很厉害的无人驾驶汽车和 AlphaGo——因为它们擅长的都只是单一的任务，无法在多领域发挥作用。

强人工智能，也称通用人工智能（artificial general intelligence，AGI），是指达到或超越人类水平的、能够自适应地应对外界挑战的、具有自我意识的人工智能。也有学者对此进行了细分，把达到人类水平的称作强人工智能，而超越人类水平的则是超人工智能（artificial super intelligence，ASI）。无论是强人工智能还是超人工智能，目前都还停留在幻想的阶段。但是，根据大多数人工智能专家的看法，超越人类能力的人工智能一定会出现。因为比起人类相对固定的智能水平，机器的智能正随着算法的优化、处理能力的增强和内存的增加而快速增长，机器超越我们只是时间问题。超人工智能到来的时刻被称作奇点（singularity）。对于奇点何时出现的问题，人工智能科学家也多次调查过同行们的看法，大多数人预计的时间都是 2060 年之前。这个估计会太过乐观吗？让我们一起拭目以待。

如果从发展的眼光来看，人工智能又可以分为运算智能、感知智能、认知智能和自主智能，这也是人工智能应用的四个不同层次（图 1-2）。

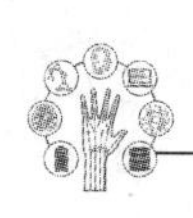

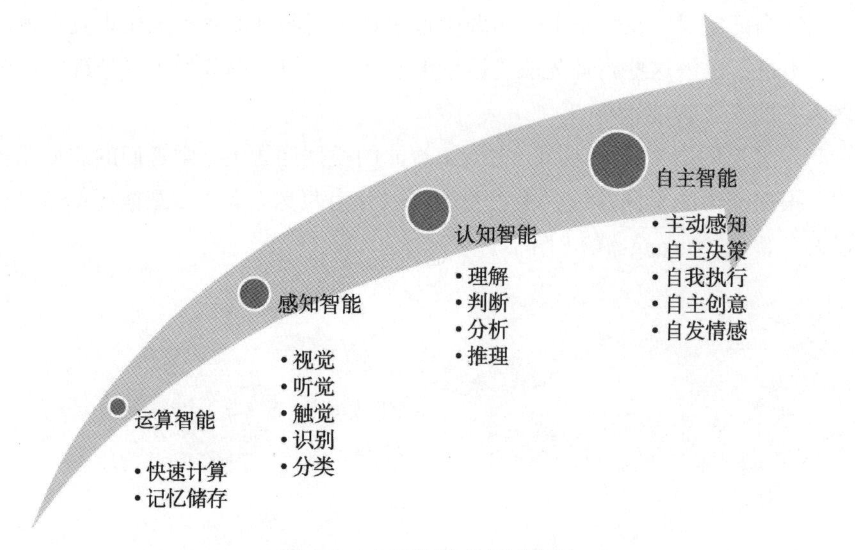

图 1-2　人工智能的四个层次

（1）运算智能，即快速计算和记忆存储的能力，这也是计算机的核心能力。

（2）感知智能，即视觉、听觉、触觉、识别、分类的能力。人类和高等动物都是通过自身丰富的感觉器官，获取环境信息，与外界进行交互的。目前在机器人身上应用的各种传感器和语音、图像、视频识别与分类等技术就是感知智能的体现。整体来说，运算智能和感知智能还停留在工具层面，并没有触及智能的核心。

（3）认知智能，即理解、判断、分析、推理的能力。而现阶段的人工智能虽然在运用自然语言处理、知识图谱、深度学习（deep learning）机制和神经网络（NNs）后，做到了一定程度的“能理解、会思考”，但仍然非常有限。此外，人类情绪对认知的影响，乃至于作为认知主要部分的潜意识，都是目前机器的认知智能难以模仿实现的。

（4）自主智能，即主动感知、自主决策、自我执行、自主创意、自发情感的能力。这种自主，不仅仅是无须人类干预就可以自由移动并与人类和其他物体交互——目前的无人机、无人驾驶等技术已经实现了某种程度上的自主，更重要的是拥有自我意识、自我认知乃至自我价值观——这是目前只存在于科幻小说与电影中而现实的人工智能尚未或许永远也无法触及的部分。

1.1.2　人工智能的起源与发展

回顾历史，人工智能其实可以追溯到古代的“人造人”想象。在 2700 年前的古希腊神话中，就出现了塔罗斯（Talos）、潘多拉（Pandora）、“黄金女仆”（the Golden Maidens）和加勒提亚（Galatea）这四个人造人的形象。前三者都是火与工匠之神赫菲斯托斯（Hephaestus）制造的：塔罗斯是用青铜铸造的巨人，他受命守卫着克里特岛，防止外来者的侵犯；潘多拉作为对普罗米修斯盗火的惩罚，其身体由黏土塑造，被众神赋予了诱人的魅力、语言的技能以及装满了灾厄的魔盒；黄金女仆则是用黄金锻造的女机器人，她们会开口说话并协助赫菲斯托斯在其宫殿中进行高难度的工作。加勒提亚则是塞浦路斯岛的国王皮格马利翁（Pygmalion）用白色象牙雕刻出的理想女性，她被爱神阿佛洛狄忒（Aphrodite）赋予了生命。不止西方，在中国战国时期的典籍《列子》汤问篇中，也记载有西周时期的巧匠偃师向周穆王进献能歌善舞、以假乱真的人偶的故事。可以看出，这些神话传说中的人造人拥有的能力与人们如今对人工智能的期许并无多大不同，尽管这些能力的实现基本上靠的是神力而非人力。

虽然古代人并不相信自己能像神一样造人，但他们在实际的生产生活中制造了许多减轻或替代人类劳动的工具，如耕地的犁、翻地的耙、灌溉的水车、收割的镰刀等。到了中世纪，人们开始制造自动机械装置，即自动机（automaton）。已知最早有据可考的自动机来自阿拉伯的博学家艾尔-加扎利（Al-Jazari），他发明了一艘载有4个木偶的小船，可以通过水流的驱动让木偶演奏音乐。因为互换负责音符的木栓可以让木偶演奏出不同的旋律，所以这被认为是第一个可编程的人形机器人。14世纪，机械钟出现，钟表业开始发展。发条、齿轮等钟表技术渐渐被扩展开来用于制造机械动物和人偶，如意大利博学家达·芬奇的机械狮和机器武士。到了18世纪，随着第一次工业革命的逐步展开，人类从手工劳动进入大机器生产的时代。机器生产的发达，使得更多的自动机开始出现，如法国发明家雅克·德·沃康松（Jacques de Vaucanson）的消化鸭，匈牙利发明家沃尔夫冈·冯·肯佩伦（Wolfgang von Kempelen）的土耳其行棋傀儡（the Turk），瑞士钟表匠皮埃尔·雅克-德罗兹（Pierre Jaquet-Droz）的三个自动机械人偶“小作家”“小绘图师”和“小音乐家”等。虽然这些自动机只是社会上层娱乐的玩物，但作为模仿生物及人类智能行为的机器，它们可以被视作人工智能的前导和先声。

从制造工具到制造机械人偶，这一变化不仅意味着人的工具职能更多地被机器替代，更昭示了一种世界观的转变——人对自我的认识从“人是上帝的创造物”变成了“人是机器”。17世纪初，法国哲学家、数学家笛卡儿（René Descartes）提出了身心二元论，认为人是由身体和心灵两种完全不同的实体组成的。同时他还认为动物的身体只不过是复杂的机器，人体功能是以机械方式

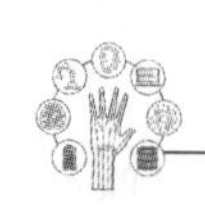

发生作用的。与笛卡儿同时代的英国政治家、哲学家霍布斯（Thomas Hobbes）虽然并不赞成笛卡儿的二元论，但他却更进一步地认为，人是一种由上帝创造的“像钟表一样用发条和齿轮运行的‘自动机械机构’”：人的“‘心脏’无非就是‘发条’，‘神经’只是一些‘游丝’，而‘关节’不过是一些‘齿轮’”。而到了18世纪，作为机械唯物主义代表的法国思想家、哲学家拉美特利（Julien Offroy de la Mettrie）则完全抛弃了上帝，并且非常直白提出了“人是机器”的观点。他认为，人的心灵活动依赖于大脑和整个身体组织，因此和身体活动一样，也属于机械运动。所以，人整个就是一台机器。虽然这种把思想当作物质属性来论证的方式缺乏说服力，但是将人类身体机械化的观点却影响深远。在现代科技的支持下，人类的部分身体组织已经可以被仿生义肢、机械外骨骼等机械装置替代或者增强，各种模仿人体形态和行为的仿人机器人也不断涌现。

但是，身体的机械化还不足够，人工智能的思想根源在于人类心灵（或者说人类思维活动）的机械化。这一观点也可以追溯到笛卡儿。笛卡儿将数学提升为一种普遍适用的科学方法，提出了“普遍数学”，即把数学最一般的特征“度量”和“顺序”运用到其他学科来认知万物。他认为，人类认识领域的任何问题都可以转化为数学问题，人类的认识过程就是数学计算。类似地，霍布斯也认为，真正科学的知识只有在感觉经验的基础上运用推理方法才能获得，而推理就是计算。到了功利主义学派代表人物边沁（Jeremy Bentham）那里，计算就不仅限于心灵的认知层面了，人的情感、欲求、感受等的产生都是基于心灵对快乐和痛苦这两种体验的程度的计算与比较，而趋乐避苦是人类一切思想、情感、行为的动机。所以，心灵的本质就是计算。

然而，由于各种生理因素的限制，人类心灵计算的能力参差不齐，并不完善。于是，人们就开始了将数学运算机械化的尝试，企图通过机器的运算来实现纯粹的、完美的数学运算。1642年，法国哲学家、数学家帕斯卡（Blaise Pascal）发明了第一台机械计算器——加法器（Pascaline）。1673年，德国哲学家、数学家莱布尼茨（G.W. Leibniz）发明了第一台机械式的十进制四则运算器。数学运算的机械化就此开始并不断发展，直到现在的电子计算机阶段。当然，电子计算机的研制成功以及后来人工智能的诞生，还离不开数理逻辑的发展——这是一门用数学的方法来研究形式逻辑，以及研究形式逻辑在其他数学领域的应用的学科。从布尔的布尔代数、弗雷格的一阶谓词演算系统，到哥德尔的不完全性定理、克林的一般递归函数理论，再到图灵（Alan Turing）的理想计算模型图灵机，这些经典的数理逻辑理论成果为1956年人工智能的正式诞生奠定了坚实的基础。

1956 年 7 月到 8 月，麦卡锡召集的人工智能夏季研讨会在达特茅斯顺利举行。会议聚集了当时相关领域的顶尖研究人员，对人工智能的问题展开了开放式的讨论。尽管从结果来看，与会人员并未就人工智能领域的标准方法达成一致，甚至对“人工智能”这个叫法都存在分歧，但他们都认同人工智能是可以实现的。这次会议也催化了之后蓬勃发展的人工智能研究，因此被后人视为人工智能诞生的标志。

不过，在 1956 年之前，人工智能的相关研究已经开始了。1943 年至 1955 年这段时期可以称作人工智能的孕育期。1943 年，沃伦·麦卡洛克（Warren McCulloch）和沃尔特·皮茨（Walter Pitts）的人工神经元模型应该是现代人工智能领域最早的研究成果。1951 年，马文·明斯基与同学迪恩·爱德蒙（Dean Edmunds）合作建造了世界上第一台神经网络计算机 SNARC（随机神经模拟强化计算器）。当然，这一时期最重要的里程碑事件还是 1950 年英国数学家艾伦·图灵提出的图灵测试——如果一台机器能够与人类展开对话（通过电传设备）而不能被辨别出其机器身份，那么称这台机器具有智能。虽然严格来说，图灵测试并不严谨、完善，但其中已经蕴含有人工智能的原始概念，并明确了人工智能未来的发展目标，其划时代的意义是毋庸置疑的。

从 1956 年开始，人工智能的发展大致经历了三大阶段：第一阶段，从 1956 年到 1979 年，这是人工智能的诞生时期；第二阶段，从 1980 年到 2010 年，人工智能开始步入产业化；第三阶段，从 2011 年至今，人工智能的研究和应用迎来爆发。当然，这几十年的发展历程并非一路高歌猛进，也曾经出现过几次起伏。所以，这三个阶段又可以细分为六个时期（图 1-3）。

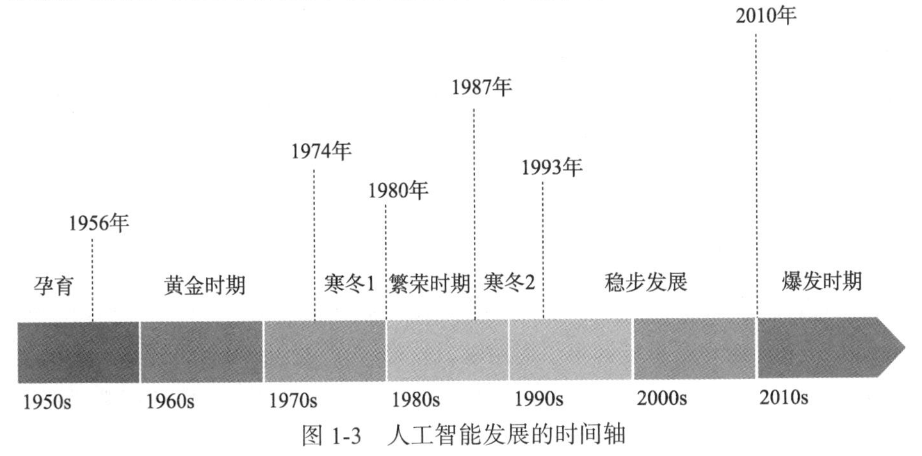

图 1-3　人工智能发展的时间轴

1. 1956—1974 年，黄金时期

达特茅斯会议后的近 20 年是人工智能发展的黄金时期，研究者们普遍乐观，对人工智能的热情和期望很高。这一时期代表性的研究成果有：感知器被发明，人工神经网络［也称连接模型（connection model）］迎来了第一次热潮；麦卡锡开发了编程语言 LISP，这是人工智能研究中最流行且仍受青睐的编程语言；工业机器人 Unimate 被部署在美国通用汽车公司，代替人类进行危险的装配工作；世界上第一个聊天程序 ELIZA 诞生，它可以用英语与人交流；第一个可自主移动的机器人 Shakey、第一个人形智能机器人 WABOT-1 诞生；第一个专家系统[①]DENDRAL 研究完成并投入使用，它的作用是帮助化学家判断特定物质的分子结构。

2. 1974—1980 年，第一次寒冬

尽管如此，黄金时期的很多乐观承诺并没有如期兑现，人们开始对人工智能产生怀疑。1973 年，应用数学家詹姆斯·莱特希尔（James Lighthill）为英国科学委员会编写的一份人工智能研究现状报告发表。该报告对人工智能研究的许多核心方面都作出了非常悲观的预测，称“迄今为止，该领域的任何发现都没有产生当时承诺的重大影响”。莱特希尔报告直接导致英国及其他各国政府和机构减少了对人工智能研究的资金投入，人工智能的发展进入第一次寒冬。

3. 1980—1987 年，繁荣时期

然而，寒冬中也孕育着生机。1978 年，美国卡内基梅隆大学开始为 DEC 公司研发一款能制定计算机硬件配置方案的专家系统 XCON。1980 年，XCON 投入商业使用，为 DEC 公司节省了大量成本。XCON 的商业成功吸引了许多公司的效仿，专家系统所依赖的知识处理问题也成为这一时期的研究焦点。1982 年，日本推出了第五代计算机计划，其目标是造出具有人工智能的计算机系统。随后，美、英、法、德、苏联等国也纷纷响应，投入资金加入角逐，人工智能开始进入新一轮的发展。

4. 1987—1993 年，第二次寒冬

20 世纪 80 年代末期开始，个人电脑的性能不断提升冲击着 AI 硬件市场，曾经大获成功的专家系统暴露出应用领域狭窄、知识获取困难、维护费用居高不下等问题，日本人宏伟的第五代计算机计划也宣告失败。各国政府和投资者再次停止为人工智能研究提供资金，人工智能进入第二次寒冬。

---

① 专家系统（expert system）是以知识库和推理机为核心，在特定领域具有专家水平解决问题能力的智能程序系统。

5. 1993—2010 年，稳步发展

进入 20 世纪 90 年代，随着计算机硬件的发展，人工智能终于取得了突破性的成果。这一时期最重要的里程碑事件莫过于 1997 年 IBM 的深蓝击败了国际象棋世界冠军加里·卡斯帕罗夫，人工智能从此进入大众视野。2006 年，杰弗里·辛顿（Geoffrey Hinton）提出了深度学习的概念，英伟达（Nvidia）推出了并行计算平台和编程模型 CUDA（统一计算设备架构）。2007 年，李飞飞启动 ImageNet 项目，试图构建一个更好的数据集（data set）。研究者们在算法、算力和数据三方面的努力为人工智能接下来的爆发式发展打下了基础。

6. 2011 年至今，爆发时期

2011 年以来，深度学习算法开始在人工智能的子领域广泛应用。这一时期的重要事件有：2011 年，IBM 的 Watson 在智力问答节目中获胜。同年，苹果公司的智能语音助手 Siri 问世。2014 年，亚马逊正式发布了智能音箱产品 Echo。Siri 和 Echo 引得各家厂商纷纷效仿，纷纷推出了自己的同类产品抢占市场。2015—2017 年，谷歌 DeepMind 的 AlphaGo 不断击败数位人类顶尖围棋棋手。2018 年，谷歌发布的 BERT 模型在自然语言处理领域取得了重大突破……[①]如今，人工智能的核心技术不断发展，应用场景逐渐丰富，市场规模持续扩大，已成为时代发展的重要驱动力。

在人工智能的发展过程中，不同学科背景的学者对人工智能的看法各异，因而也产生了人工智能的不同学派。

1. 符号主义学派

首先要提的便是符号主义学派。符号主义（symbolicism）又称逻辑主义（logicism）、心理学派（psychologism）或计算机学派（computerism）。代表人物有艾伦·纽厄尔（Allen Newell）、赫伯特·西蒙（Herbert A. Simon）、尼尔斯·尼尔森等。

符号主义的思想源头是 19 世纪中叶出现的数理逻辑。符号主义认为人类认知和思维的基本单元是符号，而认知过程就是符号上的操作运算。人被视为一个物理符号系统，计算机也是如此。因此，计算机可以用来模拟人类的行为。他们还认为，知识是信息的一种形式，是智力的基础。人工智能的关键问题是知识表示和知识推理。概括来说，就是利用物理符号系统假设和有限合理性原理来实现人工智能。

① 人工智能发展 70 年来的大事年表详见附录。

符号 AI（symbolic AI，sAI），或者有效的老式人工智能（good old-fashioned artificial intelligence，GOFAI），在人工智能发展的早期一直占据着主流，为人工智能的发展作出了许多重要贡献。老式并不是对其过时的指责，而是意味着经典。只要是规则清晰、目标明确的任务，使用符号主义的方式是非常方便的。事实上，目前绝大多数的计算机程序和系统也还都是基于编程规则创建的。20 世纪 80 年代流行的专家系统就是符号 AI 的代表性成果之一。

尽管如此，符号 AI 也有着非常明显的局限。它严重依赖已经设定好的规则，并且无法处理存在大量变化的、非结构化的数据。举例来说，让符号 AI 在图像中识别人脸就非常困难，因为你无法穷举人脸的面貌与所处的环境，更难以创建对应的识别规则。专家系统从 20 世纪 90 年代开始逐渐遇冷也是如此，它所依赖的复杂符号与大量规则需要耗费大量人力，不便于维护，并且可以应用的领域也非常狭窄，没有普适性。

2. 连接主义学派

虽然符号主义学派在人工智能发展的早期占据了主流，但现下更受欢迎的却是另一个学派——连接主义（connectionism）。连接主义又称仿生学派（bionicsism）或生理学派（physiologism）。代表人物有沃伦·麦卡洛克、沃尔特·皮茨、约翰·霍普菲尔德（John Hopfield）、鲁梅尔哈特（D.E. Rumelhart）等。

连接主义的思想源头是仿生学中对人脑模型的研究，尤其是对人脑学习和记忆的研究。连接主义认为智能活动是由大量简单单元通过复杂的相互连接后并行运行的结果。人脑不同于计算机，应该用人脑模式代替计算机模式。神经网络及神经网络间的连接机制与学习算法是这一学派的理论基础。

连接主义的发轫其实很早，1943 年，沃伦·麦卡洛克和沃尔特·皮茨就发表了一篇关于神经网络和自动机的论文，对连接主义 AI 的研究影响深远。20 世纪 60 年代，连接主义的研究也曾出现过热潮。但是由于效率低下的缺陷和对大量计算资源的需求，人们对连接主义的兴趣逐渐降低。直到 20 世纪 80 年代，随着基于递归的新一代神经网络、多层感知机和神经网络反向传播算法的提出，连接主义才出现复兴。进入 21 世纪，其更是掀起了深度学习的热潮，在计算机视觉、自动语音识别（automatic speech recognition，ASR）、自然语言处理等方面都取得了很大的进展，成为当下人工智能的主流。

当然，连接主义 AI（connectionist AI，cAI）也并非没有缺点，需要大量高质量的数据，算法缺乏透明度，难以进行合理论证都是连接主义 AI 一直被人诟病的问题。此外，连接主义 AI 也很难解决需要逻辑和推理的任务，而这恰恰是符号 AI 擅长的。

3. 行为主义学派

除了符号主义和连接主义，还有学者将行为主义（actionism）算作第三种学派。行为主义又称进化主义（evolutionism）或控制论学派（cyberneticsism）。代表人物有诺伯特·维纳（Norbert Wiener）、罗德尼·布鲁克斯（Rodney Brooks）等。

行为主义学派的兴起源于控制论。1948 年，诺伯特·维纳出版了《控制论——或关于在动物和机器中控制和通信的科学》，标志着控制论这门学科的诞生。控制论研究的是生命体、机器和组织的内部或彼此之间的控制与通信。控制论中的智能性原则认为不仅在人类和人类社会中，在其他生物群体乃至无生命的机械世界中，都存在着同样的信息、通信、控制和反馈机制，智能行为是这套机制的外在表现，因此不仅人类，其他生物甚至是机器也同样能做出智能行为。行为主义 AI 以此为理论基础，提出了“感知—行动”的智能行为模拟方法，认为人工智能可以像人类智能一样，在与周围环境的交互过程中通过反馈机制不断进化，发展出越来越强的智能。

由于控制论的原因，不少学者并不把行为主义 AI 划入人工智能的范畴。在他们眼中，沿着这一理论路径最多只能实现完美的机械自动化，难以达到真正的智能。

1.2 人工智能的技术路线

1.2.1 机器学习

在当前的人工智能领域，机器学习，或者更准确地说，“大数据 + 深度学习”的技术路线已经成为研究的主流。这种主流甚至表现在，只要想对人工智能进行稍微深入一点的了解，就一定会看到“机器学习”这个名词。那么，什么是机器学习？

顾名思义，机器学习试图让机器拥有人类的学习能力。机器学习作为一个术语，最早是由人工智能领域的先驱亚瑟·塞缪尔（Arthur Samuel）在 1959 年提出的，并表示“它使计算机能够在没有明确编程的情况下进行学习”。而这种学习的目的在于改善系统的性能和效果。

这个解释可能有些抽象，让我们来举个通俗的例子。想象你站在一个篮球场上，现在你需要完成罚球线上的定点投篮。第一次投篮，你用的力气太小，篮球甚至没有接触到篮筐。于是在第二次，你使用了更大的力气，结果这次篮球砸在篮板上弹了出去。到了第三次，你终于找到了最合适的力道，投篮命中。在这个过程中，每一次失败的投篮都是一次经验的累积，通过对这些经验的利用，你才能在最后一次投篮成功。

机器学习的过程也是类似的。计算机使用学习算法（learning algorithm）从数据中累积经验，生成模型（model）——这个过程称为“学习”（learning）或者“训练”（training），训练中使用的数据称为“训练数据”（training data）。之后面对新的情况时，模型就可以帮助计算机做出判断和行动。

具体来说，在确定好任务目标之后，机器学习的过程主要包括以下几步：收集数据——数据预处理——特征提取与处理——选择合适的学习算法进行训练，生成模型——评估模型效果——调整训练过程中的参数、变量，优化模型效果——开始使用。当然，不同的机器学习方式在具体执行过程中采用的方法是有所差别的。根据学习的过程中是否有人类监督，机器学习可以分为监督学习（supervised learning）、无监督学习（un-supervised learning）、半监督学习（semi-supervised learning）和强化学习（reinforcement learning）。

监督学习使用人类事先打好标签的数据集训练模型，然后根据新输入的数据，来判断它的类别，或者预测它的值，也就是所谓的分类和回归。例如，判断你今晚看到的月亮是阴是晴是圆是缺就是分类，而预测未来的月相就是回归。监督学习是机器学习中最常用的类型，其经典算法模型有K-近邻（KNN）、线性回归、朴素贝叶斯、逻辑回归、决策树（decision tree）、支持向量机（support vector machine，SVM）、支持向量回归（SVR）、隐马尔可夫模型（HMM）、条件随机场（CRF）等。

而在无监督学习中，机器学习算法需要在未标注的数据中寻找模式，因为有的时候人工标注的成本很高，或者人类也缺少相关经验无法进行标注。无监督学习不像监督学习拥有明确的任务目标，学习效果也无法量化评估，但可以帮助我们发现一些没有注意到的规律或者趋势。无监督学习最常见的算法是聚类和降维。聚类就是对数据进行特征提取并分类，常用的算法有K均值聚类（K-means）、层次聚类、谱聚类、EM（最大期望）算法、高斯混合模型（GMM）等。降维有点类似压缩，它是使用更少的但更有效的特征来表示数据，常用的算法有主成分分析（PCA）、奇异值分解（SVD）、因子分析（FA）、*t*分布随机近邻嵌入（*t*-SNE）等。无监督学习在异常检测、网购推荐中都有所应用。

半监督学习则是综合了监督学习和无监督学习的一种方法，它使用少量的有标签数据和大量的无标签数据进行训练，可以解决监督学习对数据标注的依赖问题，也可以解决无监督学习准确率较低、应用范围有限的问题。半监督学习对无标签数据的使用依赖于半监督假设，当假设正确时，半监督学习才能实现较好的学习性能。半监督学习的三大基本假设包括：①平滑假设（smoothness assumption）：彼此更接近的点更有可能具有相同的类别标签。②聚类假设（cluster assumption）：数据可以分为离散的集群，同一集群中的点更有可能具有相同的类别标签。③流形假设（manifold assumption）：将高维数据嵌入低维流形中，当两点位于低维流形中的一个小局部领域内时，它们具有相同的类别标签。因为是对监督学习和无监督学习的综合，所以分类、回归、聚类、降维这四种方法半监督学习都有，具体如图 1-4 所示。

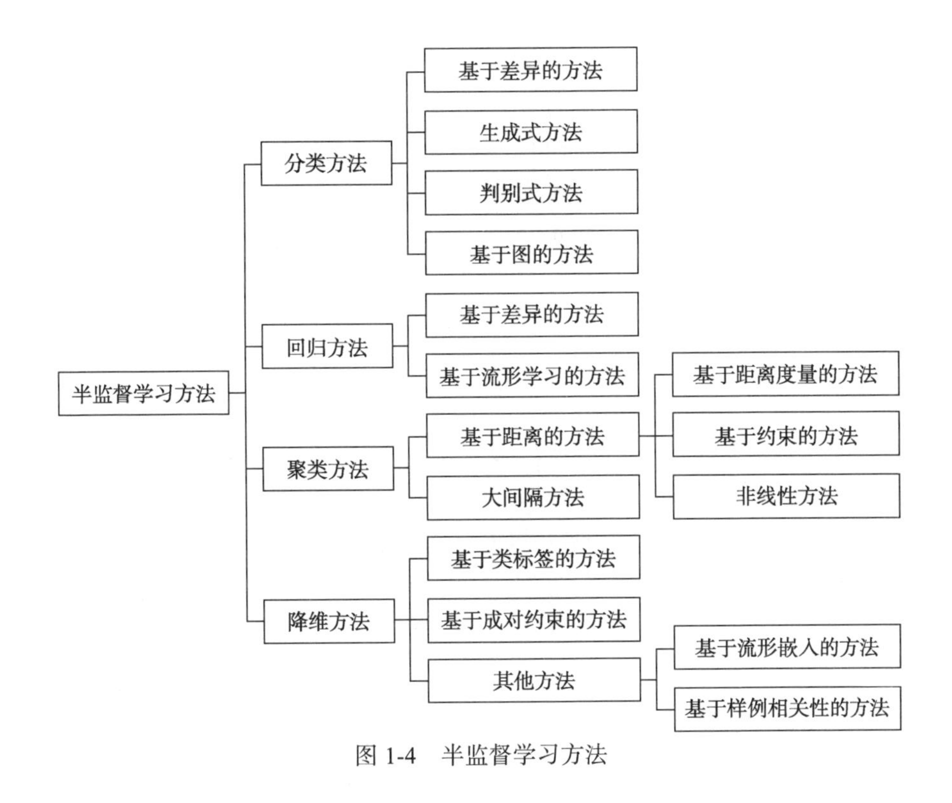

图 1-4　半监督学习方法

至于强化学习，它与上述机器学习方式的不同之处在于，它采用的是一种奖励的思路：强化学习算法并不需要依靠事先准备好的数据（无论是否有标签）来学习，而是从自身行为获得的奖励多少来累积经验，以最大回报为目标驱动结果的改进。强化学习有五个关键的要素：代理（agent）、环境（environments）、状态（states）、动作（actions）和奖励（rewards）。处在某个环境中的代理在执行了某个动作后，使环境转换到了一个新的状态。环境根据这个新的状态给出奖励信号（正奖励或负奖励），代理根据接收到的奖励反馈和新的环境状态再去执行新的动作。整个过程会不断循环，直到代理获得最大的奖励。这种描述听起来很像游戏，事实上强化学习在游戏中的应用也是最多的。强化学习常用的算法有蒙特卡洛方法（Monte-Carlo learning）、时序差分学习（temporal-difference learning）、SARSA 算法、Q-learning 算法等。

近年来很火的深度学习其实也是机器学习的一种，但它并不适用于上述的分类标准，因为它是利用人工神经网络来模仿人类大脑的方法。深度学习的起源可以追溯到 20 世纪 40 年代，但直到 2006 年相关研究才取得较大突破，进入快速发展的时期。深度学习的核心过程其实非常简单，一共就三步：选择神经网络架构——确定学习目标——开始学习。目前比较常用的神经网络架构包括深度神经网络（deep neural networks，DNN）、时间延迟神经网络（time delay neural network，TDNN）、深度置信网络（deep belief networks，DBN）、卷积神经网络（convolutional neural networks，CNN）、卷积深度置信网络（convolutional deep belief networks，CDBN）、生成对抗网络（generative adversarial networks，GAN）、循环神经网络（recurrent neural network，RNN）等。这些神经网络架构有非常多的隐藏层（可以多达 150 个），而传统的神经网络一般只包含 2～3 个，这也是“深度”这个叫法的由来。和传统机器学习相比，深度学习也非常依赖数据，而且需要的数据量更大，两者在数据准备和预处理方面都是很相似的。它们的差别主要体现在数据特征的提取上，传统机器学习主要依赖人工，而深度学习则是靠算法自动提取的。这也是深度学习会被人诟病可解释性较差的原因。深度学习目前已经应用到了图像分类、语音识别、自然语言处理、自动驾驶汽车等各个细分领域的研究当中，当然，在大众认知中最有名的还是打败了围棋世界冠军的人工智能 AlphaGo。

1.2.2 类脑智能计算

虽然机器学习及深度学习已经成为当下人工智能领域主流的技术路线，但是其底层仍未摆脱传统的“冯·诺依曼”计算机体系架构，计算能力依然受限。如果这个载体彻底更换，可能为强人工智能的实现带来新的机会。因此部分研究者提出了类脑智能的想法，希望以生物脑作为参照，利用脑科学的研究成果，构造逼近生物神经网络的电子神经系统，推动人工智能的新发展。

目前深度学习所使用的人工神经网络从其出发点来看，可以算作类脑的尝试，但它实质上只是参考了大脑神经细胞间部分拓扑结构而搭建的数学模型，并非来自生物神经系统的数理解析结果，因此不能算作真正的类脑。从脑科学的发展来看，人类对大脑的认知还十分有限，类脑智能的研究自然也只是处于萌芽阶段，目前的研究方向集中在类脑模型与类脑信息处理、类脑芯片与计算平台等方面。不过，各大国都意识到了脑科学研究的重要性，欧盟、美国、日本、中国等都推出了国家级的脑计划，成立了一批相关的研究机构。未来的类脑智能能否有所突破，还需要脑科学、神经科学、认知科学、计算机科学、人工智能等各领域研究者的共同努力。

1.2.3 量子智能计算

除了类脑智能，还有研究者提出将量子力学与人工智能结合起来，把量子计算作为人工智能发展的另外一条可能的技术路线。

20世纪80年代，诺贝尔物理学奖获得者理查德·费曼（Richard Feynman）有感于经典计算机的局限，提出了量子计算的概念。1994年，贝尔实验室的物理学家皮特·秀尔（Peter Shor）对量子比特的研究，证明了量子计算机在计算速度上的优势，研究者们开始构建具有更多量子比特的量子计算机。2011年，加拿大计算机公司D-Wave制造出了拥有128个量子比特的首台商用量子计算机，量子计算机的研究开始飞速发展。这也从硬件层面促进了量子人工智能的发展。而从国家政策层面来看，欧盟出台的《量子宣言》，以及美国的《量子计算发展白皮书》也都说明了政府层面对这项技术的看好。

目前的量子人工智能主要依靠脑量子场论、神经系统的量子态论、微管引力理论作为理论基础，其研究主要还是集中在对已有机器学习、深度学习的优化上，并没有出现算法上的突破。同类脑智能一样，量子智能的发展还需要更多研究人员的投入。

1.3 人工智能的基础应用技术

在大方向的技术路线之下，人工智能存在着众多具体的应用技术。在目前弱人工智能的发展阶段，自然语言处理、智能语音技术、计算机视觉（computer vision）和知识图谱（knowledge graph）是其中比较热门的四类。

1.3.1 自然语言处理

语言是人类互相交流的方式之一。我们借助语言说话、阅读、写作，表达自己的思想和情感。而所谓自然语言，在语言学中是与人造语言对应的一个概念，它指的是一种自然地随文化演化的语言，我们平时所说的汉语、英语、法语、日语都是自然语言的例子。人造语言则是由人特意为某些特定目的而创造的语言，如世界语。而在计算机科学领域，无论人造与否，自然语言就是人类交流的语言。与之相对应的则是计算机语言（编程语言），一种人类使用各种形式化的逻辑符号创造出的与计算机交流的语言。而自然语言处理作为人工智能和语言学的分支，研究的是如何让计算机理解和处理人类的语言。其核心任务包括两大部分：自然语言理解（natural language understanding，NLU）和自然语言生成（natural language generation，NLG）。前者是让计算机理解我们说的话，后者是让计算机学会使用我们的话。

这是一个很难的课题。众所周知，语言的规律本来就错综复杂，人们又可以随时根据表达的需要创造新的表达方式，穷举绝无可能。而语言作为一套符号系统，它所表示的具体事物或抽象概念是人类长久以来认知世界的成果体现，这种与知识天生的关联进一步增加了研究的难度。再加上，语言的多义性和歧义性要求对语言的理解必须依靠所处的环境与上下文。这些都是自然语言处理，尤其是自然语言理解不得不面对的难点。

为了达到目标，研究者们尝试过基于规则、基于统计的方式来判断自然语言的意图，现在又引入深度学习的方法，但仍未使计算机真正地“掌握”人类的语言。尽管如此，自然语言处理还是有不少较为成功的应用。

（1）垃圾邮件过滤器：大量的垃圾邮件无疑是最让电子邮箱用户困扰的问题之一。各大电子邮件服务商曾经尝试过许多办法进行邮件过滤（如设置关键词），但效果都不理想。而引入 NLP 的方法后，过滤器通过查看并理解邮件文本内容的方式来判断垃圾邮件，准确率提升了很多。谷歌的 Gmail 就是这样做的。

（2）机器翻译：让机器替代人工成为译员就是机器翻译。现在主流的搜索引擎 Google、Bing、Yahoo、百度等都有机器翻译的功能，基本上都可以直接从网页上读取文本，将其从一种语言翻译成另一种语言，方便各语种使用者和世界交流。

（3）文本摘要：互联网带来的信息爆炸让如何迅速获取有效信息成为一个亟待解决的问题。所谓文本摘要就是使用 NLP 对各类文本进行“降维”的处理，压缩提取出精练简洁的信息，以便人们可以更快地理解它。目前文本摘要在搜索结果预览、新闻标题生成中有所应用。

（4）情绪分析：随着电商的繁荣，网购的成交量不断增长，相应地，产品的评论数也在大幅增加。企业需要从中找到改进产品的方向，消费者则需要找到选择产品的参考。如果仅仅依靠人工筛选判断，是很难得出准确结论的。而 NLP 则可以处理大量文字信息，发现文字背后的情感倾向，满足企业和消费者的需要。

（5）聊天机器人：聊天机器人即通过文字或语音与人类交流的程序。最早的聊天机器人 ELIZA 采用的还是模式匹配和字符替换的规则，而如今的聊天机器人则运用了 NLP 的技术，并且涵盖了文本向量化、信息提取等诸多 NLP 任务，实现了更智能的聊天效果。典型代表有苹果的 Siri、微软的小冰等。

1.3.2 智能语音技术

智能语音技术专注于感知层面的智能化，致力于让机器拥有听说能力，是最早实现落地、市场应用也最为广泛的人工智能技术。智能语音技术具体可以分为自动语音识别、语音合成（text to speech，TTS）、声纹识别（voiceprint recognition，VPR）、语音分类等，下面分别进行简单的介绍。

1. 自动语音识别

自动语音识别，又称语音识别，简单来说就是一种把说话内容转换成文字的技术。其流程主要包括四步：语音输入——提取特征进行编码——根据声学模型和语言模型解码——转换为文字输出。语音识别的技术框架中有三个重要的组成部分：模型训练、前端语音处理、后端识别处理（图 1-5）。

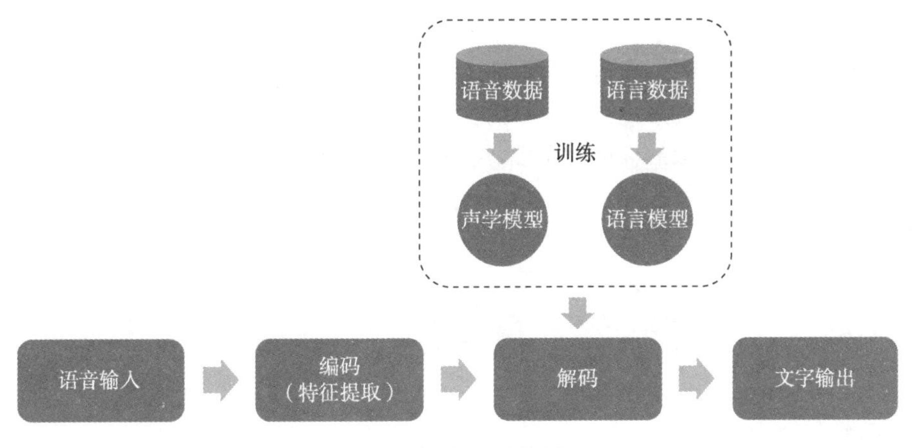

图 1-5 语音识别的原理

语音识别系统的模型通常由声学模型和语言模型两部分组成，分别对应于从语音信号中抽取的特征到音节概率的计算和音节到字概率的计算。前端语音处理指利用信号处理的方法对说话人语音进行检测、降噪等预处理，以便得到最适合识别引擎处理的语音，并从中抽取特征向量的过程。后端识别处理就是指利用训练好的声学模型和语言模型对提取到的特征向量进行识别（也称为“解码”），得到文字信息的过程。其中最主要的解码器部分就是指对原始的语音特征进行声学模型打分和语言模型打分，并在此基础上得到最优的词模式序列的路径，此路径上对应的文本就是最终识别结果。为了得到更好的体验，还需要对识别结果进行诸如打标点、文本顺滑、数字归一化、自动文本分段等文本后处理，并将最终处理结果输出。

对于语音识别的效果，有两个评测的指标：WER（词错率）和 SER（句错率）。词错率计算的是识别错误的字数占所有识别字数的比例，无论是识别多了还是识别少了，都属于识别错误［中文语音识别使用的是字错率（CER）］。句错率计算的则是识别错误的句子个数占句子总数的比例。至于怎么样才算句子识别错误，不同使用场景的标准不尽相同。有的时候只要关键词正确了就不算错，但有的时候则严格要求整句话必须一模一样。一般来说，ASR 模型测试时多使用字错率作为指标，但用户体验方面的测试多使用句错率。

目前国内外业界顶尖的公司，都声称自己的语音识别准确率可以达到 97%～98%的水准。但实际上，语音识别的效果受录音设备、环境噪声、混响、说话口音、说话方式、谈论话题等客观因素的影响很大。想要提高实际应用中的识别率，还是离不开对大量语音文本语料的训练。

2. 语音合成

语音合成是将数字文本转换为拟人化语音的技术。它对于外语学习者、阅读障碍者、视障人员来说都是很好的工具。

语音合成的基本流程也是四步：输入文本——进行文本分析（分词）——经过声学系统（声学模型、声码器）处理——合成语音。如图 1-6 所示。

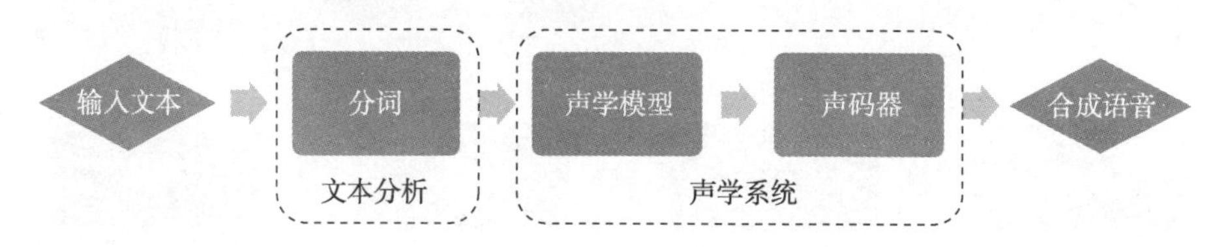

图 1-6　语音合成原理

从技术层面来说，语音合成早期一直存在两条长期并存的技术路线：选音拼接和参数合成，二者各有优劣。选音拼接即从事先录制的语音中选取所需的基本单位（音节、音素等）进行拼接。这种合成方式音质、情感真实，但字间协同、过渡生硬，对录音量和覆盖率要求高，且不能改变声线、情感，只能小幅调节语速和音高。参数合成即通过数学方法对已有录音进行频谱特性参数建模，在构建好文本序列与语音特征的映射关系后，就可以借此找到新输入文本的音频特征，然后通过声学系统生成我们能听懂的语音。这种合成方式字间协同、过渡平滑，录音量小，可变度高，声线、情感、语速和音高都可以更改，但是音质机器感浓、音色特性损失较大、缺乏临场感。

2013 年以来，深度学习浪潮席卷了涉及机器学习的所有应用领域，语音合成的技术也随之更新换代为深度神经网络端到端的合成方式。所谓端到端，是把传统的文本分析和声学系统处理这两个模块合并成一个黑盒，直接输入文本就能输出合成的音频。这种合成方式减少了对语言学知识的要求，在音质、语速、流畅度、拟人度上面都有很大的效果提升。

对于语音合成的效果，目前业内一般采用 MOS 值（mean opinion score，平均意见评分）评测的方式。这是一种主观的评分方式，主要根据评分者个人对声音的喜好程度和整体感觉，进行 1～5 分的评分（可精确到小数点后一位）。其中，1 分代表极差，2 分代表差，3 分代表还可以，4 分代表好，5 分代表非常好。最后，将所有评分者的打分取平均值得到的分数就是 MOS 值。

3. 声纹识别

声纹识别，也叫作说话人识别，是通过声音特征来判断说话人身份的技术，属于生物识别技术的一种。声纹可以简单理解为声音特征，但更准确地说，是由特殊的电声转换仪器绘制的声波特性的频谱图案，是各种声学特征图的集合。声纹因为具有长期稳定的特征，所以被视作重要的人体身份特征用于身份认证，在金融、证券、社保、公安、军事等领域有着广泛的应用。

声纹识别的基本原理是事先为每个说话人建立一个能描述其特征的声纹模型，之后再有新的未知语音输入的时候，才能判断说话人的身份。也就是说，声纹识别的流程有两个部分：声纹注册和声纹辨认。两者都需要先输入声音，然后进行端点检测，再做特征提取，只不过前者的后续流程是声纹注册和声纹模型，而后者的后续流程是进行声纹辨认和结果判断。

声纹识别主要有两种类型：一对一的说话人确认（speaker verification）和一对多的说话人辨认（speaker identification）。说话人确认，即判断待测语音是不是某人的声音。例如在银行、证券的非柜台业务办理中，就可以用说话人确认来判断操作者否是用户本人。说话人辨认，即判断待测语音是谁的声音。例

如一些 App 上的声纹锁功能，就是用的说话人辨认来判断当下登录的用户是多个已注册声纹用户中的哪位。声纹识别原理如图 1-7 所示。

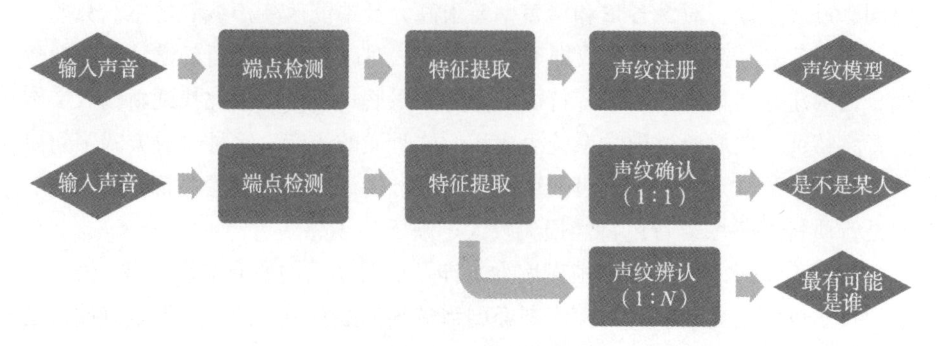

图 1-7　声纹识别原理

4. 语音分类

语音分类主要是对语音从语种、性别、年龄段等不同维度进行识别和分类。比如判断一段音频是普通话、粤语、英语还是日语，它的说话者是男性还是女性，年纪多大等。语音分类的处理流程和其他智能语音技术也很相似，包括语音输入、特征提取、特征分析、输出结果这四步，其核心算法仍然是机器学习中的各种聚类算法。

1.3.3　计算机视觉

计算机视觉是赋予机器“看”的能力的科学。它专注于创建可以像人类一样处理、分析和理解视觉数据（图像或视频）的数字系统。

那么计算机视觉是怎样让机器“看到”世界的呢？其实它的原理参考了人类视觉系统的工作方式。人类的视觉原理是：光线进入眼睛，眼睛把光线携带的信息转化成电信号传给大脑，大脑将其中关键的视觉信息提取出来进行抽象，分析其形状、运动等信息，处理完成之后就变成了视觉体验，人们也就意识到自己看到了东西。而机器的方法也是相似的：在输入视觉数据后，通过多层的神经网络，分层级一步一步地识别出图像的特征，最终通过多个层级的组合，在最后一层完成处理，输出结果。

很显然，这是一种深度学习的方法。其核心原则可以追溯到 1959 年的一项猫的视觉皮层实验——神经生理学家在实验中发现，初级视皮层的视觉处理总是从简单的结构开始，如定向的边缘。此后，计算机视觉从二维图像的分析识别起步，逐渐出现了以理解三维场景为目的的研究、基于特征的物体识别的研究、人脸识别的研究等不同主题的研究。虽然其中也不乏光学字符识别这样的落地成果，但计算机视觉迎来爆发还是在 2012 年首个深层卷积神经网络模型 AlexNet 赢得 ImageNet 图像分类竞赛之后。这不仅得益于强大算法与硬件发展形成的合力，我们每天在互联网上生成的大量公开可用的视觉数据也是这项技术发展迅速的原因。

目前的计算机视觉主要有下列研究任务。

（1）图像分类（image classification）：对静止的图像内容进行分类描述，如判断图片上的是猫还是狗。

（2）目标检测（object detection）：给定一张图像或是一个视频帧，让计算机找出其中所有目标的位置，并给出每个目标的具体类别。

（3）语义分割（semantic segmentation）：从字面意思上理解就是让计算机根据图像的语义来进行分割。它将整个图像分成像素组，然后对像素组进行标记和分类，试图在语义上理解图像中每个像素是什么。

（4）实例分割（instance segmentation）：目标检测和语义分割的结合，它需要在图像中将目标检测出来，然后给每个像素打上标签。

（5）视频分类（video classification）：对一个由多帧图像构成的、包含语音数据、包含运动信息等的视频对象进行分类描述。

（6）人体关键点检测（human keypoints detection）：又称人体姿态估计（pose estimation），主要检测人体的一些关键点，如关节、五官等，通过人体关键节点的组合和追踪来识别人的运动与行为，描述人体姿态，预测人体行为等。

（7）场景文字识别（scene text recognition）：将自然场景图片中的文字信息识别出来。和传统的光学字符识别不同，自然场景中文字展现的形式非常丰富，识别难度也更大。

（8）目标跟踪（object tracking）：在特定场景跟踪某一个或多个特定感兴趣对象的过程。

目前，计算机视觉已广泛应用于众多行业，从交通、安防到医疗、零售、制造业等，且其市场还在不断扩大。预计到 2023 年，计算机视觉的市值将达到 96.2 亿美元。

1.3.4 知识图谱

知识图谱最早是谷歌在 2012 年提出的一个概念。谷歌的知识图谱是谷歌使用从各种来源收集的信息来增强其搜索引擎结果的知识库。在使用谷歌进行搜索时，搜索结果页面的右边会出现“知识面板”，展示关于搜索主题的汇总信息。这样用户就可以直接查看到这些信息内容，而不用一个个点开其他网站自己做汇总。

虽然知识图谱这个概念的提出并不算早，但其发展其实可以追溯到 20 世纪 60 年代符号主义学派提出的一种知识表示方法——语义网络（semantic networks）。20 世纪 80 年代，哲学概念“本体”（ontology）又被引入人工智能领域来刻画知识。1989 年，蒂姆·伯纳斯·李（Tim Berners-Lee）在欧洲高能物理研究中心发明了万维网，人们可以通过链接把自己的文档链入其中。在万维网概念的基础上，蒂姆在 1998 年又提出了语义网（Semantic Web）的概念。与万维网不同的是，链入语义网的不只是网页，还包括客观实际的实体（如人、机构、地点等）。2006 年，蒂姆又强调语义网的本质是要建立开放数据之间的链接。再然后就是谷歌发布的基于知识图谱的搜索引擎了。后来，这个概念渐渐普及，成为人工智能一项重要的应用技术。

那么，人工智能领域的知识图谱究竟是什么？知识图谱可以解释为用图谱来表示的知识库。其中，知识库存储了可供计算机用来解决问题的信息或数据，这些信息或数据代表了关于世界的事实，即知识。而图谱则是一种由一些节点和边互相连接而成的结构。更明确地说，知识图谱旨在描述真实世界中存在的各种实体或概念及其关系，一般用“实体—关系—实体”或“实体—属性—属性值”的三元组表示，比如：“姚明—夫妻—叶莉”“姚明—身高—2.26 米”。多个实体间通过关系互相连接，形成了网状的知识结构。

知识图谱按照功能和应用场景可以分为通用知识图谱与行业知识图谱。通用知识图谱面向的是通用领域，强调知识的广度，形态通常为结构化的百科知识，针对的使用者主要为普通用户；行业知识图谱则面向某一特定领域，强调知识的深度，通常需要基于该行业的数据库进行构建，针对的使用者为行业内的从业人员以及潜在的业内人士等。通用知识图谱中的知识，可以作为行业知识图谱构建的基础；而构建的行业知识图谱，也可以再融合到通用知识图谱中。通用知识图谱的广度和行业知识图谱的深度相互补充，将形成更加完善的知识图谱。

知识图谱最初因搜索而生，搜索自然也成为知识图谱目前最主要的应用场景之一。除此之外，知识图谱还被用于人机交互问答，提高机器人的知识水平，以及辅助进行数据分析与决策等。

1.4 人工智能的市场应用

在错综复杂的国际环境下，人工智能逐渐形成了由软硬件支撑层、产品层、应用层三层堆积起来的架构，它已经不仅仅停留在看不见、摸不着的代码层面，更繁衍出了各式各样的行业解决方案、实体化的产品等，相关产业正在逐步形成、不断丰富，相应的商业模式也在持续演进和多元化。人工智能已经成为提升国际竞争力和推进经济发展的重要科技引擎，各国正在加速人工智能产业布局与发展规划，各行业也趁着政策的东风，深耕发展人工智能，并把相应技术深入落地到现实生活的具体场景中。目前，人工智能在金融、医疗、家居、制造、零售、交通、安防、教育、航空航天等领域中都有广泛的应用。

1.4.1 人工智能在金融行业的应用

金融市场变幻莫测、风险难辨，把人工智能技术引入金融领域，不仅能推动金融业更好地服务于实体经济，提高金融服务质量，更为把控金融风险提供有力的支持。目前，人工智能技术在金融业中主要广泛应用于客户身份识别、智能克服、智能外呼、智能投顾、金融监管等场景。

1. 客户身份识别

在银行领域，当客户需要进行一些重要交易时，往往需要先进行身份的认证，避免交易错乱、盗用账户等风险事件的发生。传统的身份识别方式主要是人为核对身份证号、卡号等关键信息，效率极低。随着人工智能技术的发展，通过人脸识别、虹膜识别、指纹识别等生物识别技术快速提取客户特征进行高效身份验证的方法已推广到银行业的各大主要应用场景中，包括但不限于电子银行登录、银行柜台联网核查、ATM（自动取款机）自助开卡、远程开户、支付结算、反欺诈管理等（图 1-8）。

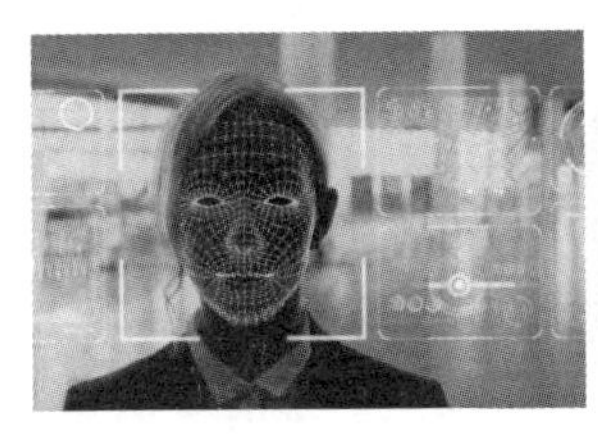

图 1-8 客户身份识别应用

2. 智能客服

早些年，科技还不发达的时候，客户如果想咨询一些简单的银行信息、了解银行的利好产品都只能亲自跑一趟线下营业厅找专人进行解答，不仅时效性得不到保证，在柜台人员的安排和调度方面也是一种浪费。现在，以自然语言理解、知识图谱为基础的人工智能技术发展起来了，越来越多的人可以通过电话、官网、App、短信、微信、实体机器人等各种渠道与形式和银行机构进行语音或文本上的互动交流，它能快速理解客户需求，语音回复客户提出的业务咨询，并能根据客户需求导航至指定业务模块，极大地提升了银行业务办理效率，降低了银行的人员成本（图 1-9）。

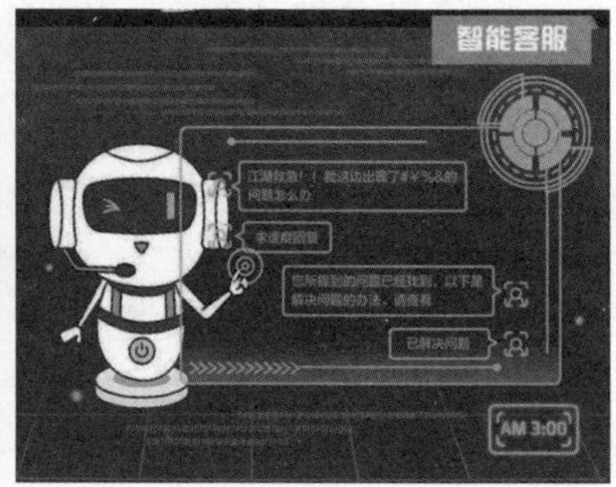

图 1-9　智能客服应用

3. 智能外呼

和智能客服类似，智能外呼基于自然语言理解、语音识别和语音合成等技术，通过电话渠道，模拟真实座席定时不定量往外呼出电话。传统的人工推销电话不仅耗费大量人力成本，收效甚微，甚至可能引起用户的反感，引得投诉率急速上升。引入智能外呼系统后，可将推销话术设定得更有趣味性，提高客户与机器人的交互欲望，从而达到相关业务的目的。目前，外呼机器人已被广泛应用于信用卡催收、通知、理财营销等各场景。

4. 智能投顾

在满足了基本的生活需求后，越来越多的人手里开始攒下多余的资金，理财的道路也由此打开。但面对海量的基金、股票、债券等理财产品，以及让人眼花缭乱的理财渠道和购买方式，人们对于精准地选择到适合自己投资偏好的理财组合的需求也日益强烈。大数据在收集到用户的社会属性、生活习惯和消费行为及投资偏好后，挖掘分析出用户画像，结合基于机器学习搭建的算法模型给对应的人推荐出合适的投资组合，同时通过大数据及时追踪用户偏好变化、资产配置变化、产品风险变化，能动态地维护用户利益，保证利益最大化。

5. 金融监管

面对多维且海量的金融市场数据，传统的监管力度已无法满足监督要求，由遗传算法、神经网络、大数据挖掘等技术构建的智能金融数据分析专家系统，能及时监控金融市场的风险与变化，广泛应用于公司信用等级的评估、风险评估、工程管理和投资策略分析、金融和经济预测、证券价格变动的预测、破产的银行倒闭预测等领域。人工神经网络技术，是通过数据选择（数据的分离和处理）以及学习方法，对金融数据进行预测分析、管理，如股票和有价证券的预测分析、资本收益的预测和分析、风险管理以及信用等级评估等。金融数据分析遗传算法技术是借助自然选择机理的遗传算法和进化计算，实现投资交易策略的优化及管理、决策策略的优化、证券投资的选择、趋势预测模型的选择等。

1.4.2 人工智能在医疗行业的应用

随着人类平均寿命的延长，全球人口逐渐趋向于老龄化，越来越多的人员需要医疗服务，但医疗资源挤兑、医护人员短缺、看病难看病贵等问题也是切实存在的，把人工智能技术引入医疗行业，将对诊疗、治疗、研发、健康管理等各方面提供全新有力的帮助。

1. 辅助诊疗

辅助诊疗主要包括电子病历和医疗影像识别。电子病历主要运用语音识别技术，可以快速帮助医生记录病人口述的病情及症状并转写成文字形式，同时利用自然语言处理技术，将非结构化病历转化为统一标准数据，方便管理和统计分析；医疗影像识别主要是通过计算机视觉及图像识别等技术，读取CT（电子计算机断层扫描）、核磁图像等来获取患者疾病特征，同时在AI进行大量医疗数据的训练、学习和比对后，能快速定位患者病灶区域，辅助医生提高诊断准确率（图1-10）。

2. 疾病预判

随着生活水平的提高，大家的消费饮食水平、生活习惯和过去相比也发生了翻天覆地的变化，但由此带来的更多不健康的饮食和生活习惯也导致了许多过去鲜有耳闻的重大疾病的发病率逐渐升高。医院引进人工智能技术，把机器

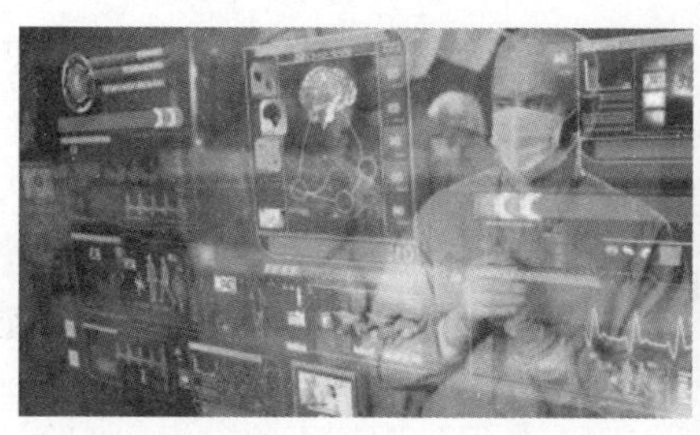

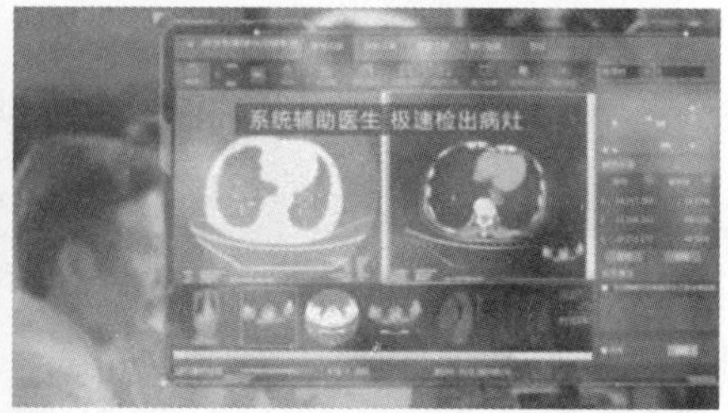

图 1-10　辅助医疗应用

学习、神经网络及图像识别等技术与临床数据（病灶图像、基因序列等）相结合，通过海量的疾病数据训练出相应的预判机器人模型，在下一次有新的疾病数据输入时，模型能快速分析判断是否为罕见疾病，提高疾病预测的效率与准确性，为疾病的诊疗和救治争取到了更多的有效时间（图 1-11）。

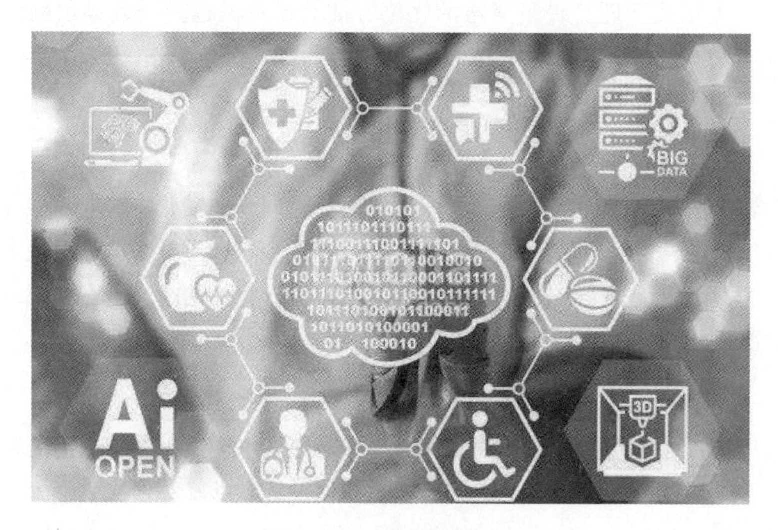

图 1-11　疾病预判应用

3. 药物挖掘

药物挖掘主要应用于各类癌症的靶向药研制与发明，人工智能通过深度学习构建的神经网络，提取挖掘文献资料及疾病图片中的相关数据信息，利用递归神经网络、LSTM（长短期记忆网络）和卷积神经网络对相关信息进行处理整合，分析各类有效靶向药及病理之间的相关性，挖掘出新的靶点，再通过大数据分析找到符合此类靶向药物的病人，优先进行临床试验，为新型药物的验证提供了很大帮助（图 1-12）。

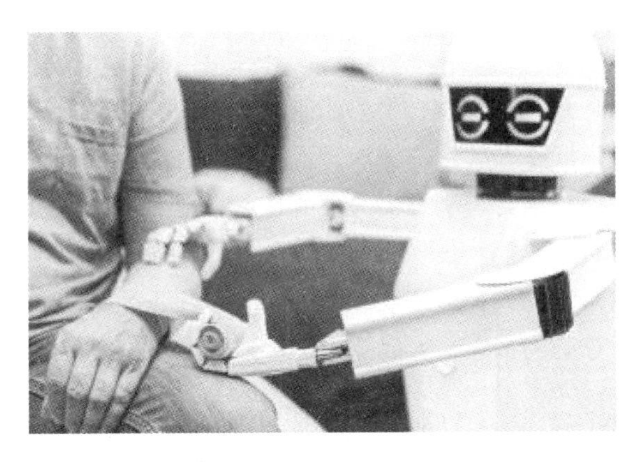

图 1-12　药物挖掘应用

4. 智能健康管理

通过智能可穿戴设备对个人日常活动和生理体征参数等健康数据采集，通过大数据分析能有效评估病人整体状态，及时预判疾病风险，规划日常生活饮食，定制健康管理计划，同时还能结合定期体检信息，完善健康评估和健康管理服务的建立；此外，大部分的智能健康管理软件还会嵌入虚拟的 AI 医生，对常见的、简单的医疗问题进行解答，提供远程医疗服务，从而实现个人健康风险的有效管控（图 1-13）。

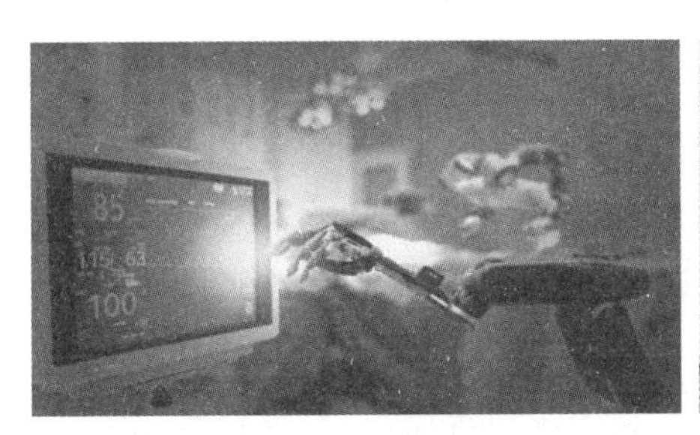

图 1-13　智能健康管理应用

1.4.3　人工智能在家居行业的应用

随着社会的高速发展，人们在职场的压力也越来越大，回到家里后都想马上放松身心，享受最惬意的高质量生活。在家电控制、家居生活等场景中引入人工智能技术，把各类家电联结起来，形成一个庞大的物联网（internet of things, IoT），可以给人们带来极大的舒适与便利。

1. 家电控制

家电控制指通过语音识别、手势控制、指纹、声纹及面部识别技术对家电进行开启、关闭、调整等动作。例如，智能音箱的唤醒、点歌、闹钟功能、音量调整，主要是通过语音识别及语义理解技术，把人类说出的话转化成 AI 可识别的计算机语言，让 AI 获取到人类的意图，再执行相关的操作；智能门锁则可以通过提前录入的人类的声纹、指纹、面部特征等，运用计算机视觉等技术，识别该房子正确的主人，当摄像头记录到陌生人员在门前逗留过久时，还可以及时记录并向主人发送警报信息，提高安全性（图 1-14）。

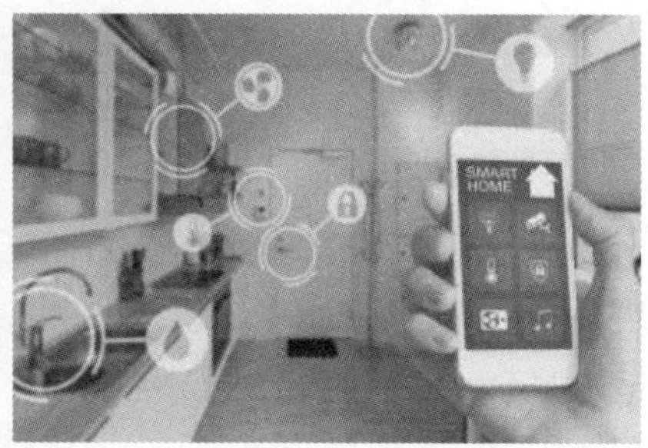

图 1-14　家电控制应用

2. 家庭机器人

目前日常家居中最常见的家庭实体机器人主要为扫地机器人和拖地机器人。它们利用计算机视觉和红外线扫描技术，能自动地扫描家庭路线及路线上的障碍信息，自动规划避障路线，通过定时的打扫任务，自动进行智能清扫；在遇到楼梯、家居和动物时，也能及时停止前进，防碰撞防跌倒；此外，市面上大部分的智能机器人都可以与手机 App 相连，通过手机可查看它们的清扫轨迹，并及时操控它们进行自清洁、自烘干、自充电等操作，非常便捷（图 1-15）。

3. 智能厨房

目前在厨房领域，人工智能的应用大部分还停留在较为基础的阶段，如手势操控抽油烟机开启、定时的智能电饭煲等。但也有部分厂商正在尝试研制搭载语音交互技术的智能冰箱，这种冰箱能自动识别冰箱内的物体，区分快过期/未过期的蔬果，及时提醒人们进行清理；收集人类的饮食习惯、健康数据，进行个性化菜谱推荐等功能也在此行业的研究范围中，期待技术上能尽早攻克此类研究的难题，为人类的生活提供更大的便利（图 1-16）。

图 1-15　家庭机器人应用

图 1-16　智能厨房应用

1.4.4　人工智能在制造行业的应用

科技时代背景下，传统制造行业单纯依靠人力和重复性机械劳动的运作模式、落后低效的制造工艺等已经不再适用于当下，面对招工难、成本高、利润低、效率差的困境，越来越多的企业开始寻求转型创新，在建设数字化工厂的道路上探索前进。引入人工智能技术，将在制造、检测、维护等各方面为制造行业带来颠覆性的改革。

1. 智能产品检测

采用基于深度学习的计算机视觉技术，把 AI 与缺陷检测结合，通过多次对产品缺陷图片的输入与学习，建立全套的缺陷检测系统，能快速地替代人工检出不合规范的产品，一方面统一了检测的标准，避免人为主观带来的影响；另一方面也为企业节省了大量的人工成本。目前该技术已经广泛应用于面板检测、电路板检测、纺织品检测等工业领域。

2. 智能制造

在实际的生产制造过程中，工艺程序可能会受到温度、湿度、环境整洁度等多重因子的影响，而人为模拟很难制造出百分之百的理想环境，这时我们引入智能生产的思路，利用机器学习建立模型，把内外部的参数影响转换成计算机语言，多次的动态调节和参数修正，让产品的设计和优化能自动化地完成全过程，从而也保证整个过程中最大限度地避免其他因素的干扰，对于生产设计有很大的帮助。

3. 智能设备维护

工业生产中往往会使用到大量的重型机器人、机械手臂，而对于这些冷冰冰的机器，一颗小螺丝的掉落都有可能引发大批量的生产宕机或良率损失，严重的情况还会造成人身安全事故的发生，故周期性的点检和维护就显得尤为重要。这时如果我们引入智能维护系统，通过每日采集机组各部位的振动数据、润滑数据、温度变化数据，输入我们构建好的机器学习模型，将其输出的数值与真实运行数值进行对比，及时作出自动告警和提醒，能有效监测设备寿命，并提高整个系统的安全性。

1.4.5 人工智能在零售行业的应用

从 2005 年开始，网络购物风潮不断兴起。2019 年底，新冠肺炎疫情开始肆虐发展。受两者影响，世界各地的实体经济都受到不小的打击，越来越多的零售企业在开展线下运营时，不得不重新评估经营方式。通过人工智能技术加以辅助判断，会为商家带来新的管理模式，从而达到降本增效的目的。

1. 智能仓储

智能仓储主要包括智能仓库选址、智能库存管理及智能分拣等。智能仓库选址是指收集客流、供应商位置、生产商位置、运输成本、劳动力、建筑成本、税收制度等数据，利用大数据分析做出最优的选址方案，降低企业成本和人为主观的干预；智能库存管理是指结合历史的顾客消费数据、分布地区等，采用深度学习、宽度学习等算法，构建相关的需求量预测模型，通过不断的数据输入和动态变化，形成一个智能的仓储预测系统，相应地动态调整各区库存数量，有助于企业高效地进行库存调配，避免资源浪费；智能分拣也是 AI 在仓储管理中的一个重要应用，它的体现形式主要为仓库中的穿梭及分拣机器人，系统通过判断货物的重量、外观、属性、目的地等，先将它们大致做一个分区，而分拣机器人通过图像识别货物的快递面单信息，根据货物的目的地进行分拣和运送，大大地提高了分拣速度和正确性（图 1-17）。

图 1-17　智能仓储应用

2. 无人商店

无人商店利用人脸识别、视频识别等技术，结合压力传感器及红外探射的应用，可以实现无人经营、自动结账的运营模式。用户先注册绑定商店的账号并录入相应的人脸特征信息，当步入商店的时候，摄像头自动捕捉识别人脸并关联该用户账户，再通过货架上的摄像头、传感器等装置，判断用户在什么位置拿走了什么商品，自动进行商品的结算和消费，避免了长时间排队的等候，提高了消费体验和便捷性，也为企业节省了人力成本（图 1-18）。

图 1-18　无人商店应用

1.4.6 人工智能在交通行业的应用

当前的时代背景下，国家大力推进智慧城市①建设，智慧交通是其中一个重要组成部分。现代的城市交通系统不再是比较谁的马路更宽，而是看交通智能化的程度有多高。人工智能技术和交通运输系统融合后，不仅能为基础交通设施建设、运输装备研发、运输服务等方面提供有力帮助，还能有效地提升整个城市的交通枢纽运行效率，保障居民出行安全，降低运输成本。

1. 交通路口信号灯优化

红绿灯信号系统采用模糊控制、遗传算法、神经网络等基础的人工智能核心技术，结合蚁群算法、粒子群优化算法等，通过计算机视觉技术分析摄像头拍摄到的人车排队拥堵情况，结合路上人车流量及其他路口交通灯情况，动态调整交通灯的切换时间，把交通路口的控制模式由车等灯转变到灯看车，扩大了监控面与监控场景，提高了红绿灯切换效率，从而优化交通信号系统（图 1-19）。

图 1-19　交通路口信号灯优化应用

2. 高速路收费稽查/电子不停车收费

高速路有很多路口，不同的路径、不同的车型，收费是不一样的，只靠人工的监管和排查无法完全规避违法人员通过换车牌、换车头来逃费的行为。ETC（电子不停车收费）系统采用 Python+OpenCV 人工智能组合识别车辆信息并预判车辆即将驶入的车道，通过“车脸”识别，对车进行全程路径跟踪，及时扣费，避免偷逃费；同时利用激光雷达探测及短程通信技术，不断扫描激光雷达与被测车辆间的距离，计算出车辆到达 RSU 设备②有效识别范围的时间；当车

---

① 智慧城市是指利用各种信息技术或创新概念，将城市的系统和服务打通、集成，以提升资源运用的效率，优化城市管理和服务，以及改善市民生活质量。

② RSU（路侧单元）设备是 ETC 系统中安装在路侧，采用短程通信技术与车载单元进行通信，实现车辆身份识别，电子扣分的装置。

辆进入 RSU 中天线设备的识别范围时，RSU 中天线设备发出无线电信号，进而实现 OBU[①]设备与 RSU 设备的通信。利用以上人工智能技术加上传统的计费系统，就可以实现不停车收费（图 1-20）。

图 1-20　高速路不停车收费应用

3. 车路协同

随着科技的发展，越来越多的事物依赖于网络技术而生。据国家发布的网联车和车路协同的规划，未来要求所有车必须联网：车辆上将安装通信模组、CPU（中央处理器）芯片、AI 芯片、传感器、北斗导航等设备，路面上也会安装各种传感并连接网络。通过高精定位及高精地图、场景算法、车辆自组网、DSRC[②]、C-V2X[③]等，越来越多的车辆和道路会联网进行信息沟通与交换，道路的环境情况会实时通知给车辆，车结合自身的环境识别能力作出行驶判断，从而实现车路协同（图 1-21）。

4. 无人驾驶

很多人第一次听到无人驾驶技术可能是在动画片《哆啦 A 梦》中，但其实在 20 世纪 80 年代初，美国国防高级研究计划署就已经开始与陆军合作发起自主地面车辆（ALV）计划，并多次举办无人驾驶挑战赛；2009 年，谷歌公司宣布组建人工智能团队开始研发无人驾驶技术；从 2013 年开始，奥迪、沃尔沃、宝马、特斯拉等国外的知名传统汽车厂商纷纷开始布局无人驾驶汽车产业。随

① OBU（车载单元）是安装在车辆上可以与 RSU 进行通信的装置。

② DSRC 即专用短程通信技术，是一种专门用于机动车辆在高速公路等收费点实现不停车自动收费 ETC 技术。

③ C-V2X（蜂窝互联网）是一种基于蜂窝网络的车用无线通信技术。

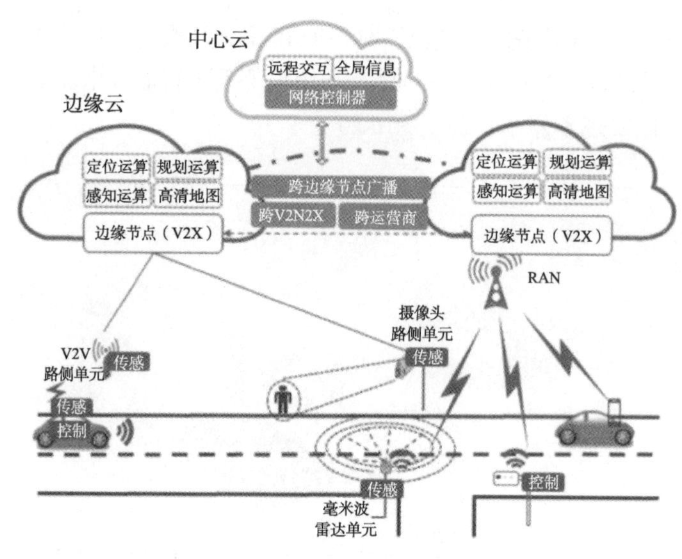

图 1-21　车路协同应用

着丰田 2021 年在日本发售全球首款获法律许可的 L3[①]自动驾驶量产车，越来越多的车企开始实现高级别自动驾驶规模化量产。国内几乎也是在同时间段进行无人驾驶技术的研究，1992 年，国防科技大学成功研制出中国第一辆真正意义上的无人驾驶汽车；2015 年，百度宣布正式成立自动驾驶事业部，同时，一汽、上汽、北汽、奇瑞、长安等国产汽车厂商也加快与国内高校合作研发无人驾驶技术，争取尽快实现自动驾驶汽车的商用化及量产；2020 年，中国长沙等多个城市已经开始了 L3 的无人驾驶出租的试运营，深圳也开始试验运行无人公交。

以上几种无人驾驶的试验运行模式主要是通过摄像头、激光雷达、毫米波雷达、超声波传感器来感知环境，结合行车电脑判断环境路况（涉及图像语义分割、目标检测、立体视觉匹配），均为有安全员的、按照指定路径的无人驾驶。想要实现完全的无路线无规划的 L5[②]无人驾驶，还需要人工智能研究者更多的努力和实践（图 1-22）。

5. 违章抓拍

违章抓拍是人工智能在交通行业应用得较为广泛和成熟的场景，它的工作

① L3 级别的无人驾驶模式是有条件的自动化，指自动化系统完成大部分的驾驶操作，但当紧急情况发生时，驾驶员需作出相应的干预。

② L5 级别的无人驾驶模式是全自动驾驶，全程无须人类干预。

图 1-22　无人驾驶应用

原理是利用车牌识别、车违章行为识别和抓拍技术，对违章进行抓拍罚款。通过道路的电子眼进行机动车图片抓拍，采用计算机视觉技术进行车辆号牌识别、车辆速度检测、布控比对报警、查报站出警拦截，其中涉及车辆图像采集（视频识别、地感线圈识别）、车牌定位（边缘检测定位、颜色定位、特征工程定位、神经网络定位）、车牌字符分割（基于连通域标记的算法、基于字符几何特征的算法、基于图像投影的算法）、车牌字符识别（模糊匹配、神经网络、支持向量机）等技术。

6. 自动停车场

目前人工智能技术在自动停车场的主要应用是通过高清摄像头进行车牌识别，加上计时系统，在闸机卡扣实现自动计费收费。自动收费系统很大程度上缓解了人工收费的压力，并且有效地降低了停车场出入口的拥堵频率。它主要涉及的技术包括车辆图像采集（视频识别、地感线圈识别）、车牌定位（边缘检测定位、颜色定位、特征工程定位、神经网络定位）、车牌字符分割（基于连通域标记的算法、基于字符几何特征的算法、基于图像投影的算法）、车牌字符识别（模糊匹配、神经网络、支持向量机）、计费设置、移动支付等。在未来智慧城市的规划中，停车场将对接城市大脑[①]，可将停车场实时车位进行同步，并给司机推荐最近的空闲停车场（图 1-23）。

① 城市大脑可以理解为城市的大脑，它将散落在城市各个角落的数据汇聚起来，搭建一个用云计算、大数据、人工智能等前沿技术构建的平台型人工智能中枢，是一个对城市信息进行处理和调度的超级人工智能系统。

图 1-23　自动停车场应用

1.4.7　人工智能在安防行业的应用

随着智慧城市[①]建设进程的加快，传统的安防手段已经不能满足各行业的监控需求。面对海量的监控图片、监控视频及密集的流动人口，采用人工智能技术，能协助工作人员快速开展安防工作，提升监控效率。

1. 智慧警务

在公安行业中，违法犯罪的案件不仅多，而且杂。面对海量的犯罪嫌疑人信息，使用人为方法一个个地进行查看辨别无疑是巨大的工作量，公安民警迫切需要在海量的视频信息中快速发现犯罪嫌疑人的线索。依托于信息感知、云计算、人工智能等技术的不断发展，公安部门正在大力推进公安信息化及智慧警务建设，人工智能在其中发挥着越来越重要的作用。尤其在视频内容的特征提取、内容理解方面，人工智能有着天然的优势。基于深度学习的图像识别技术在对人、车、物进行检测和识别的过程中发挥着重要作用。公安机构的身份管理系统运用人脸识别技术在布控排查、犯罪嫌疑人识别、人像鉴定以及重点场所门禁等领域获得了良好的应用效果；同时，治安监控系统也搭建了对应的人员管理数据库，将案件重点关注人群入库，对系统进行智能化升级，实现对常住人口、暂住人口、重点人口、在逃人员等人群的人像比对，为户籍管理、治安管理、刑侦破案等提供大数据分析技术手段（图 1-24）。

① 智慧城市是运用信息通信技术，有效整合各类城市管理系统，实现城市各系统间信息资源共享和业务协同，推动城市管理和服务智慧化，提升城市运行管理和公共服务水平，提高城市居民幸福感和满意度，实现可持续发展的一种创新型城市。

图 1-24　智慧警务应用

2. 智慧社区

社区是城市的基本空间，是社会互动的重要场所。伴随着人口流动性加大，社区中人、车、物多种信息重叠，数据海量复杂，传统的人工管理方式难以实现高效的社区安防管控，同时，社区管理与民生服务息息相关，不仅需要在管理上实现技术升级，还要实现大数据下的社区服务。通过在社区监控系统中融入人脸识别、车辆分析、视频结构化算法等技术，对有效视频内容进行提取，不但可以检测运动目标，还可以根据人员属性、车辆属性、人体属性等多种目标信息进行分类。与公安系统结合后，还可以分析犯罪嫌疑人线索，为公安办案提供有效的帮助。另外，在智慧社区中使用带有人脸识别功能的智能门禁等产品也能够精准地进行人员甄别（图 1-25）。

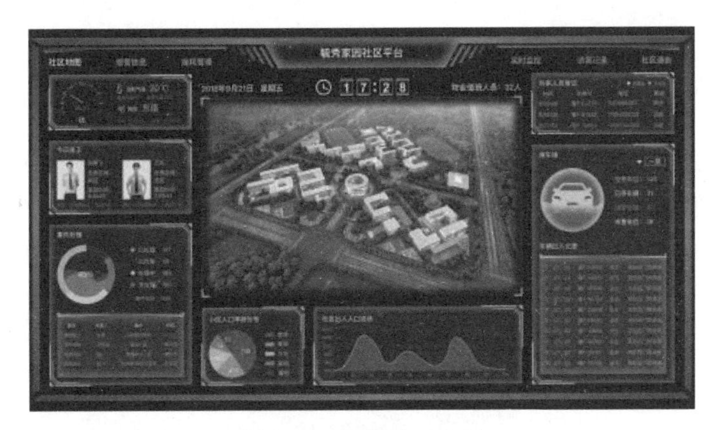

图 1-25　智慧社区应用

3. 疫情防控

新冠肺炎疫情发生以来，防控形势严峻，疫情的排查仅凭人力收效甚微，这时，人工智能技术在信息收集、支持复工复产等诸多方面就发挥出显著的作用了。在具体实践中，智能服务机器人、大数据分析系统和智能识别（温测）产品数量居前三，计算机视觉和智能语音等人工智能技术成熟度相对较高，面向的场景丰富，在抗击疫情中也发挥了极大作用。

首先，通过使用智能外呼场景，对途经重点地区、涉疫风险地区的人员进行智能外呼，收集相关信息，大大地提高了筛查效率，减轻了基层工作者的走访摸排压力；其次，实体智能服务机器人可以完成智能清洁、消毒和配送等重复机械的简单工作，降低了人员感染风险；再次，大数据分析系统则可以为医院、疾控中心、政府机关、企业、社区及群众提供疫情地图、人群追踪、同乘查询、趋势预测与舆情分析等服务，便于灵活调整防疫政策。另外，广泛应用在地铁、车站、机场等关键交通枢纽及大型企业、商场等入口的智能识别（温测）产品，可以实现多人同时非接触测温、体温异常报警、人脸识别，并对数据进行实时上云、跟踪管理（图 1-26）。

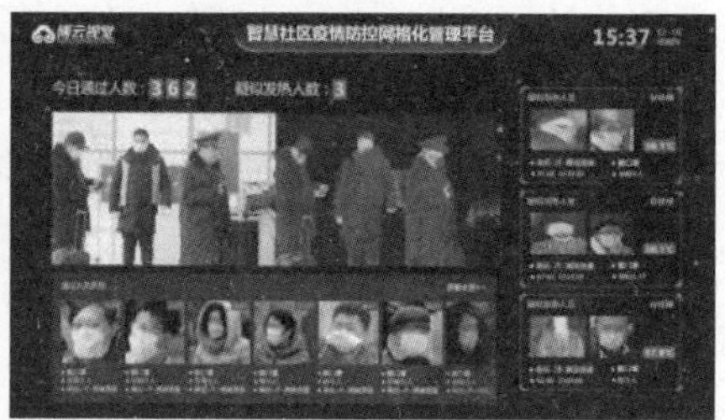

图 1-26　疫情防控应用

1.4.8　人工智能在教育行业的应用

随着群体素质的提高和义务教育的普及，越来越多的人开始意识到教育的重要性。但各地教学资源的不均衡是教育行业的难点之一，在这种情况下，互联网教育模式应势而生。教育教学过程中引入人工智能技术，形成模式化的学习和分享过程，给教育行业开辟了一条新的道路，为实现信息化教育提供了极大的便利，也更充分合理地利用了有限的教育资源。

1. 口语评测和口语对话

顺应国际化发展的趋势，英语在国内得到了快速的普及与应用，越来越多的学习者对英语的需求已经不仅仅停留在会听会看，而是更注重听说读写的全面发展，而在“说”这个方面，英语专家的口语指导必不可少。人工智能在口语教学方面的应用包括口语评测和口语对话。口语评测包含三类：朗读与复述、陈述与讨论、演讲与问答，其原理是通过 ASR 技术对学生的发音进行转写，然后通过 NLU 进行打分。目前很多英语学习的 App 有跟读和配音的功能，且设置了丰富的对话场景来考查学习者的口语能力；此外，部分 App 还开发了普通话等级测评功能，它拥有固定的测试对比材料，主要针对学习者的音调、语速、准确清晰度等进行识别和考核。口语对话则是在此基础上根据预先设定的脚本，在语义理解后进行匹配对应的对话脚本，把应该回答的对话内容通过机器人，采用 TTS 技术进行播报，从而达成一问一答的对话效果，使口语训练得到有效提升。

2. 智能搜题和智能批改

智能搜题和智能批改相信家长与老师都不陌生，都是 OCR（光学字符识别）的文字识别和手写识别的应用。目前 OCR 技术已趋于成熟，手写体识别准确率可达 90%以上，印刷体的识别准确率更高。智能搜题和智能批改的核心原理是类似的，都是先通过 OCR 技术将拍照后得到的题目和学生的答案进行转写，再通过 NLP 对识别的题目进行答案匹配或者对识别的答案进行客观打分。智能搜题不再单纯依靠纸质的答案或者老师的讲解，能有效地提升学生的课外辅导效率。智能批改也可以大大地解放老师的双手和工作量，提升教学的效率（图 1-27）。

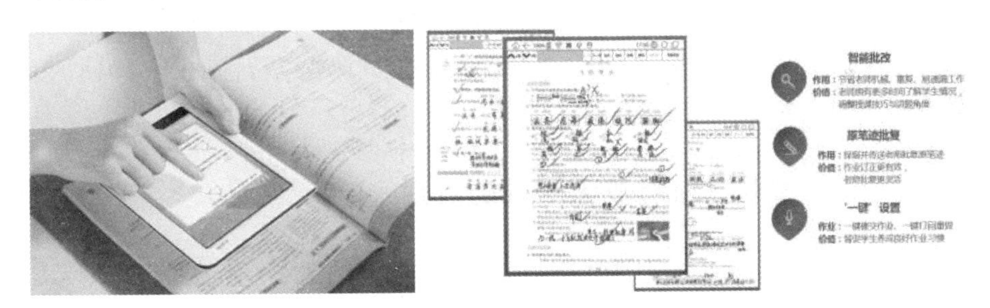

图 1-27　智能搜题和智能批改应用

3. 智慧课堂（虚拟课堂）

为了在课后给学生提供更多的辅导，市面上的线上教育 App 也不断推陈出新，开发出了虚拟课堂的教育方式。它主要包括对话方式实时反馈、个性化对话辅导、课堂专注度分析等功能。前两个功能采用了语音交互和测评技术，对于学生的回答、朗读进行识别、评分，并可以通过 TTS 技术，和学生形成交互。

对话方式实时反馈通过建立虚拟教室实时跟学生对话，让学生感觉更亲切、接受度更高。个性化对话辅导则是通过分析学生的学习目标、学习数据、学习反馈等，利用算法计算出相关模型，针对不同的学习者提供个性化的辅导方案。课堂专注度分析通过计算机视觉抓拍学生上课时的照片、视频，捕捉到学生的神情、表情、面部姿态、行为、面部角度等，实现抬头率、看手机率、微笑率、专注度、学生人数、离席率等课堂效果指标的智能统计，从而对学生课堂状态进行自动监测（图 1-28）。

图 1-28　智慧课堂应用

4. 个性化教学

随着 AI 教学的推进，学习者与机器人的互动变得频繁，可收集和利用的数据越来越多。根据人工智能算法和大数据分析，在积累一定量的教学数据后，可以由文本分析引擎推算出更适合某一学生的课程学习计划和练习题。例如将同一门学科学习得较差的学生归为一类，并判断该类学生对学科的掌握程度、认知水平、个性特征及学习方式，为其制订相应的课程学习计划，从而使该类学生接受知识的效率大大提升。

1.4.9　人工智能在航空航天领域的应用

航空航天领域对于安全性和精密性都有着极高的要求，单纯靠人力是无法完成精准的计划和安排的。在这里，人工智能技术的科技性和严谨性可以得到有力的发挥。

1. 航空航天维修智能化

都说飞机是世界上失事概率最低的交通工具，但只要发生事故，机上人员的存活概率基本为零。由此可见对飞机的定时维修、故障预测极为重要，越来越多的航空公司也开始寻求 AI 技术来对飞机进行预测性的维修。通过对飞机上广泛分布的传感器上传的数据进行分析，可以识别和报告潜在故障，并预测最合适的维修时间，从而创建更智能的维修计划。

2. 智能排班

航空公司运行及飞机执行过程中，飞机的飞行排班及相关机务人员的排班无疑也是重要环节之一。一个航空公司每天需要执飞世界各地、各个时间段的航班，如何调配飞机航线、起飞时间、机舱人员，单靠人为的计算和安排是远远不能实现的。人工智能神经网络、遗传算法可基于丰富的航班运行动态、机场状态等海量信息，通过精密的计算，优化机组人员排班，以解决手工排班效率低、排班的有效工时低、各处室分工不均等问题，为航空公司带来极大的管理效率提升，并避免潜在的经济损失。

第2章

人工智能数据采集与处理

算法、算力、数据是当下人工智能发展的三大要素。如果用火箭来做比喻，那么，算法是引擎，算力是加速器，数据则是燃料。三者缺一不可，互为支撑，共同促进人工智能技术的发展。鉴于数据的重要性，人工智能有时也被称作“数据密集型”行业。如何有效地采集、处理、使用数据，如何确保数据的质量与安全，已成为人工智能行业的重要议题。

本章将从数据的基础知识切入，从数据采集、数据清洗、数据质量检测等方面对人工智能行业的数据预处理工作进行初步的介绍。

2.1 数据与人工智能

2.1.1 从数据到大数据

数据作为人类描绘世界的方式，有着很长的历史。从远古时期的结绳、刻痕计数，到文字发明之后对人口、土地、天象的统计记录，数据逐渐成为人类生产、生活的工具。随着现代信息技术的发展，更是诞生了大数据的概念，人类已步入大数据的时代，数据的重要性也越发突显。正如咨询公司麦肯锡所言：“数据，已经渗透到当今每一个行业和业务职能领域，成为重要的生产因素。人们对于海量数据的挖掘和运用，预示着新一波生产率增长和消费者盈余浪潮的到来。”

而具体到人工智能的领域，靠着数据驱动的机器学习算法已成为当下技术路线的主流。无论是依靠人工提取数据特征的传统机器学习，还是依靠算法自动提取数据特征的深度学习，都离不开数据的采集和标注——只有优质的数据集才能实现算法的最大价值。而大数据在数据来源、类型、采集、存储上的优势更是为人工智能的发展提供了极大的助力。因此，了解数据与大数据的相关概念十分必要。

那么，什么是数据？数据是通过观测得到的特征或信息。更专业地说，数据是一组定性或定量变量——它可以是结构化的或非结构化的、机器可读的或非机器可读的、数字的或模拟的、个人的或非个人的。归根结底，它是一组特定的或单独的数据点，可用于产生见解，可经过组合和抽象来创造信息、知识和智慧。

让我们对这段定义中的一些概念进行进一步的解释。

首先是定性和定量。定性数据通常是一段描述性质的文字，而定量数据则是数字的形式。定量数据又可以细分为离散和连续两种：离散数据只能取某些值，是统计的结果；连续数据可以取某个范围内的任意值，是测量的结果。让我们通过下列这组关于狗的数据来举例说明（图 2-1）。

图 2-1　狗

（1）定性数据：

它是一条小狗

它的毛色是白色和黄色

它正趴在草地上休息

（2）定量数据：

离散数据：

它有 2 只耳朵

它有 3 个同胞兄弟

连续数据：

它的身高是 42 厘米

它的年龄是 4 个月

然后是结构化和非结构化。结构化数据也称作行数据，它是由二维表结构来逻辑表达和实现的数据，需要严格地遵循数据格式与长度规范，主要通过关系型数据库进行存储，使用 SQL（结构化查询语言）进行管理。与之对应的就是非结构化数据，它没有预定义的组织方式或模型，包括各种格式的文档、报表、图片、音频、视频等。另外还存在一种介于二者之间的半结构化数据，它是部分符合特定格式的数据，如日志文件、XML（可拓展标记语言）文档、JSON（JS 对象简谱）文档等。

最后是一些容易与数据产生混淆的概念——数字、信息、知识和智慧。数字是计数的符号，是数据的组成部分，在应用到特定场合时才能成为数据。信息是通过某种方式组织和处理后，被赋予了意义和目标的数据，它可以解答"谁""什么""何时""何地"的问题。知识是对信息的进一步过滤、提炼、处理和应用，可以解答"怎样"的问题。智慧则是对知识的应用和实施，解答的是"为什么"的问题。举个例子：

数字：30

数据：绿灯时间 30 秒

信息：交通信号灯的绿灯时间是 30 秒

知识：交通信号灯的绿灯 30 秒表示有 30 秒的通行时间

智慧：现在有 30 秒的通行时间，我得抓紧过马路了

关于数据、信息、知识和智慧之间的关系，以及它们是如何一步步转化的，有一个叫作 DIKW 的模型可以帮助我们进行理解（图 2-2）。

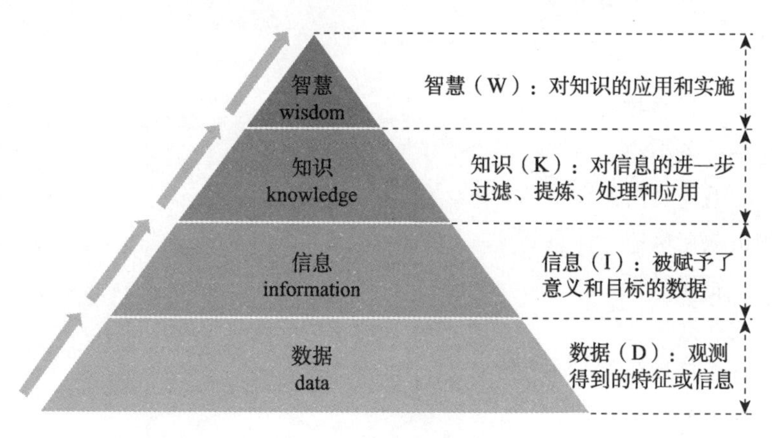

图 2-2　DIKW 模型

在基本弄清数据的概念之后，下一个要解决的问题就是：大数据是什么？我们可以把大数据简单理解为传统数据技术的上层版本，但如果要给出一个准确的定义的话，可以参考麦肯锡全球研究所的解释：大数据是"一种规模大到

在获取、存储、管理、分析方面大大超出了传统数据库软件工具能力范围的数据集合”。但是，大数据不仅仅是更多的数据，它还可以用于描述一组工具、方法和技术，这些工具、方法和技术能够从非常庞大、非常复杂的数据样本中获得新的“洞察力”“决策力”。

大数据具有 5V 的特点，即 volume（大量）、velocity（高速）、variety（多样）、value（低价值密度）、veracity（真实性），如图 2-3 所示。

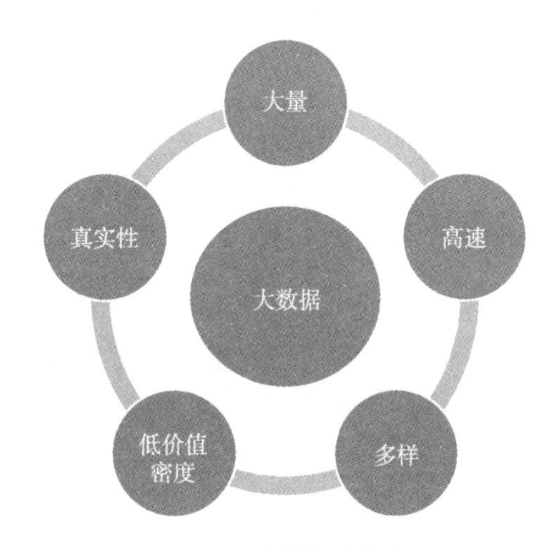

图 2-3　大数据的特点

1. 大量

大量是大数据最显而易见的特点。大数据的计量单位至少都是 PB（拍字节，1 PB = 1 024 TB = 1 048 576 GB），以及再往上的 EB（艾字节，1 EB = 1 024 PB）和 ZB（泽字节，1 ZB = 1 024 EB）。由于互联网带来的数据爆炸，人们已经并且每天都在产生大量难以计量的数据。有统计显示：2020 年，全球数据量已经增长到了 59 泽字节，约相当于 64 万亿 GB。如何存储、处理如此大量的数据成为一项考验。

2. 高速

大数据的“高速”是指生成数据的速度。数据的洪流在各个渠道中流动，背后的趋势随时都在发生变化，人们必须实时收集、分析、处理这些数据，才能够作出及时准确的业务决策。

3. 多样

大数据的多样性是指数据来源和类型的多样化。既有来自企业内部的数据，也有来自外部公开平台的数据；既有结构化的数据，也有半结构化的、非结构化的数据。尤其是非结构化的数据，在所有数据中占比达到了80%左右，如何利用并处理好这些数据是一项巨大的挑战。

4. 低价值密度

大数据的低价值密度可以从两个方面来理解：一方面，数据的数量与其价值密度呈负相关，数据量变大最直接的影响就是有价值的数据被无用的数据淹没了。另一方面，在传统的结构化数据中，所有内容都是有价值的，无价值的内容不会被保存，价值密度自然很高；而大数据存在大量非结构化的数据，其中有价值的内容其实很少，与传统数据相比，其价值密度当然就低得多。如何大浪淘沙地从海量的数据中筛选出有价值的数据，也是一大难题。

5. 真实性

真实性指的是数据的质量或者可信度。只有基于真实可靠的数据，数据分析的结果才是有效的、有意义的。但由于大数据的大量性和多样性，很显然并非所有收集到的数据都是高质量的或者可信的。因此，在处理大数据的数据集时，提前检查好数据是否真实有效非常重要。

我们可以通过与传统数据的比较进一步地了解大数据的特点，见表2-1。

表2-1　传统数据与大数据的比较

对比项	传统数据	大数据
数据源	企业内部数据［ERP（企业资源计划）CRM（客户关系管理）系统等］	企业内部数据+外部数据（网站、社交媒体等）
获取方式	下载、接口传输	API（应用程序界面）调用、网络爬虫
数据类型	结构化数据	结构化、半结构化、非结构化数据
数据架构	集中式	分布式
数据量	GB～TB	TB～PB及以上
生成速度	缓慢	快速
价值	统计、报表	数据挖掘、预测分析

总的来说，传统数据技术主要是利用应用程序中关系型数据库储存的结构化数据，通过一定的分析、处理来找到关联，创造价值。而大数据则是一个更具独立性的技术体系，它包括数据采集、数据存储、计算查询、数据服务、数据应用等环节，可以把各种来源、各种类型的数据采集到数据库中，以供后续的处理、建模、分析、可视化等。同时，它还提供API（应用程序编程接口），方便外部（如人工智能的开发和应用）进行数据调用。

2.1.2 人工智能与大数据

人工智能和大数据都是当前的热门技术，虽然前文已厘清二者的概念，但作为经常一起出现的科技名词，人们还是容易将其混为一谈。

其实单论出现的时间，人工智能在 20 世纪 50 年代就已经开始发展，而“大数据”一词最早公开出现是在 1998 年——美国高性能计算公司 SGI 的首席科学家约翰·马西（R. Mashey John）在 USENIX 会议上发表了一篇题为《大数据和下一波基础设施压力》（*Big Data and the Next Wave of Infrastress*）的论文，指出了快速增长的数据将会带来的压力与挑战。不过，大数据的概念体系真正开始发展是在 2005 年，且在 2010 年之后才逐步成熟并得到业界更多的关注。而这，恰恰与深度学习爆发的时间基本重合，两者经常相互结合使用，也就造成了一知半解者的混淆。

的确，人工智能与大数据是相互依存、互惠互利的关系。一方面，人工智能（尤其是深度学习）需要使用数据来建立其智能，但它分析数据并从中习得智能的能力受限于输入数据的数量和质量。例如，计算机视觉领域中的猫狗图像分类问题，提供给图像分类程序的猫狗图片越多，其分类的结果自然也就越准确。在过去，人工智能算法不能取得理想结果的原因之一就是输入的数据量太小。但如今，通过利用大数据提供的海量数据资源，人工智能可以产出效果和性能更好的模型，从而作出更明智的决策，为用户提供更好的建议。此外，大数据的分布式储存与分布式计算能力也为人工智能提供了强大的储存、计算支持，大大推动了人工智能的发展。另一方面，大数据也需要人工智能技术来帮忙提取价值。大数据的价值与其质量息息相关，如果数据的质量太差，分析得到的信息将毫无价值。在使用机器学习的方法之前，清理脏数据在大数据的各项数据处理环节中占据了多达 80%的时间。但使用机器学习的算法之后，检测缺失值、重复值、检异常值这些数据规范化的操作都可以交由人工智能实现整体性的解决。

虽然人工智能与大数据都涉及数据，但二者输出的结果并不相同。人工智能是利用数据来建立智能，让机器进行合理的思考与行动。而大数据则是侧重于数据本身，包括数据的收集、整理、传输、存储、安全、分析、呈现和应用等，它只是寻找结果、呈现结果，而不会根据结果采取进一步的行动。这也是它们的本质区别。

基于此，二者要达成的目标和实现目标的手段也就自然不同了。大数据是为了获得洞察力和决策力，如视频网站可以根据人们日常的观看内容，分析他们的观看习惯和喜好，并向他们推荐甚至生产新的可能受到他们喜爱的内容。而人工智能则是为了让机器能够完成一些人类才能完成的复杂工作，如物流行业的智能仓储和分拣、医疗诊断中的影像识别、汽车的自动驾驶等，人工智能理论上可以比人类更快、更好地完成任务。

2.2 数据基础知识

随着大数据时代的深度发展，要想深入透析和研究大数据与人工智能及相关内容，就需要首先对其基础——数据进行学习探索，本小节中，将从数据的类型、来源、用途等多个角度进行简要阐述。

2.2.1 数据类型

随着 IT（互联网技术）的不断发展和应用，数字化信息技术的应用范围越来越广阔，越来越多的文本、语音、图像和视频都采用了多种标准的、数字化的记录格式。当前随着多媒体技术的发展和应用，计算机处理媒体数据的技术和工具都已经比较完善与实用化。从人机交互数据类型的视角看，人工智能数据主要分为文本数据、语音数据、图像数据和视频数据几大类别。

1. 文本

文本数据是指不能参与算术运算的字符集合，也称字符型数据。例如汉字、英文的字母，以及不作为数值使用的数字和其他可输入的字符等。

文本数据可收集的种类包括命令词、常见人名、地名库、歌曲名称、影视名称、餐饮词短信库、电子邮件等，可用于文本分类、语音识别、自然语言理解、机器翻译、文本校对等。

与传统数据库中的数据相比，文本数据具有其独特性，其包括四个方面。

1）半结构化

文本数据既不是完全无结构的，也不是完全结构化的。例如文本可能包含结构字段，如标题、作者、出版日期、长度、分类等，也可能包含大量的非结构化的数据，如摘要和内容。

2）高维

文本向量的维数一般都可以高达上万维，一般的数据挖掘、数据检索的方法由于计算量过大或代价高昂而不具有可行性。

3）高数据量

一般的文本库中都会存在最少数千个文本样本，对这些文本进行预处理、编码、挖掘等处理的工作量是非常庞大的，因而手工方法一般是不可行的。

4）语义性

文本数据中存在这一词多义、多词一义，在时间和空间上的上下文相关等情况。

文本数据一般分为两个类型。

1）字符（char）

char 类型的数据用来表示单个符号，它以 0～65 535 的数的形式存储。为了解决世界上各种语言文字的计算机存储问题而不单单是存储英文字母，人们采用一些标准的方式给这些字符提供标准值，其中常用的就是国际标准码 Unicode。Unicode 克服了不同编码系统存在的问题，它与语言、平台以及程序无关。

2）字符串（string）

string 类型用于表示字符串数据，它存储的是一个字符序列。在程序代码中，使用一对用英文双引号括起来的一串字符或汉字来表示一个字符串。1 个字符占 1 个字节，1 个汉字占 2 个字节。字符串的最大长度可达 20 亿个。

例如：

“明天会更好”

“What beautiful it is!”

都属于字符串的范畴。

2. 语音

在人与人、人与计算机的信息交互中，还需要一种更加方便、自然的交互方式。从这种需求出发，我们不难联想到人类自身固有的感官。嗅觉、触觉、听觉等直观感觉可以给人最直接的印象，信息的获取速度也是最快的。而从便捷性、常用性、可获取性等角度出发，我们则将语言称为人类最重要、最有效、最常用和最方便的信息交流形式。

语言体现在实际生活中，主要是以语音的形式进行使用和传递，于是便构成了语音数据。按照以下几种方式，可以对语音数据进行分类。

1）按照语种（方言）分类

世界上有 5 000 多种语言，目前的语音数据主要包含使用人数较多的语种，如汉语、英语、西班牙语、法语、阿拉伯语、俄语、乌尔都语、德语、葡萄牙

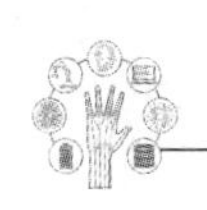

语、意大利语等。实际上，随着智能语音技术的普及与发展，各种语言的相关数据集都需要去开发、设计，这显然是个“浩大”的工程。

仅汉语方言就有七大方言区，包括官话方言、湘方言、赣方言、吴方言、闽方言、粤方言和客家方言等。其中，官话方言又分为八个次方言：东北官话、北京官话、冀鲁官话、胶辽官话、中原官话、兰银官话、西南官话和江淮官话。显然，各种方言难计其数。

外语也有方言之分，目前尚未将各种语言的方言细分到如同汉语方言一般，但对于不同区域的同种语言仍有区分。例如，美式英语、英式英语、印度英语、西班牙英语、法国英语、德国英语，欧洲西班牙语、墨西哥（含海地）西班牙语，欧洲葡萄牙语、巴西葡萄牙语等。

交叉语言包括：重口音普通话、中国人说英语、中英文混读语音，中国人说德语、中德语混读语音，中国人说法语、中法语混读语音等。

2）按照语音属性分类

语音按照属性可以分为朗读语音、引导语音、自然对话、情感语音等。根据发音人的年龄，可以分为低幼、儿童、成人、老人；根据环境音是否有噪声，可以分为安静环境语音和噪声环境语音。此外，还有一类特殊的语音是噪声，包括婴儿啼哭、动物叫声、特殊噪声（机场、车站等）。

上述各种视角的语音数据，在实际呈现的数据中往往会多维度结合交错，构成大量的语音数据种类。语音数据可应用的领域包括语音合成、语音识别、情感识别、音乐检索、智能家居、车载终端等。

3. 图像

图像数据是指用数值表示的各像素（pixel）的灰度值的集合（图 2-4）。

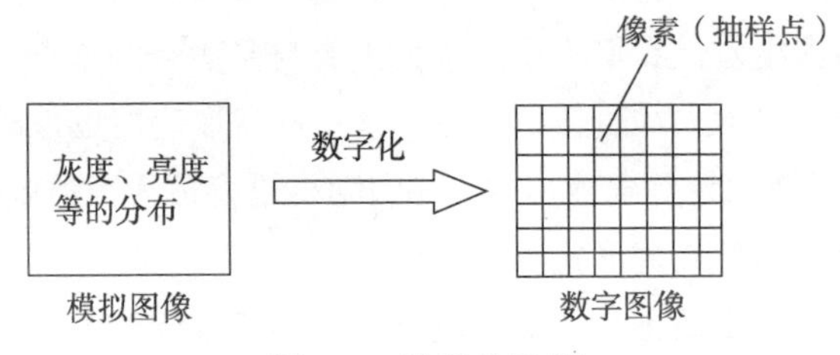

图 2-4　数字化示例

对真实世界的图像一般由图像上每一点光的强弱和频谱（颜色）来表示。把图像信息转换成数据信息时，须将图像分解为很多小区域，这些小区域称为像素。可以用一个数值来表示它的灰度，对于彩色图像常用红、绿、蓝三原色

（trichromatic）分量表示。顺序地抽取每一个像素的信息，就可以用一个离散的阵列来代表一幅连续的图像。

通俗来说，一张图片（图像）经过数字化处理后，就形成了可以存储、编辑和传输的图像数据。经过处理的数字化图像的内容信息，对于计算机而言，即是一连串代表每个像素位置和颜色的数字列，也就是我们说的图像数据（图 2-5）。

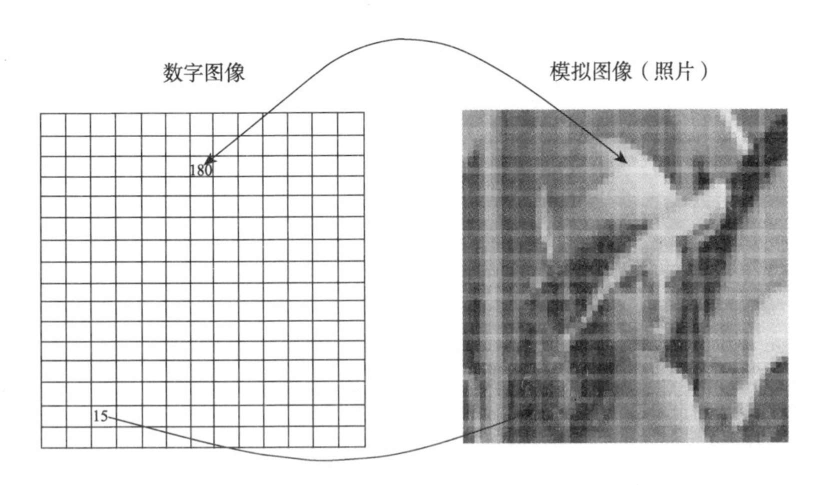

图 2-5　图像数字化

图像数据的种类是非常丰富的，可收集的种类包括人脸图像、人脸表情、超市小票、商标、手写体、印刷文字、日程表、图形符号、冰箱食品、特定场景等。可应用的领域包括人脸识别、表情识别、手写识别、手势识别、体感识别等。

4. 视频

视频是典型的复合多媒体数据，可以包含图像、语音、音乐、音效和文字等多种媒体信息。通过连续的场景和多种媒体的复合运用，视频可表达复杂的场景、意境和故事。

1）视频数据的构成

现阶段，通常讲的视频数据一般单指视频中的连续的图像序列数据，并且划分为帧（frame）、镜头（shot）、场景（scene）和故事单元（story unit）。

（1）帧。帧是组成视频的最小视觉单位，是一幅静态的图像。将时间上连续的帧序列合成到一起便形成动态视频。对于帧的描述，可以采用图像的描述方法，因此，对帧的检查可以采用类似图像的检索方法来进行。

（2）镜头。镜头是由一系列帧组成的，它描绘的是一个事件或一组摄像机的连续运动。在拍摄视频时，根据剧情的需要，一个镜头可以采用多种摄像机的运动方式进行处理。由于摄像机操作而引起的镜头运动主要有摇镜头、推拉镜头、跟踪等几种形式。

（3）场景。场景由一系列有相似性质的镜头组成，这些镜头针对的是同一环境下的同一批对象，但每个镜头的拍摄角度和拍摄方法不同。场景具有一定的语义，从叙事的观点来看，场景是在相同的地点拍摄的，因而具有相同的主题内容。

（4）故事单元。故事单元也称视频幕（act），是将多个场景进行组织，共同构成一个有意义的故事情节。如果把帧、镜头和场景分别对应文本信息中的字、词和句子，那么故事单元就好比文本信息中的段落。

2）视频数据的特征

视频数据是图像、声音（语音、音乐、音效）、文本的复合，是复杂的数据类型，具有下列特征。

（1）信息内容丰富。视频数据是随时间变化的图像流，含有更为丰富的其他单一媒体所无法表达的信息和内容。以视频的形式来传递信息，能够直观、生动、真实、高效地表达现实世界，所传递的信息量非常丰富，远远大于文本或静态的图像。例如，在课堂讲述毒品的基本知识和危害时，用一段视频表现出来的效果就强过单纯用一幅图像或一段文字来表现。

（2）数据量巨大。静态图像、文本等类型的数据，数据量较小；而视频数据，数据量巨大。视频数据的数据量比结构记录的文本数据大约大 7 个数量级（文本数据以字节为单位，视频数据的大小在 MB 以上）。视频数据对存储空间和传输信道的要求很高，即使是一小段视频剪辑，也需要比一般字符型数据大得多的存储空间。通常在管理视频数据时都要对其进行压缩编码，但是压缩后的视频数据量仍然很大。

（3）时空二重性的复杂结构关系。视频数据由多幅连续的图像序列构成，因而视频段之间的关系属性复杂，既有时间属性，又有空间属性。文本数据是一种纯字符型数据，没有时间属性和空间属性；图像数据有空间属性，但是没有时间属性。

（4）数据解释的多样性、主观性。视频数据具有十分丰富的内涵，受人的个体主观因素影响较大，不同的人对同一段视频会产生不同的感受和重述。

2.2.2　数据来源

目前，随着大数据、人工智能的席卷而来，全球数据呈现指数级增长态势。据 IDC（互联网数据中心）报告，全球数据总量 2020 年约为 53 ZB，2025 年预计达到 175 ZB。如此庞大的数据量并不是凭空产生，自有其不同来源。

按照产生数据的主体，具体可细分为以下来源。

1. 少量企业应用产生的数据

如关系型数据库中的数据和数据仓库中的数据等。

2. 大量人产生的数据

如推特推文、微博博文、通信软件记录、移动通信数据、电子商务在线交易日志数据、企业应用的相关评论数据等。

3. 巨量机器产生的数据

如应用服务器日志、各类传感器数据、图像和视频监控数据、二维码和条形码（条码）扫描数据等。

2.2.3 数据用途

综上，通过各种方式产生并被获取的、多种展现形式的数据，其可用性已延展至各方领域。

1. 出行行业

对于出行行业而言，数据标注除了用于汽车自动驾驶研发之外，结合物联网数据、交通网络大数据以及车载应用技术，能够进一步帮助规划出行路线、优化驾驶环境。数据标注在出行行业常见的应用有：以矩形框或描点对车辆进行标注；以矩形框或描点标注人体轮廓；采集地址兴趣点，在地图上作出相应地理位置信息标记的 POI（point of interest）标记等。

例如，在自动驾驶领域，Scale 公司通过提供图像标注、图像转录、分类、比较和数据收集的 API，以目标识别来标注数据集。具体而言，在传感器与 API 的融合应用下，通过对相机、激光雷达和毫米波雷达数据进行标记，对周围环境状况，包括汽车与其他物体的距离、移动速度等进行标注，生成可用于训练 3D 感知模型的标注数据。

2. 金融行业

目前，人工智能的触角逐渐蔓延至金融领域。无论是身份验证、智能投资顾问，还是风险管理、欺诈检测等，以高质量的标注数据提高金融机构的执行效率与准确率，都已经成为一大趋势。其中，文字翻译、语义分析、语音转录、图像标注等，都是具有代表性的重要应用。

一直以来，金融合同往往需要花费律师或贷款人员大量时间进行核对与确认，效率和质量都比较堪忧。摩根大通将经过语义分析处理过的数据用于训练，开发出了一款合同研发软件。此后，原本需要 36 万个小时才能完成的合同审查工作，利用这一 AI 软件即可在数秒内完成检查，而且错误率也大大降低了。

3. 医疗行业

在医疗行业，通过人体标框、3D 画框、骨骼点标记、病历转录等应用，机器学习能够快速完成医学编码和注释，以及在远程医疗、医疗机器人、医疗影像、药物挖掘等场景的应用，可助力于提供更高效的诊断与治疗，制订更为健全的医疗保险计划。

例如，为了训练 AI 筛查疾病的能力，首先需要对医疗影像数据进行处理，对病理切片进行分类和标注，以画框或描点的方式，将不同区域区别开来，并标注不同颜色以区分等级，为 AI 训练提供大量数据燃料。通过这种方式，云创大数据以深度学习预测前列腺癌的准确率已经达到 99.38%（在二分类下）。

4. 家居行业

智能家居在全球范围内呈现出强劲的发展势头，这不仅基于日渐丰富的家居场景、日趋成熟的物联网技术，同时也离不开向前推进的图像识别、自然语言处理等技术。在助力智能家居发展中，数据标注主要包括：应用矩形框标记人脸、进行人脸精细分割，对家居物品进行画框标记，通过描点的方式进行区域划分，采集语音并进行标注处理等。

在智能家居应用中，对于训练“懂”人类的智能对话机器人，需要大量语料库支持训练，如康奈尔电影对话语料库、Ubuntu 语料库和微软的社交媒体对话语料库等都是比较常见的数据集，通过对以上数据进行标注处理，即可以逐渐提升机器人回复的智能程度。

5. 安防行业

目前，智能安防发展如火如荼。为了进一步提升安防应用的适用性，提高数据处理的速度与效率，推动安防从被动防御向主动预警发展，对数据标注的需求与日俱增。其中，人脸标注、视频分割、语音采集、行人标注等都是重要的数据标注应用。在智能安防不断推进的过程中，生物识别技术已经越来越成熟，在日常监控、出入境管理、刑事案件侦查中都有着广泛应用。其中，对于数据标注人员而言，需要做的正是对训练图片中人物的性别、年龄、肤色、表情、头发以及是否戴帽戴眼镜等进行分类标注，或者对行人做标框处理，帮助机器获取快速识别能力。目前，天网系统应用动态人脸识别技术，不仅 1：1 识别准确率能够达到 99.8%以上，同时可实现每秒比对 30 亿次，花 1 秒钟就能将全国人口“筛”一遍，花2秒钟便能将世界人口“筛”一遍。

6. 公共服务

对各种服务数据进行人工智能处理是提高公共服务水平与效率的题中应有之义。在这个过程中，确定内容是否符合描述的内容审核，对具有相同意思的语句进行归类的语义分析、将音频转化为文字的语音转录，以及查看视频是否符合要求的视频审核等都是数据标注中的常见应用。

内容审核在人工智能技术的推动下，审核主体逐渐由人转变为机器，以帮助节约人力成本，目前国内多个内容运营平台已经把部分审核工作交由机器完成。对于这些机器而言，首先需要学习经过标注处理的语句、视频等，明确审核的标准，从而提高审核的效率和准确度。

7. 电子商务

在电商行业，数据标注能够帮助进一步深度挖掘数据集，建立客户全生命周期数据，预测需求趋势，优化价格与库存，最终达到精准营销的目的。通过互联网搜索指定内容来获取答案的搜索完善、通过句子语境判断感情色彩的情绪分析以及人脸标注、语音采集等均为重要的数据标注应用。

对于电商数据而言，如虎鱼网络等专业系统，通过给产品打上结构化标签，包括品牌、颜色、型号、价格、款式、浏览量、购买量、用户评价等，建立360度的全景画像，从而为个性化推荐提供先决条件。同时，该系统也可用于包括人口属性、购物偏好、消费能力、上网特征等在内的用户标签化处理，进一步建立用户兴趣图谱与用户画像，并通过智能推荐系统，推荐高转化的用户场景。

多样化应用场景促使数据标注产业迸发旺盛的生命力。目前，国内主要的互联网巨头企业，如百度、腾讯、阿里巴巴、今日头条、京东、小米等，基本都拥有自己的数据标注平台与应用。同时，在2017—2018年这个时间段，倍赛BasicFinder、龙猫数据、星尘数据、爱数智慧、周同科技等数据标注企业相继获得千万融资，数据标注发展势头尤为强劲。

2.3 数据采集

2.3.1 数据采集的方法

数据采集，又称数据获取，指的是利用某种装置从系统外部采集数据并输

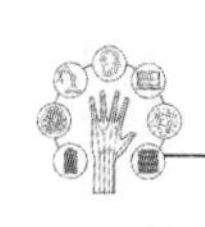

人系统内部。

采集的数据是已经被转换为电信号的各种物理量，如温度、水位、风速、压力等，采集的信号可以是模拟量，也可以是数字量。数据采集一般采用采样方式，即每隔一定时间（称为采样周期）对同一点的数据重复采集。采集的数据大多是瞬时值，也可能是某段时间内的一个特征值。数据采集最基础的要求是保证数据准确性。数据采集的目的是收集符合数据挖掘（人工智能训练模型）研究要求的原始数据。在互联网快速发展的今天，数据采集已经被广泛应用于互联网及分布式领域。原始数据是研究者拿到的一手数据或者二手数据，既可以从现有可用的海量数据中收集提取有用的二手数据，也可以通过问卷调查、采访、沟通、拍照、录音或其他方式获得一手数据。不管采用哪种方法，得到数据的过程都可以称为数据采集。

数据采集是数据生成的第一关。人工智能领域必须对采集的数据进行良好的把关，才能有效提高后续数据质量。当前通用的手机端采集语音、图像，专用的远场语音设备采集，无人车平台采集等，这些采集平台和工具缺乏智能化，采集的数据依靠后期人工进行质检，工作量大，采集成本高。一些深度学习或者自动化的技术，通过“云”“端”的配合，将人工智能芯片设计到采集设备中，有效实现质量检查点前移，及时纠正采集中的问题，提高数据采集质量。数据采集的方法主要有六种：互联网数据采集、数据众包采集、数据行业合作、传感器数据采集、有偿数据集与公开的数据集。

1. 互联网数据采集

互联网数据采集也称网络抓取或网络数据爬取，主要是通过数据爬虫和网页解析来实现。数据爬虫和网页解析在线上数据采集方面，开发了大规模分布式抓取和实时解析模块，可以针对特定主题和垂直领域，及时、准确、全面地采集国内外媒体网站、新闻网站、行业网站、论坛社区和博客微博等互联网媒体发布的文本、图片、图表、音频、视频等各种类型的信息，并且在抓取的同时实现基本的校验、统计和抽样提取。

2. 数据众包采集

众包指的是公司或机构以自由自愿的形式，将工作内容外包给非特定的（而且通常是大型的）大众志愿者。数据众包采集是以数据支撑平台为基础，集全社会的力量进行采集，并对数据的噪声、错误、遗漏进行发现和纠正。基于现有的数据采集人力、设备和时间无法满足海量的原始数据采集需求，在成本可接受的范围内可以采用众包模式。

3. 数据行业合作

数据行业合作，主要针对拥有庞大和高质量数据资源的行业企业与机构，通过数据连接以及人工智能大数据服务平台对数据进行清洗、处理，并进行整合、分析，在企业混合云平台中对数据资产进行管理与审核，最后将数据用于人工智能应用。基于行业数据安全性方面的考虑，设计相应的数据连接模型（connection model），开发运行于行业机构数据平台内部的采集模块或前置，与综合性行业机构数据开放网站以及具体机关部门的数据平台相对接；基于行业机构的公有云等设施构建安全的数据缓冲区，进行数据脱敏并移交数据资源管理人员审核，而后实现数据商品上架并对外提供服务。

4. 传感器数据采集

传感器数据采集是计算机与外部物理世界连接的桥梁。在计算机广泛应用的今天，各种录像摄像设备、气候环保监测设备、道路交通监测监控设备等，不同传感器接收不同类型信号的难易程度差别很大。在实际采集时，噪声也可能带来一些麻烦，传感器的参数对数据采集也有一定的影响。

数据采集前，必须对所采集的信号的特性有所了解，因为不同信号的测量方式和对采集系统的要求是不同的，只有了解被测信号，才能选择合适的测量方式和采集系统配置。

信号通常是随时间而改变的物理量。一般情况下，信号所运载的信息是很广泛的，如状态（state）、速率（rate）、电平（level）、形状（shape）、频率成分（frequency content）。根据信号运载信息方式的不同，可以将信号分为数字（二进制）信号和交换模拟信号。数字信号分为开关信号和脉冲信号；模拟信号分为直流信号、时域信号、频域信号。

从传感器得到的信号大多要经过调理才能进入数据采集设备，信号调理功能包括放大、隔离、滤波、激励、线性化等。由于不同传感器有不同的特性，因此，除了一些通用功能，还要根据具体传感器的特性和要求来设计特殊的信号调理功能。

5. 有偿数据集与公开的数据集

数据集又称资料集、数据集合、资料集合或数据产品，是经过规范化整理、工程化标注的具有统一格式的数据集合。现今互联网上存在着大量的机器学习与数据挖掘平台，其中不乏可有偿购买使用的数据集与可下载的免费公开数据集，以下列举部分可获取数据集的平台。

谷歌推出了一款名为“Google Dataset Search”的数据集专用搜索引擎

（图 2-6），目前已经涵盖 2 500 万个数据集。

图 2-6　Google Dataset Search 引擎界面

ImageNet 是计算机视觉领域最知名的图像数据集之一。ImageNet 是根据 WordNet 的层次结构所组织，目前已有几千万的图片被手工标注，其中至少 100 万的图像还提供了边界框。

Visual Genome 数据集是斯坦福大学维护的图像及图像内容语义信息的数据集，相比于著名的 ImageNet 图像标注数据集，Visual Genome 附加了更为丰富的语义信息，用以拓展更加丰富的基于图像及语义信息的人工智能应用。目前包括 108 077 张图片、540 万区域内容描述（region descriptions）、170 万图像内容问答（visual question answers）、380 万对象案例（object instances）、280 万属性（attributes）、230 万关系（relationships）。

Google's Open Images 包含 Google 收集的 900 多万个图像数据集，其中相当一部分都已经被标注好了，目前共有超过 6 000 种不同的图像数据。

YouTube-8M 是 Google 自有的 800 多万的 YouTube 视频数据，已有共计 500 000 多个小时的视频，都已经被标注好了，是目前网络上最庞大的公开的视频数据集。

此外，机器学习领域经典的 Python 包 scikit-learn 已经预置进去了一些常用的数据集，这些数据集都是机器学习领域比较基础的数据集，主要包括分类数据集（鸢尾花数据集、手写数字识别数据集、葡萄酒识别数据集、乳腺癌诊断数据集）、回归数据集（波士顿房价数据集、糖尿病数据集）、多变量回归数据集（兰纳胡德体能数据集）。

2.3.2　数据采集规范要求

在列举数据采集的方法及流程后，以下主要针对人脸数据、车辆数据、语音数据及文本数据等，具体描述数据采集的过程与要求。

1. 人脸数据采集

目前对于人脸数据，一方面可通过第三方数据机构购买或下载公开数据集（图 2-7），另一方面也可自行采集。在采集之前，首先需要根据应用场景，明确采集数据的规格，对包括年龄、人种、性别、表情、拍摄环境、姿态分布等予以准确限定，明确图片尺寸、文件大小与格式、图片数量等要求，并在获得被采集人的许可之后，对被采集人进行不同光线、不同角度、不同表情的数据拍摄与收集，并在收集后对数据做脱敏处理。

图 2-7　哥伦比亚大学公众人物脸部数据库

以下为一个简单的人脸数据采集规格示例：

数据规模——××人，××张

人员分布——人种分布：黄种人（中国人）

人员分布——性别分布：女性××人，男性××人

采集环境——室内场景/室外场景

采集设备——手机、数码相机

图像数据格式——.jpg/.png/.jpeg

2. 车辆数据采集

在对车辆数据的采集中，常见的方式是通过交通监控视频进行图片截取，图片最好包括车牌号、车辆品牌和型号、车辆识别码、车辆颜色、车身长度和宽度外观等车辆信息，也包括基础设施、交通数据、地图数据（红绿灯信息、道路基础设施相关、道路行人的具体位置、行驶和运动的方向、车外街景、交通标志、建筑外观等真实交通数据），并做统一的图片尺寸、文件格式、图片数量规定，同时做脱敏处理（即数据漂白），实时保护隐私和敏感数据（图 2-8）。

以下为一个简单的车辆数据采集规格示例：

车辆型号——小轿车、SUV、面包车、客车、货车、其他

车辆颜色——白、灰、红、黄、绿、其他

拍摄时间——光线亮的时候，光线暗的时候，光线正常的时候

车牌颜色——蓝、白、黄、黑、其他

图片尺寸——1 024 × 768

文件格式——JPG

图 2-8　车辆数据采集

3. 语音数据采集

对于语音数据采集，较为直接的方式是语音录制。在录制之前，明确采集数量、采集内容、性别分布、录音环境、录音设备、有效时长、是否做内容转写、存储方式、数据脱敏等要求，并在征得被采集人的同意之后，进行相关录制。由此可建立中文、英语、德语等丰富的语种语料以及方言语音数据。

以下为一个简单的语音数据采集规格示例：

采集数量——500 人

性别分布——男性：200 人；女性：300 人

是否做内容转写——是

录制环境——关窗关音乐，关窗开音乐，开窗开音乐，开窗关音乐

录音语料——新闻句子；微博句子

录音设备——智能手机

音频文件——WAV

文件数量——200 000 条

适用领域——语音识别

4. 文本数据采集

建立文本语料库，可以通过专业爬虫网页，对定向数据源进行定向关键词

抓取，获取特定主题内容，进行实时文本更新，建立多语种语料库、社交网络语料库、知识数据库等，并对词级、句级、段级和篇级等进行说明。在采集之前，应对分布领域、记录格式、存储方式、数据脱敏、产品应用等进行明确界定。

以下为一个简单的文本数据采集规格示例：

采集内容——英语、意大利语、法语等语言网络文本语料

文件格式——txt

编码格式——utf-8

文件数量——50 000 条

适用领域——文本分类、语言识别、机器翻译

2.4 数 据 清 洗

现实世界获取的数据大多是不完整、不一致的脏数据，无法直接进行数据挖掘或者数据挖掘的结果不尽如人意。数据清理是指发现并改正数据当中可识别的问题和错误，包括检查数据的一致性、处理无效值和缺失值等异常数据。

2.4.1 数据异常类型

数据异常可分为语法类异常、语义类异常和覆盖类异常。

1. 语法类异常

语法类异常主要指表示实体的具体数据的值和格式的错误，主要分为语法错误、值域格式错误和不规则的取值。

1）语法错误

语法错误主要是指实际数据的结构和指定的数据结构不相同。

例如，一张人员名单表中，每个实体有四个属性，分别为年龄、性别、姓名和身高，而某些记录只包含其中几个，则说明数据存在缺失值。

2）值域格式错误

值域格式错误是指实体的某个属性的取值不符合预期的值域中的某种格式。值域是指数据的所有可能取值所构成的集合。

例如，年龄是数值类型，主要展现形式为数值，如“12”或者“十二”，

均为正确值，但“李明”就不是正确的值。

3）不规则的取值

不规则的取值是对取值、单位和简称的使用存在不统一和不规范的问题。

例如，针对地点名称这一字段，有的用“人力资源和社会保障局”这一名称，有的则用“人社局”这一简称作为名称。

2. 语义类异常

语义类异常是指数据不能全面、无重复地表示客观世界的实体，该类异常具体可以分为以下四种情况。

1）违反完整性约束规则

违反完整性约束规则是指一个元组[①]或几个元组不符合（实体完整性、参照完整性和用户自定义完整性）完整性约束规则。

例如，规定员工年龄字段必须大于 0，若某个员工的年龄小于 0，则表示违反完整性约束规则。

2）数据中出现矛盾

数据中出现矛盾指一个元组各个属性取值，或者不同元组的各个属性的取值违反这些取值的依赖关系。

例如，账单里储蓄卡剩余金额等于存储金额减去消费金额，但在数据库里储蓄卡余额不等同于存储金额减去消费金额，这就是数据中出现矛盾。

3）数据中存在重复值

数据中存在重复值是指数据中存在两个或两个以上表示同一个实体的元组。

例如，在数据表内进行查重，发现有 10 条数据存在重复值（此处指完全相同的情况）。

4）无效的元组

无效的元组指某些元组没有对应的有效实体。

例如表单中有一个员工，姓名为“李明”，但公司或者单位中并不存在相应人员。

3. 覆盖类异常

1）值的缺失

值的缺失是指在进行数据采集过程中因为某种原因没有采集到某项相

① 元组是一种序列，代表一组数据的集合。

应的数据。如在进行包含“姓名、性别、出生年份、联系方式、家庭成员”的个人信息采集时，遗漏其中一项或多项数据内容，此时该数据值便是缺失状态。

2）元组的缺失

元组的缺失是指在客观世界中，存在某些实体，但没有在数据库中通过元组表示出来。如存在李明，但在实际采集过程中没有记录在数据库中。

2.4.2 数据异常处理

1. 缺失数据处理

1）删除含有缺失值的记录

删除含有缺失值的记录的方法主要有简单删除法和权重法。简单删除法是对缺失值进行处理的最原始、最简单的方式，它通过删除存在缺失值的个例来达到目标。而权重法则是通过对完整的数据增加不同的权重，从而减小偏差。

2）插补缺失值

插补缺失值就是要以最可能的数值来插补缺失值，这比全部删除不完全样本所产生的信息丢失要少。在对数据集进行挖掘的过程中，面对的通常是大型数据库，数据属性较多，因一个属性值的缺失而放弃大量其他属性，这种删除是对信息的极大浪费，所以需要用可能的数值来对缺失值进行插补的思想和方法，通常有以下几种。

（1）均值插补。数据的属性值可以是定性或定量数据。若缺失值是定量数据，则用该字段存在值的均值来插补缺失的值；若缺失值是定性数据，则根据统计学中的众数原理，用该属性的众数来插补缺失值。[①]

（2）同类均值插补。该方法是按缺失值多属变量类型的均值来插补不同类的缺失数据项。

（3）极大似然估计。在缺失类型为随机缺失的条件下，假设模型对于完整的样本是正确的，那么通过观测数据的边际分布就可以对缺失的数据进行极大似然估计。

2. 重复数据处理

所有字段的值都相等的重复值是一定要剔除的，但在数据集不大的情况

---

① 众数概念详见第 5 章数据统计部分。

下，删除数据会造成数据集更小，根据不同业务场景，有时会选取其中几个字段进行去重操作。

3. 噪声数据处理

噪声是被测量变量的随机误差或方差，可以使用基本的数据统计描述技术（如盒图或者散点图）和数据可视化的方法来识别可能代表噪声的离群点。噪声数据中存在错误或异常的数据，会影响数据分析的结果，如对于通过迭代来获取最优解的线性算法，训练数据集中若含有大量噪声数据，则会大大影响算法的收敛速度，甚至对训练生成的模型的准确性也会有很大的副作用。在进行一致性检查的时候，会发现超出正常范围、逻辑上不合理或者相互矛盾的数据，如 1～7 量表测量数据出现了 0 值、年龄出现了负数等。SPSS（统计产品与服务解决方案）、SAS（统计分析系统）和 Excel 等软件都能够根据定义的取值范围，自动识别每个超出范围的变量值。识别出的噪声数据可以通过对数值进行平滑处理来消除噪声，常用的方法有分箱、回归、孤立点分析。

2.4.3 数据清洗流程

在具体的数据清洗过程中，可以按照明确错误类型——识别错误实例——纠正发现错误——干净数据回流的具体流程展开。

1. 明确错误类型

在这个环节，可以通过手动检查或者数据样本等数据分析方法，检测分析数据中存在的错误问题，并在此基础上定义清洗转换规则和工作流。根据数据源的数量及缺失、不一致或者冗余情况，决定数据转换和清洗的步骤。

2. 识别错误实例

在识别过程中，如果使用人工方式，往往耗时耗力，准确率也难以保障。因此在这个过程中，可以首先通过统计、聚类或者关联规则的方法，自动检测数据的属性错误。

3. 纠正发现错误

对于纠正错误，则应该按照最初定义的数据清洗规则和工作流有序进行。其中，为了处理方便，应该对数据源进行分类处理，并在各个分类中将属性值统一格式，做标准化处理。此外，在处理之前，应该对源数据进行备份，以防需要撤销操作或者数据丢失等意外情况。

4. 干净数据回流

通过以上三个环节，基本已经可以得到干净数据，这个时候需要用它替换原来的未经处理的数据，实现干净数据回流，以提高数据质量，同时避免重复进行数据清洗。

2.4.4 数据清洗工具

1. Excel 数据清洗

Excel 是微软公司 Microsoft Office 系列办公软件的重要组件之一，是一个功能强大的电子表格程序，能将整齐而美观的表格呈现给用户，还可以将表格中的数据通过多种形式的图形、图表表现出来，增强表格的表达力和感染力。Excel 也是一个复杂的数据管理和分析软件，能完成许多复杂的数据运算，帮助使用者作出最优的决策。利用 Excel 内嵌的各种函数可以方便地实现数据清洗的功能，并且可以利用过滤、排序等工具发现数据的规律。另外，Excel 还支持 VBA 编程，可以实现各种更加复杂的数据运算和清洗。

Excel 中的常见数据清洗函数如下。

1）LEFT 函数：文本处理函数，快速提取关键信息

若需要对如图 2-9 所示的原始数据表中的“文本内容”单独提取每条记录中的公司信息，可以使用 LEFT 函数。

A	B	C
序号	文本内容	公司
1	腾讯的小明很厉害，手机号是18465274865	
2	字节的小红不太行，手机号是17745870564	
3	网易的小赵工作很努力，联系方式是18845614582	
4	阿里的小王可以委以重任，手机是17545682451	
5	百度的小肖很不错，手机号是15879645219	

图 2-9 原始数据

函数公式：=LEFT(B2,2)

函数解析：

根据“文本内容”的规律，每条记录中公司信息都出现在左侧最前面两位数据，所以可以通过 LEFT 函数从左侧开始，统一提取两位数据，使用 LEFT 函数后提取的公司信息如图 2-10 所示。

2）RIGHT 函数：快速提取文本中出现的数字

若需要对图 2-9 所示的原始数据表中的“文本内容”单独提取每条记录中的手机号码，可以使用 RIGHT 函数。

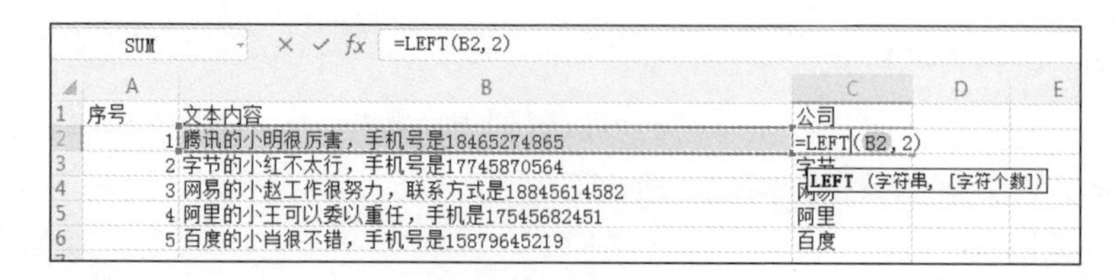

SUM　=LEFT(B2,2)

	A	B	C	D	E
1	序号	文本内容	公司		
2	1	腾讯的小明很厉害，手机号是18465274865	=LEFT(B2,2)		
3	2	字节的小红不太行，手机号是17745870564	字节		
4	3	网易的小赵工作很努力，联系方式是18845614582	网易		
5	4	阿里的小王可以委以重任，手机是17545682451	阿里		
6	5	百度的小肖很不错，手机号是15879645219	百度		

LEFT（字符串，[字符个数]）

图 2-10　提取后数据

函数公式：= RIGHT(B2,11)

函数解析：

分析“文本内容”会发现两个特征：一是手机号码都是由 11 位数字构成的；二是“文本内容”中出现的手机号码全都是在最后的 11 位。根据这样的规律就可以利用 RIGHT 函数快速对手机号码进行提取。使用 RIGHT 函数后提取的手机号码如图 2-11 所示。

SUM　=RIGHT(B2,11)

A	B	C	D
序号	文本内容	手机号	
1	腾讯的小明很厉害，手机号是18465274865	=RIGHT(B2,11)	
2	字节的小红不太行，手机号是17745870564	17745870564	
3	网易的小赵工作很努力，联系方式是18845614582	18845614582	
4	阿里的小王可以委以重任，手机是17545682451	17545682451	
5	百度的小肖很不错，手机号是15879645219	15879645219	

RIGHT（字符串，[字符个数]）

图 2-11　RIGHT 函数提取

3）MID+FIND 函数：根据特定关键词提取所需数据

若需要从如图 2-12 所示的表格的“文本内容”中提取所需要的手机号码，则使用 LEFT 函数或 RIGHT 函数都无法完成，需要使用 MID 和 FIND 函数才能完成。

序号	文本内容	手机号
1	腾讯的小明很厉害，手机号是18465274865，可以打	
2	字节的小红不太行，手机号是17745870564，不方便找	
3	网易的小赵工作很努力，联系方式是18845614582，打不通	
4	阿里的小王可以委以重任，手机是17545682451，不太方便	
5	百度的小肖很不错，手机号是15879645219，一般不联系	

图 2-12　原始数据资料

函数公式：= MID(B2,FIND(“是”,B2)+1,11)

函数解析：

分析“文本内容”会发现手机号码都是由 11 位数字构成的且手机号码前都有一个统一的字:“是”,这样就可以通过 MID 和 FIND 函数进行手机号码的提取,如图 2-13 所示。

SUM　=MID(B2,FIND("是",B2)+1,11)

	A	B	C	D	E
1	序号	文本内容	手机号		
2	1	腾讯的小明很厉害，手机号是18465274865，可以打	=MID(B2,FIND("是",B2)+1,11)		
3	2	字节的小红不太行，手机号是17745870564，不方便找	[illegible]		
4	3	网易的小赵工作很努力，联系方式是18845614582，打不通	[illegible]		
5	4	阿里的小王可以委以重任，手机是17545682451，不太方便	17545682451		
6	5	百度的小肖很不错，手机号是15879645219，一般不联系	15879645219		
7					
8					

MID(字符串, 开始位置, 字符个数)

图 2-13　MID + FIND 提取后资料

MID 函数的格式为:MID(提取的单元格提取的位置,提取多少个数),它可以利用 FIND 函数查找到关键词所在位置后进行数据的提取。

FIND 函数的格式为:FIND(查找的关键词,对应查找的单元格),通过 FIND 函数可以查找到对应关键词所在的具体位置。

通过以上三个函数,可以学会提取某列数据中的部分数据,使数据的粒度变小,达到清洗数据的目的。

4)TRIM 函数:清除单元格两侧的内容,以及句中多余的空格,使句子格式正确

函数公式:= TRIM(字符串)

MySQL 和 Python 都有同名的内置函数,并且有 LTRIM 和 RTRIM 的引申用法(图 2-14)。

SUM　=TRIM(B2)

	A	B	C
1	序号	文本内容	文本
2	1	腾讯的小明很厉害，手机号是18465274865，可以打	=TRIM(B2)
3	2	字节的小红不太行，手机号是17745870564，不方便找	字节的小红不太行，手机号是17745870564，不方便找
4	3	网易的小赵工作很努力，联系方式是18845614582，打不通	网易的小赵工作很努力，联系方式是18845614582，打不通
5	4	阿里的小王可以委以重任，手机是17545682451，不太方便	阿里的小王可以委以重任，手机是17545682451，不太方便
6	5	百度的小肖很不错，手机号是15879645219，一般不联系	百度的小肖很不错，手机号是15879645219，一般不联系
7	6	hello　world　，你好	hello world ，你好

图 2-14　TRIM 函数提取后资料

2. Python 数据清洗

Python 是数据处理常用工具,可以处理数量级从几 K 至几 T 不等的数据,具有较高的开发效率和可维护性,还具有较强的通用性和跨平台性。Python 可用于数据分析,但其单纯依赖 Python 本身自带的库进行数据分析还是具有一定

的局限性，需要安装第三方扩展库来增强分析和挖掘能力。

1）重复数据处理

数据录入过程、数据整合过程都可能会产生重复数据，直接删除是重复数据处理的主要方法。pandas 提供查看、处理重复数据的方法 duplicated 和 drop_duplicates。以如图 2-15 数据为例：

```
>sample = pd.DataFrame({'id':[[illegible],1,1,3,4,[illegible]],                    'name':['Bob','Bob','Mark','Miki','Sully','Rose'],
```

图 2-15　重复数据

发现重复数据通过 duplicated 方法完成，如图 2-16 所示，可以通过该方法查看重复的数据。

```
>sample[sample.duplicated()]group  id  name  score1       1  3     Bob  99.0[illegible]
```

图 2-16　duplicated 查看重复数据

需要去重时，可用 drop_duplicates 方法完成，如图 2-17 所示。

```
>sample.drop_duplicates()group  id  name  score0      1  1    Bob  99.02      1  1    Mark  87.03      2  3   Miki
```

图 2-17　drop_duplicates 删除重复数据

drop_duplicates 方法还可以按照某列去重，如去除 id 列重复的所有记录，如图 2-18 所示。

```
>sample.drop_duplicates('id')group  id  name  score0      1  1    Bob  99.03      2  3   Miki  77.04    1  4  Su
```

图 2-18　drop_duplicates 按照列去重

2）缺失数据处理

缺失值一般由 NA 表示，在处理缺失值时要遵循一定的原则即需要根据业务理解弄清楚缺失值产生的原因是故意还是随机，再通过一些业务经验进行填补。一般来说，当缺失值少于 20%时，连续变量可以使用均值或中位数填补；分类变量不需要填补，单算一类即可，或者也可以用众数填补分类变量。[①]

① 均值、中位数、众数概念详见第 5 章数据统计部分。

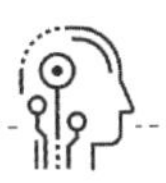

当缺失值处于 20%～80%时，填补方法同上。另外，每个有缺失值的变量可以生成一个指示哑变量，参与后续的建模。当缺失值多于 80%时，每个有缺失值的变量生成一个指示哑变量，参与后续的建模，不使用原始变量。

图 2-19 中展示了中位数填补缺失值和缺失值指示变量的生成过程。

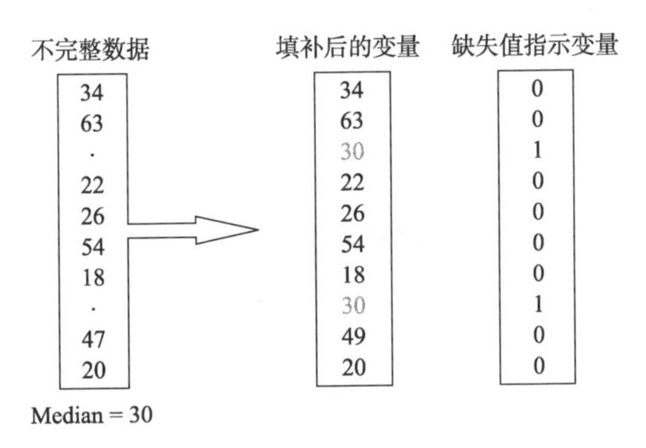

图 2-19　缺失数据填补示例

我们来看下代码示例，如图 2-20 所示。

```
> sample    group  id   name  score0    1.0  1.0    Bob  99.01    1.0  1.0    Bob    NaN2    NaN  1.0    Mark  87.03
```

图 2-20　缺失数据示例

第一步要进行缺失情况的查看，在进行数据分析前，一般需要了解数据的缺失情况，在 Python 中可以构造一个 lambda 函数来查看缺失值，该 lambda 函数中，sum(col.isnull())表示当前列有多少缺失，col.size 表示当前列总共多少行数据，如图 2-21 所示。

```
>sample.apply(        col:sum(col.isnull())/col.size)group    0.333333id        0.166667name      0.166667score     0.3333
```

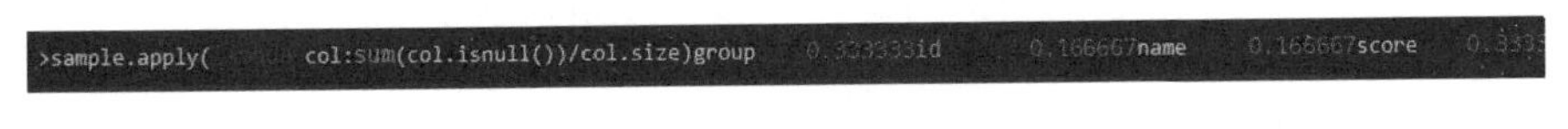

图 2-21　当前列行数

第二步以指定值填补，pandas 数据框提供了 fillna 方法完成对缺失值的填补，如对 sample 表的列 score 填补缺失值，填补方法为均值，如图 2-22 所示。

```
>sample.score.fillna(sample.score.mean())0    99.01    85.02    87.03    77.04    77.05    85.0Name: score, dtype: floa
```

图 2-22　均值填补缺失值

也可以使用分位数的方法进行填补，如图 2-23 所示。

```
>sample.score.fillna(sample.score.median())0    99.01    82.02    87.03    77.04    77.05    82.0Name: score, dtype: fl
```

图 2-23　分位数填补缺失值

第三步就是要对缺失的值指示变量，pandas 数据框对象可以直接调用方法 isnull 产生缺失值指示变量，如产生 score 变量的缺失值指示变量，如图 2-24 所示。

```
>sample.score.isnull()0    False1    True2    False3    False4    False5    TrueName: score, dtype: bool
```

图 2-24　产生缺失值指示变量

3. MapReduce 数据清洗

MapReduce 是一个使用简易的软件框架，基于它写出来的应用程序能够运行在由大规模通用服务器组成的大型集群上，并以一种可靠容错的方式并行处理 TB 级别的数据集。MapReduce 将复杂的、运行在大规模集群上的并行计算过程高度地抽象为两个简单的函数：Map 函数和 Reduce 函数。

在数据清洗的过程主要是编写 MapReduce 程序，可以通过 Map（映射）与 Reduce（化简）的过程予以实现。下面就通过一个简单的例子。简要叙述一下基于 MapReduce 的数据去重过程。

我们看到两个文本（图 2-25、图 2-26）。

file1.txt
2018-9-1 b
2018-9-2 a
2018-9-3 b
2018-9-4 d
2018-9-5 a
2018-9-6 c
2018-9-7 d

图 2-25　文本 1

file2.txt
2018-9-1 a
2018-9-2 b
2018-9-3 c
2018-9-4 d
2018-9-5 a
2018-9-6 b
2018-9-7 c

图 2-26　文本 2

对于上面这两个文件中的每行数据，我们都可以将其看作 Map 和 Reduce 函数处理后的 Key 值，当出现重复的 Key 值，就将其合并在一起，从而达到去重的目的，如图 2-27 所示。

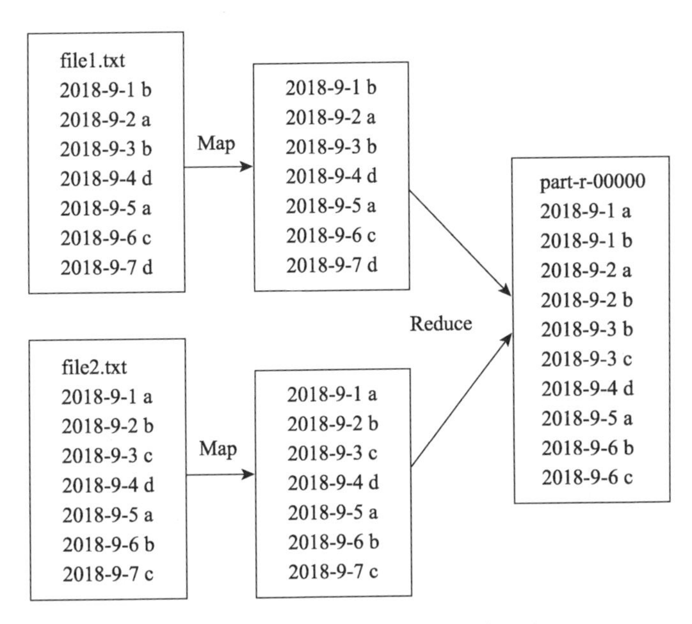

图 2-27　基于 MapReduce 的数据清洗流程

2.5　数据质量检测

经过初步采集和处理后得到的数据，质量良莠不齐，因而，我们需要使用多种方式或衡量标准来检测评估所获数据的质量。

2.5.1　数据质量评估标准

数据采集后，为评估数据质量，可以使用 4R 原则作为衡量标准，其包含以下 4 项指标。

1. 关联度

在人工智能领域，关联度（relevancy）是评价数据质量的首要指标。如果关联度不高，其他的衡量指标都毫无意义。例如，在自然语言处理的领域中，若想让机器学会如何与人交流，则需要大量的强关联数据作为基础。

2. 范围

数据采集的目的决定了采集数据的范围（range）。在人工智能领域，范围极大地影响着数据质量，而且范围也代表了数据的完整度。一般情况下，互联网公司的数据完整度较好。

3. 可信性

数据的可信性（reliability）是获取用户信任的关键。

4. 时效性

数据应有较强的时效性（recency），特别是资讯类的数据，对时效性的要求更高。

2.5.2 数据质量评估方法

数据质量评估方法主要分为定性方法、定量方法和综合方法。

定性方法一般基于一定的评估准则与要求，根据评估的目的和用户对象的需求，从定性的角度对数据资源进行描述与评估。其具体步骤是：确定相关评估准则或指标体系，建立评估准则及各赋值标准，通过对评估对象进行大致评定，给出各评估结果。评估结果有等级制、百分制等表示方法。通常，定性方法可划分为用户反馈法、专家评议法和第三方评测法。

定量方法是指按照数量分析方法，从客观量化角度对基础数据资源进行的优选与评估。定量方法为人们提供了一个系统、客观的数量分析方法，结果更加直观、具体。目前，传统的纸质印刷品，如报纸、图书、期刊、标准和专利等内容都已经实现数字化，并存放在各种数据库中供用户检索、浏览和下载。为了评价各数据库中文献的数据质量，可以制定用户注册人数、文献下载量、文献在线访问量及引用率等评估指标来评价各个数据库收录文献质量的优劣。

综合方法将定性方法和定量方法有机地集合起来，从两个角度对数据资源质量进行评估。常用的综合评估方法有层次分析法（analytic hierarchy process，AHP）、模糊综合评估法（fuzzy comprehensive evaluation，FCE）、云模型评估法（cloud model，CM）和缺陷扣分法（defection subtraction score，DSS）。

第3章

人工智能数据标注

如第1章提到的，在人工智能发展的第三次浪潮之中，机器学习，尤其是深度学习，已经成为推动进步的主力军，人工智能技术在越来越多应用行业落地，并如雨后春笋般不断取得突破，正在焕发蓬勃的生机。机器学习是一种从数据中自动训练获得规律并利用规律对未知数据进行处理的过程，而这一切除了有逐渐强大的算力和越发精巧的算法作为支持以外，大批量丰富、精准的数据像是一道道美味的佳肴，为人工智能提供了源源不断的养分，是实现其能力的决定性条件之一。

数据标注，一般就是指由人工对文本、图像、语音、视频等待标注数据进行归类、整理、编辑、纠错、标记和批注等加工操作，为用于训练的数据增加标签，生成满足机器学习要求的机器可读数据编码的工作，让机器学习从数据中更准确有效地获得规律。虽然机器学习领域在算法上取得了重大突破，由浅层学习转变为深度学习，但由于深度学习算法就像是一个“黑箱”，人们无法真正准确地探究和描述其内在的结构和关联，仅能根据输入与输出的特点对算法的情况进行判断，这就需要优先保证其输入的数据是足够高质量的。因此数据标注是大部分人工智能算法得以有效运行的关键环节，为机器学习算法训练提供足质足量的数据标注服务成为决定人工智能应用广度和深度的重要因素之一。

数据标注的一般流程可以简要概括如下。

（1）数据获取。要进行数据标注，首先要获得需求的原始数据。项目不同，数据的获取方式也不同，一般可通过线下采集、网络采集等方式获取所需的数据。

（2）数据前期处理。不管是线下采集还是网络采集的数据，都有可能存在重复或无效的情况。因此，首先要对数据进行预处理，将重复或无效的数据删除。

（3）数据预识别。目前可通过特定的程序，对数据做一个预识别处理，这样就可以直接得到机器预标注结果，标注员只需对预标注结果进行校验即可，预识别处理可以大大提高标注效率。

（4）数据标注。选择适合的标注工具，根据指定的规范要求进行标注。

（5）结果输出。数据标注完之后，一般需要通过技术手段将标注的结果转换为特定的需求格式。

对于人工智能训练师来说，利用正确高效的方法和工具，按照算法需要的格式，保质保量完成对数据的标注和验收是工作职责的重要部分，本章将对文本标注、语音标注、图像标注、视频标注这四种不同的标注方式及其相应的质量标准分别进行介绍。

3.1 文本标注

3.1.1 文本标注简介

文本标注是最常见的数据标注类型之一，标注完成的文本数据目前主要用于自然语言处理模型的训练，通过对各种文字、符号的文本进行标注，让计算机可以识别、编码并达到最终理解、处理的目的，从而应用于人类的生产生活领域。其应用类型主要有数据清洗、语义识别、实体识别、场景识别、情绪识别、应答识别等。

3.1.2 文本标注类型

文本数据标注分为序列标注、关系标注、属性标注等类型。其中，序列标注包括分词、实体（entity）、关键字、韵律、意图理解等；关系标注包括指向关系、修饰关系、平行语料等；属性标注包括文本类别、新闻、娱乐等。

1. 序列标注

序列标注是一个比较简单的自然语言处理任务，也是最基础的任务。序列标注的涵盖范围非常广泛，可用于解决一系列对字符进行分类的问题。这里再对实体标注、词性标注、韵律标注、意图理解做简要介绍。

实体标注用于命名实体识别，其目的是识别出文本里的专有名词（实体）且属于哪个类（实体类别），最常见的三种命名实体类别为人名、地名和机构名，其他细分的命名实体类别还有歌名、电影名、电视剧名、球队名、书名、酒店名等。

词性标注是文本数据标注的一种形式，可标注文本内容的实体名称、实体属性和实体关系。韵律标注是要标注韵律符号的位置。韵律是句子中字词之间的停顿。大多数情况下，一句话中不能完全没有停顿，总会出现或长或短的停顿，这些停顿就是要标注韵律符号的位置。

意图理解就是收集各种用户的问法，然后按领域分类，标记每句话所属的意图以及相位、槽值。领域是一个大分类，如智能音箱的领域有天气、音乐、戏曲、新闻、电台、程醒、控制命令、交通、美食、百科等。意图代表客户明确要问的事情，如“天气”领域有“查询天气”“查询气象-雨”“查询气象-雾”“查询气象气温”等意图。

2. 关系标注

关系标注是对复句的句法关联和语义关联作出重要标示的一种任务，是人工智能模型对于复句进行自动分析的形式标记。下面以关系标注的主要应用领域——知识图谱为例，对关系标注方法做简要介绍。

知识图谱的概念由谷歌在2012年正式提出，广义上是指通过将应用数学、图形学、信息可视化技术、信息科学等学科的理论和方法与计量学引文分析、共现分析等方法结合，并利用可视化的图谱形象地展示学科的核心结构、发展历史、前沿领域及整体知识架构达到多学科融合目的现代理论。在人工智能领域，知识图谱已被广泛应用于智能搜索、智能问答、个性化推荐、情报分析等方向。通俗来说，知识图谱本质上是一种语义网络， 其结构包括实体、属性（attribute）和关系（relation）。如图3-1所示，其结点代表实体或者属性，边代表实体/属性之间的各种语义关系。

例如，用户提问“北纬38°56′，东经116°20′的城市在哪个国家”，机器回答“这个城市是北京，且是中国的首都”。

对应用于知识图谱训练的文本数据就会采用关系标注，或称三元组标注。例如：“中国的首都是北京”这句话中，可以抽取出三元组：“中国”“首都”和“北京”。最后标注结果可如《中国，首都，北京》，使用《》保存三元组内容，用“,”隔开三元组数据。如其中“中国”和“北京”是两个实体（实体可以是人名、地名、机构名、产品名等），“首都”是一个关系词，用来表述两个实体之间的关系。这样的三个词，即可构成一个三元组。再如：“北京的经度为东经116°20′”这句话中，也可以抽取出三元组“北京”“经度”和“东经116°20′”，其中，“北京”为一个实体，“经度”是一项属性，而“东经116°20′”则是实体的该项属性值。

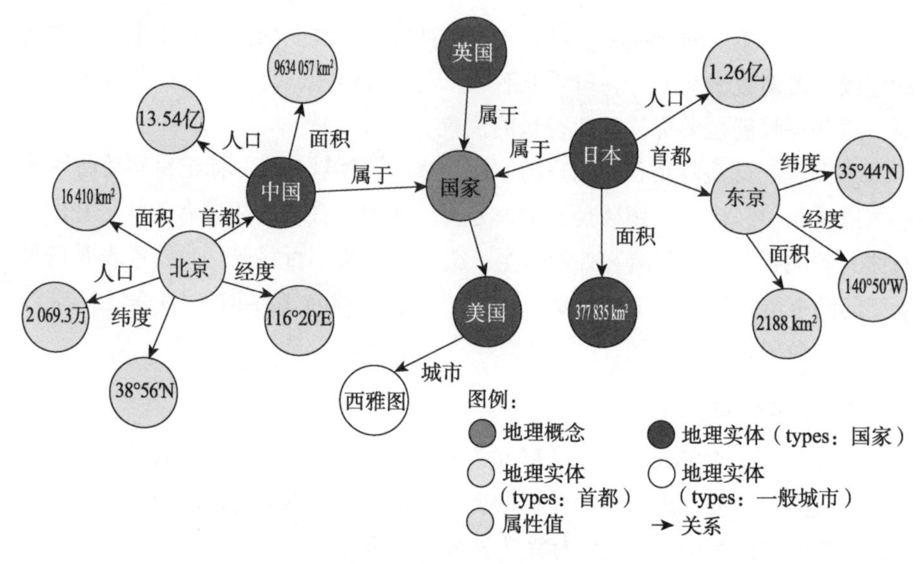

图 3-1　简单的知识图谱

3. 属性标注

属性标注就是对文本数据中的对象属性进行标签分类，而情感标注则是属性标注的重点。情感标注用于情感识别，又称情感分析、情绪识别。情感标注任务就是标记原始文本的情感。客户希望标注的情感，因客户而异，难度递增。其中难易由低到高为：最基础的包括正面、负面和中性（无情感）；细分类的有高兴、愤怒、悲哀和失望等；更为细致的情绪则会进行强度划分，如高兴分为一般高兴和很高兴，甚至对高兴程度进行打分，等等。

例如某自然语言处理模型需要识别客户对于汽车品牌的情感倾向，于是需要对客户在网络上的留言评论数据进行情感标注。

原文：X 品牌性价比很差，而且我上半年刚买的现在就降价了，太不保值。还是建议大家买 Y 品牌的车，能耗低、内饰高级、性价比特别高。

在此示例中，我们可以将小括号()里的内容表示为商品（产品）名称，中括号[]里的内容即为该商品（产品）所对应的评论。而对于该商品（产品）所对应的评论，中括号[]中标注两个数字。其中第一个数字为该评论所对应的商品（产品）的标号，第二个数字代表此条评论的感情倾向，1 代表正向，2 代表中性，0 代表负向。则本句话可以标注为：

（X 品牌：0）[性价比很差：0：0]，而且我上半年刚买的现在就降价了，[太不保值：0：0]。还是建议大家买（Y 品牌：1）的车，[能耗低、内饰高级、性价比特别高：1：1]。

其中“[能耗低、内饰高级、性价比特别高：1：1]”就表示对于被标为 1 的 Y 品牌，客户表达了正向评价。

3.1.3 文本标注规范

良好的文本标注是项目成功的基础，在做文本标注时应注意以下问题。

1. 充分了解语言学

语言学主要包括句法学、语义学、形态学、音系学、语音学、词汇、话语分析、语用学篇章结构分析等分支，了解这些分支有助于确定数据标注方式、明确文本用途。

2. 迭代式标注

NLP 任务主要包括建模（标注体系）标注、训练、测试、评价、修改等步骤，文本标注过程常常需要在建模和标注之间进行迭代，不断优化，才能建立一套完美的标注模型。

3. 保持标注数据的一致性

保持标注数据的一致性非常重要，这就需要建立标注标准，细化标注方式，否则很难在不同数据标注员间进行统一。标注数据不一致也是文本标注最主要的问题，严重影响文本质量。当有多个数据标注员对同一个文本进行标注时，可以采取交叉标注的方式。

4. 制定文本标注规则

在正式进行文本标注前需要制定文本标注规则，如单标签标注、多标签标注、内嵌式标注、分离式标注等。对于大型项目，应编写标注说明手册，以缩小不同数据标注员的标注差异。

5. 严格的审核制度

文本标注完成后必须有一个审核过程，审核过程最好由参与制定文本标注规则的人来执行。审核过程会十分耗时（甚至有可能花费多于文本标注过程的时间），需要合理安排资源。

6. 明确文本用途

目前 NLP 可以处理的任务主要是文本分类、相似性检验、机器翻译、阅读理解、文档生成等，明确文本的用途有助于建立文本标注的标准和模型。

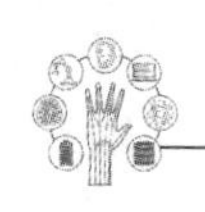

因此，文本标注是一个复杂的工程，在实际实施中总会遇到各种各样的问题。如果没有足够的经验，可以先对少量数据进行试标注，然后再大规模进行标注。文本标注是机器学习中十分重要的一环，其对训练结果的影响不低于模型构建和算法调优，因此在做人工智能项目时必须重视文本标注环节。

3.1.4 文本标注工具

文本处理工具有很多种。例如，微软开发的通用文本编辑器 NotePad 和 NotePad++；支持 HTML（超文本标记语言）和多种语言、适合软件开发者使用的 EditPlus；打开 JSON 格式文件的 JSON Viewer；打开 XML 格式文件的 XML Viewer；超大文本文件处理工具 EmEditor、LogViewer 等。下面以 NotePad++为例介绍文本处理工具的基本功能。

Notepad++是支持 Windows 系统的一款强大的文本编辑器，它的主要特点就是轻量、可定制性强，可以加载功能强大的插件，是一款非常好用的文本处理工具。

1. Notepad++的安装配置

Notepad++是一款免费的文本处理工具。Notepad++自带插件管理工具，单击“Plugins”→“Plugins Admin”→“Available”可以显示当前可用的插件列表，选中需要使用的插件，然后单击“Install”即可自动下载和安装，如图 3-2 所示。列表里的都是官方认可的插件，品质较好。当然也可以在网上下载插件放到相应的目录里。

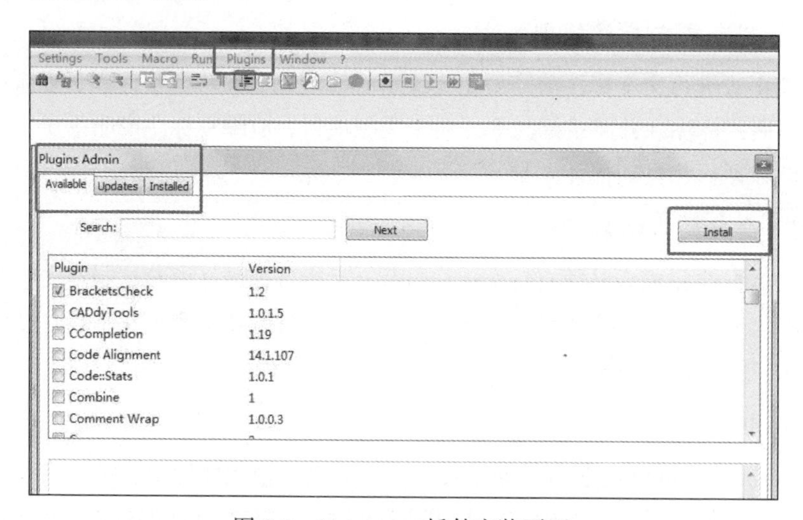

图 3-2　Notepad++插件安装页面

2. Notepad++的常用功能

1）书签

书签是一种特殊的行标记，显示在编辑器的书签栏处。使用书签可以很容易转到指定的行，进行一些相关的操作，特别有助于处理较长的文件。

在任意行单击左侧栏或按 Ctrl+F2 组合快捷键，将出现一个小点，这表示添加了一个书签，单击小点或按 Ctrl+F2 组合快捷键可以取消该行书签。按 F2 键，光标移动到上一个书签；按 Shift+F2 组合快捷键，光标移动到下一个书签，如图 3-3 所示。

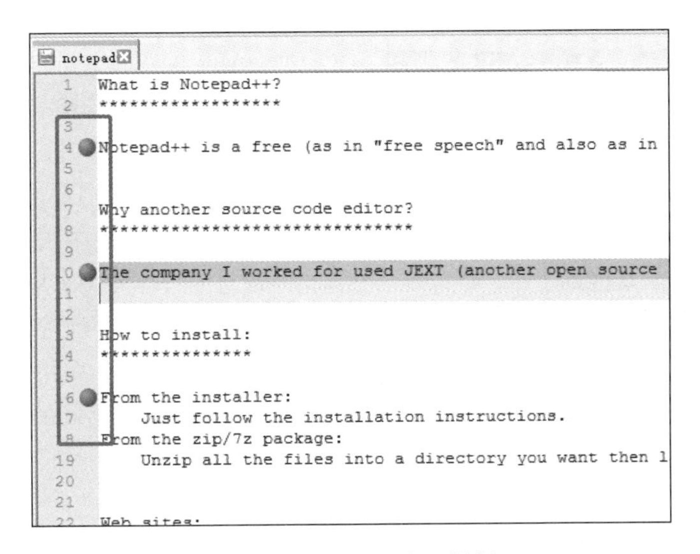

图 3-3　Notepad++书签样例

2）多视图

在 Notepad++中可以打开多视图，可以同时查看两个文档（也可以是同一个文档），可以快速比较这两个文档或同时编辑文档的两个地方，而不需要滚动或通过书签进行查看和比较。

3）文档折叠

文档折叠是根据文档语言隐藏文档中的多行文本，特别是对如 C++或者 XML 这样的结构化语言很有用。文本块分成多个层次，可以折叠父层的文本块，折叠后只会显示文本块的第一行内容，可以快速浏览文档的内容，跳到指定文档的位置。取消折叠文本块（展开或取消折叠）将会再次显示折叠的文本块，有助于代码的阅读。

3.2 语 音 标 注

语音标注与人工智能有着密切的关系，语音应答交互系统也是人工智能研究中的一个重要分支，因此语音标注相关的问题都值得我们重视和学习。本节将对语音标注、语音标注规范及使用工具进行详细介绍。

3.2.1 语音标注简介

语音标注主要用于 ASR 模型和 TTS 模型，ASR 模型的主要作用是将语音转化成文字，TTS 模型则主要是将文字转化为语音。智能语音技术与我们生活的众多方面都是息息相关的，比如，我们在使用通信聊天软件时，可以一键将语音转换成文字；在点开地图 App 上的麦克风功能时，可以通过说出目的地，让智能机器人用模拟的人声播报出合理路线并进行实时导航；在呼唤家里的智能音响、手机智能助手时，可以说出操作指令或与他们聊天；等等，人工智能之所以能实现将人类“说出的话”转换为文字，或是将输入的文字转换为“拟人声的话”，其实是因为前期有大量的人工去标记这些语音，采用人工的方式将语音对应的文字内容正确标注出来，并不断修正语音和文字间的误差，这也就是我们所说的语音标注。

3.2.2 客服录音标注规范

在人工智能训练师的工作中，语音标注最典型的应用是客服录音的数据标注。客服录音数据标注有着严格的质量要求，具体标准就是文字准确率和关键信息准确率，以下是对客服录音标注规范的详细说明。

1. 确定是否包含无效语音

无效语音，是指不包含有效语音的类型。例如，由于某些问题导致的文件无法播放；音频全部是静音或者噪声；语音不是普通话，而是方言，并且方言口音很重，造成听不清或听不懂；两个人谈话，谈话内容超过 3 个字（包括 3 个字）并且听不清楚内容或者噪声盖住说话人声大于 3 个字（包括 3 个字）导致内容听不清楚的；音频中无人说话，只有背景噪声或音乐；音频背景噪声过大，影响说话内容识别；语音音量过小或发音模糊，无法确定语音内容；语音只有“嗯”“啊”“呃”的语气词，无实际语义的。

2. 确定语音的噪声情况

常见噪声包括但不限于主体人物以外其他人的说话声、咳嗽声。此外，雨声、动物叫声、背景音乐声、汽车嘀嗒声、明显的电流声也包括在内。如果能听到明显的噪声，则选择“含噪声”；若听不到，则选择“安静”。

3. 确定说话人数量

确定说话人数量，即标注出语音内容是由几个人说出的。因为此处讲的是客服录音，所以一般都是两个人的说话声。

4. 确定说话人性别

如果在该语音中有多个人说话，则标注出第一个说话人的性别。

5. 确定是否包含口音

在语音标注过程中，如果有多个人说话，这时候就需要标记出第一个说话的人是否有口音。“否”代表无口音，“是”代表有口音。常见的有口音的例子有 h 和 f 不分、l 和 n 不分以及分不清前后鼻音、平翘舌等情况。

6. 语音内容方面

假如两个人同时说话，则以主体说话人声音较大的为标准来转写文字。假如一条语音中有两个人同时说出了低于 3 个字的话并听不清楚，将听不清的部分用“d”表示。假如一条语音中，低于 3 个字的部分噪声太大，盖住说话人的声音导致听不清，将听不清的部分用“[n]”表示。

另外，文字转写也有一些要求，具体如下。

文本转写结果需要用汉字表示，常用词语要保证汉字正确。如果遇到不确定的字，如人名中的汉字。这时候可以采用常见的同音字表示，如“赵亮/赵靓”，都是可以的。

转写内容需要与实际发音内容完全一致，不允许出现修改、删减的问题。即使发音中出现了重复或者不通顺等问题，也要根据发音内容给出准确的对应文本，如发音为“我我好热”“我”出现了重复，则依然转写为“我我好热”。

然而对于因为口音或个人习惯造成的某些汉字发音改变，则需要按照原内容改写。如由于口音，某些音发不清楚，音量读成了“yinniang4”则仍然标注为“音量”，不能标注为“音酿”；对于有人习惯性读错的某些汉字，如将“教室”读成“jiao4shi3”，则需要标注为“教室”，不能标注为“教使”。

遇到网络用语，如实际发音为“孩纸”“灰常”“童鞋”，则应该根据发音标注为“孩纸”“灰常”“童鞋”，不能标注为“孩子”“非常”“同学”。

转写时对于语音中正常的停顿，可以标注常规的标点符号（如逗号、句号、感叹号），详细标注规则可以根据实际情况自行判断，不做强制要求。

遇到数字，根据数字具体的读法标注为汉字形式，不能出现阿拉伯数字形式的标注。如“321”，允许的标注为“三二一”“三二幺”“三百二十一”等，不能标注为“321”。

对于儿化音，根据音频中说话人的实际发音情况进行标注。如“玩”，读出了儿化音则标注为“玩儿”，没有读出儿化音则标注为“玩”。

对于说话人清楚讲出的语气词，如“嗯”“哎”等，需要根据其真实发音进行转写。

关于语音中夹杂英文的情况，要按以下方式进行处理。

（1）如果英文的实际发音为每个字母的拼读形式，则以大写字母形式去标注每一个拼出的字母，字母之间加空格，如“WTO CCTV”等。

（2）假如出现的是英文单词或短语，对于常用的专有词汇，在可以准确确定英文内容的情况下，可以以小写字母的形式标注每个单词，单词与单词之间以空格分割“ood night”；在其他情况下直接抛弃。标注工作主要针对中文普通话，因此除了一些常见的专有词汇，如网址、品牌名称外，其他英文词汇直接抛弃即可。

3.2.3 语音标注使用工具

在对语音数据进行标注前，往往需要根据人工智能模型的需求先对其进行一些处理，如录音、混音、剪辑、转格式等，这就需要用到相应的语音处理工具，表 3-1 为一些常见的语音处理工具及其特点。

当然，只要模型有需要，人工智能训练师可以选择一切合适的工具和方法对语音数据进行辅助处理，利用这些工具提高语音标注的效率。

在完成对数据的预处理之后，目前常见的语音标注可以分为两种形式。

一种是直接对处理后的数据在本地进行标注，往往可以直接理由处理工具和文本编辑器实现，具有数据整理简单、标注更为灵活方便、数据隔离和保密性强的优点。如图 3-4 所示，人工智能训练师可以使用 Adobe Audition 软件在本地处理和标注语音数据。

表 3-1 常见的语音处理工具及其特点

工　　具	特　　点
Pro Tools	最大的特点是经过处理的音频不会损失质量，同时具有强大的音频处理功能和人性化的设计，可加载插件的数量很多，这些特点使得 Pro Tools 成为专业级的音频处理软件
Nuendo	由德国 STEINBERG 公司推出的一款音频处理软件，更加侧重后期音频处理
Logic	基于 Mac 的强大的音频处理软件
Adobe Audition	入门级的音频处理软件，它极易上手而且成本低
GoldWave	音乐编辑软件，体积小巧，操作简单。语音标注转录的辅助工具有迅捷文字语音转换器，可以轻松实现语音转文字、文字转语音及多国语言文本翻译，也可以实现将文本文档一键合成多音色语音
格式工厂	一款免费的中文版格式转换工具，除支持多种主流媒体格式文件转换外，还支持音频合并、混流等高级功能

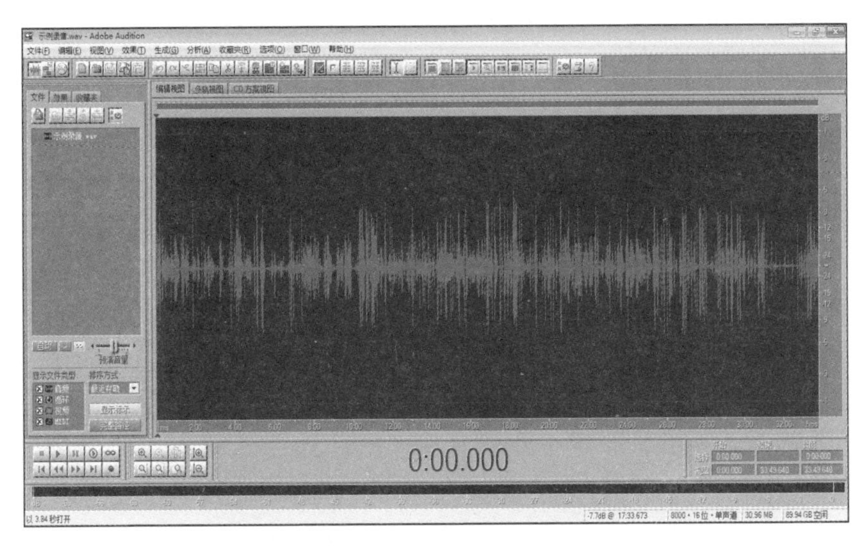

图 3-4　使用 Adobe Audition 标注语音数据

另外，还需要特别注意一种特殊的语音数据的标注，即话者分离标注。所谓话者分离，就是指将一段包含多角色声音的单声道语音中的每个部分与其所属的话者角色标注出来，此处以 Praat 这一常用的话者分离标注软件为例，如图 3-5 所示。

语音标注的另一种常见形式，就是直接通过专门的线上标注平台完成数据标注、审核、管理的全流程，不同的项目使用的平台可能不同，但其普遍都具备使用方便、便于管理等优点，适用于大批量、多人完成、数据保密性要求不高的标注任务。

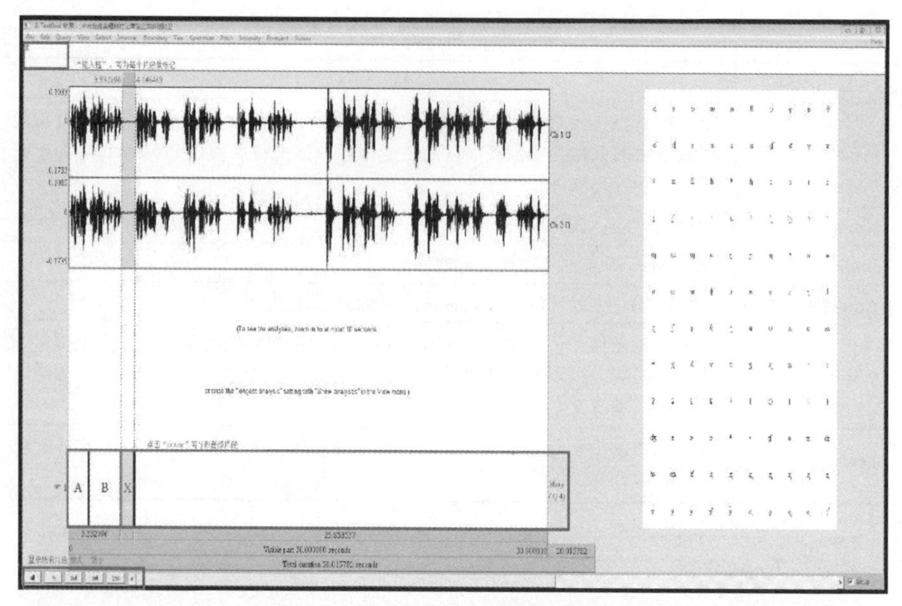

图 3-5　使用 Praat 标注语音数据

3.3　图 像 标 注

人的视觉十分发达，能从图像中获得的信息也十分丰富。因此，图像标注在人工智能与各行各业应用相结合的过程中扮演着重要的角色。

3.3.1　图像标注简介

人工智能的图像识别能力本质是将图像转为语言的能力，用通俗的话来说，就是“看图说话”。这就好比我们小时候在做看图说话的题目一样，我们也希望算法能够根据图像特点得出描述其内容含义的自然语句和自然语言。但是人工智能的神经网络技术是不能直接识别图像的，图片会以一连串代表着每个像素颜色的数字输入模型，本质来说，计算机还是在处理一批数字。

如今图像标注主流的应用领域有车辆、车牌、人像识别、医疗影像标注、机械影像等。通过对路况图片中的汽车和行人进行筛选、分类、标框等，可以提高安防摄像头及无人驾驶的识别能力；通过对医疗影像中的骨骼进行描点，特别是对病理切片进行标注分析，能够让人工智能帮助人类预测各种疾病。

3.3.2 图像标注规范

首先介绍两种主流的图像数据标注方式。

（1）标框标注，很容易理解，就是框选要标注的对象，目前主要用于物体识别。如图 3-6 中，只是简单通过矩形方将汽车标注出来。

图 3-6　标框标注

（2）区域标注，相比于标框标注，区域标注要求更加精确，边缘可以是柔性的，目前更多用于自动驾驶。如图 3-7 中，同样是对汽车进行标注，采用区域标注方法能更准确地表明汽车的形状。

图 3-7　区域标注

3.3.3 图像标注工具

在进行标注任务时，首先要根据标注对象、标注要求和不同的数据集格式

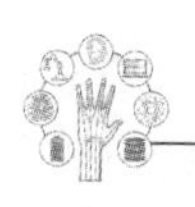

选择合适的标注工具。常用的图像数据标注工具及其特点如表 3-2 所示，表中除了 COCO UI 工具在使用时需要麻省理工学院（MIT）许可，其他的工具都是可以开源使用的。其中精灵标注助手可以同时标注图像、视频和文本，其他开源工具只针对特定对象进行标注。虽然使用不同的标注工具可能导致标注结果存在一定的差异，但目前尚未有研究证实工具选用对标注效率及标注质量有明显影响。

表 3-2　常用的图像标注工具及其特点

工具名称	简　介	标注形状	导出数据格式
LabelImg	著名的图像数据标注工具	矩形	XML
LabelBox	适用于大型项目的标注工具	多边形、矩形、线、点、嵌套分类	JSON
VIA	VGG 的图像标注工具	矩阵、圆、椭圆、多边形、点和线	JSON
COCO UI	COCO 数据集标注工具	矩形、多边形、点和线	COCO
精灵标注助手	多功能标注工具	矩形、多边形和曲线	XML

下面以其中应用最广泛的 LabelImg 为例，前期可以预设需要使用的标签，标签划分可以按照项目实际应用需求而定，如图 3-8 中根据选择直接以“person”——“人”为标签，而如果标注数据需要用于识别人身份的模型训练，则可以选择以“football player”——“足球运动员”为标签。预设好标签之后，则可以在图像标注工具中以矩形框出需要标注的内容，然后选择正确的标签即可。

图 3-8　使用 LableImg 标注图片数据

3.4 视频标注

3.4.1 视频标注简介

视频标注其实就是在一段视频中定位和跟踪需要标注的内容（场景中活动物体的位置、形状、动作、色彩等有关特征），进行标注后的视频数据将作为训练数据集用于训练深度学习和机器学习模型。与图像数据类似，视频数据也可以广泛应用于智能医疗、智能家居、新零售、安防、影视娱乐等领域，尤其是近年来大热的自动驾驶技术，想要实现对活动目标的检测、跟踪、识别，以及进一步的行为分析和事件检测，大批量的视频数据训练是必不可少的。

3.4.2 视频标注基础知识

很多人小时候或许都看过一种“翻页动画书”，快速翻动书页，就好像在看连续的动画一样，长大后我们也会经常和家人、朋友前往电影院去欣赏电影，其实这些都是因为视频是由图像（帧）组成的，这些图像（帧）以一定的速率（fps，每秒显示帧的数目）连续地投射在屏幕上，使观察者产生图像连续运动的感觉。对视频的标注也主要集中在关键帧图像层，关键帧图像层标注首先通过镜头边缘检测把视频切分成在时间上连续的小段，再用关键帧提取算法从每段镜头中提取一帧图像作为关键帧，最后基于提取出的关键帧，标注所需标签作为对此帧内容的描述，所以视频标注其实就是在图像标注的基础上再结合视频的时间连续性、运动、无结构性这些特性进行标注。为了更好地完成视频标注项目，需要了解以下视频相关基础知识。

1. 视频数字化

计算机只能处理数字化信号，普通的 NTSC（美国国家电视标准委员会）制式和 PAL（逐行倒相）制式的视频是模拟的，必须进行模/数转换和彩色空间变换等过程。视频的数字化是指在一段时间内以一定的速率对视频信号进行捕获并加以采样后形成数字化数据的处理过程。数字视频的数据量是非常大的。例如，一段时长为 1 分钟、分辨率为 640 × 480 的视频（30 帧/分，直彩色），未经压缩的数据量是（640 × 480）像素 × 3B/像素 30 帧/分 × 60 = 1 658 880 000 B = 1.54 GB。

因此，两小时的电影未经压缩的数据量达 66 355 200 000 B，超过 66 GB。另外，视频信号中一般包含音频信号，音频信号同样需要数字化。如此大的数据量，无论是存储、传输还是处理，都有很大的困难，所以未经压缩的数字视频数据量对于目前的计算机和网络来说无论是存储或传输都是不现实的。因此，在多媒体中应用数字视频的关键问题是视频的压缩技术。

2. 视频的压缩

数字视频的文件很大，而且视频的捕捉和回放要求很高的数字传输率，在采用视频工具编辑文件时自动适用某种压缩算法来压缩文件大小，在回放视频时通过解压缩尽可能再现原来的视频。视频压缩的目标是尽可能在保证视觉效果的前提下减少视频数据量。由于视频是连续的静态图像，因此其压缩编码算法与静态图像的压缩编码算法有某些共同之处，但是运动的视频还有其自身的特性，所以在视频压缩时还应考虑其运动特性才能达到高压缩的目标。由于视频中图像内容有很强的信息相关性，相邻帧的内容又有高度的连贯性，再加上人眼的视觉特性，所以数字视频的数据可进行几百倍的压缩。

3. 视频文件格式

国际标准化组织和各大公司都积极参与视频压缩标准的制定，并且已经推出大量实用的视频压缩格式。

1）AVI 格式

AVI（Audio Video Interleaved，音频视频交错）格式是 1992 年由 Microsoft 公司随 Windows31 版本一起推出的，以“avi”为扩展名。它的优点是图像质量好；缺点是体积过于庞大，不适合于长时间的视频内容。

2）MPEG 格式

MPEG（Moving Picture Expert Group，运动图像专家组）格式是运动图像压缩算法的国际标准，它采用了有损压缩方法，从而减少运动图像中的冗余信息。目前 MPEG 格式有三个压缩标准，分别是 MPEG-1、MPEG-2 和 MPEG-4。另外，MPEG-7 与 MPEG-21 正处于研发阶段。

3）WMV 格式

WMV（Windows Media Video）也是 Microsoft 公司推出的一种采用独立编码方式并且可以直接在网上实时观看视频的视频压缩格式。WMV 格式的主要优点包括支持本地或网络回放、可扩充的媒体类型、部件下载、流的优先级化、多语言支持、环境独立性、丰富的流间关系以及扩展性等。

4）RMVB 格式

RMVB（RealMedia 可变比特率）是一种由 RM 格式延伸出的新视频格式，它的先进之处在于打破了 RM 格式平均压缩采样的方式，在保证平均压缩比的基础上合理利用比特率资源，静止和动作场面少的曲面场景采用较低的编码速率，这样可以留出更多的带宽空间，而这些带宽空间会在出现快速运动的画面场景时被利用。这样在保证静止画面质量的前提下，大幅地提高了运动图像的画面质量，从而在图像质量和文件大小之间达到了平衡。

5）SWF 格式

SWF 是一种基于矢量的 Flash 动画文件，一般用 Flash 软件创作并生成 SWF 格式的文件。也可以通过相应软件将 PDF 等类型的文件转换为 SWF 格式。SWF 格式的文件广泛用于创建吸引人的应用程序，包含丰富的视频、声音、图形和动画。SWF 格式的文件被广泛应用于网页设计、动画制作等领域。

6）FLV 格式

FLV（Flash Video）格式是随着 Flash MX 的推出发展而来的一种新兴的视频格式。FLV 格式的文件体积小巧，1 分钟的清晰的 FLV 格式的视频大小为 1 MB 左右，一部 FLV 格式的电影大小为 100 MB 左右，是普通视频文件体积的 1/3。其形成的文件极小、加载速度极快，使得用网络观看视频成为可能，FLV 的出现有效地解决了视频文件导入 Flash 软件后，导出的 SWF 格式的文件体积庞大，不能在网络上很好使用等问题。因此 FLV 格式被众多新一代视频分享网站所采用，是目前增长最快、最为广泛的视频传播格式。

4. 常用视频术语

1）帧

帧是视频中的基本信息单元。标准剪辑以每秒 30 帧（Frames Per Second，FPS）的速率播放。

2）帧速率

帧速率也是描述视频信号的一个重要概念，帧速率是指每秒扫描的帧数。对于 PAL 制式电视系统，帧速率为 25 帧；而对于 NTSC 制式电视系统，帧速率为 30 帧。虽然这些帧速率足以提供平滑的运动，但还没有高到足以使视频显示避免闪烁的程度。根据实验，人的眼睛可觉察到以低于 1/50 秒速度刷新图像中的闪烁。然而，要求帧速率提高到这种程度，要求显著增加系统的频带宽度，这是相当困难的。为了避免这样的情况，全部电视系统都采用了隔行扫描法。

3）时基（time base）

时基为每秒 30 帧，因此，一个一秒长的视频包括 30 帧。

4）时：分：秒：帧（hours：minutes：seconds：frames）

以时：分：秒：帧来描述剪辑时间的代码标准，若时基设定为每秒 30 帧，则持续时间为 00：06：51：15 的剪辑表示它将播放 6 分 51 秒 15 帧，即 6 分 51.5 秒，或 6 分 51 秒 500 毫秒。

5）剪辑（clip）

视频的原始素材可以是一段视频、一张静止图像或者一个声音文件。在 Adobe Premiere 中，一个剪辑是一个指向硬盘文件的指针。

6）获取（capture）

获取是指将模拟原始素材（影像或声音）数字化并通过使用 Adobe Premiere Movie Capture 或 Audio Capture 命令直接把图像或声音录入计算机的过程。

7）透明度（transparency）

透明度是指素材在另一个素材上叠加时不会产生其他的附加效果。

8）滤镜（filters）

滤镜主要用于提升图像的质量，音频的处理也经常用到滤镜。通过定义一个平均的算法将图像中线条和阴影区域的邻近像素进行平均，从而产生连续画面间平滑过渡的效果。

3.4.3　视频编辑标注使用工具

1. 常用视频编辑工具

1）爱剪辑

爱剪辑是国内一款免费视频剪辑软件，该软件简单易学，且支持大多数的视频格式，不需要掌握专业的视频剪辑知识也可以轻易上手。而且，该软件运行时占用资源少，所以对计算机的配置要求不高，目前市面上的计算机一般都可以完美运行，对于初级的视频数据剪辑来说是可以一用的，但爱剪辑最大的缺点是在视频导出时会强制添加爱剪辑的片头和片尾。

2）会声会影

会声会影是加拿大 Corel 公司制作的收费视频编辑软件，该软件功能比较齐全，有多摄像头视频编辑器、视频运动轨迹等功能，而且支持制作 360 度全景视频，可导出多种常见的视频格式，甚至可以直接制作成 DVD（高密度数字视频光盘）和 VCD（数字视频光盘），是视频数据标注新手入门后可以选择的一款视频编辑软件。会声会影的缺点是对于计算机有一定的配置要求，而且对于会声会影的使用要有一定的剪辑知识，不然前期上手可能会有点难度。

3）Adobe Premiere

Adobe Premiere 是美国 Adobe 公司推出的一款功能强大的视频编辑软件。该软件功能齐全，用户可以自定义界面按钮的摆放，只要计算机配置足够强大，就可以无限添加视频轨道，而且 Adobe Premier 的“关键帧”功能是以上两个软件不具备的。使用“关键帧”功能，可以轻易对视频数据进行处理，包括移动片段、片段的旋转、放大、延迟和变形等。Adobe Premiere 的缺点是对计算机配置要求较高。而且，Adobe Premiere 要求使用者有一定的视频编辑知识。

2. 常用视频图像标注工具

其和图像数据标注工具大体相同，详见表 3-2。

3.5 标注数据审核

3.5.1 数据标注质量的影响

前文曾提到，机器学习算法的训练效果在很大程度上需要依赖高质量的数据集。如果训练中所使用的标注数据集存在大量数据“噪声”，即数据中存在着错误或异常的数据，这些数据对数据的分析造成了干扰，将会导致机器学习训练不充分，无法获得规律，这样在训练效果验证时会出现目标偏离、无法识别的情况。

3.5.2 数据标注中的角色

在标注工作中，参与人员的角色主要可以分为三类，分别是标注员、审核员和管理员。标注员负责对数据进行标注，通常由经过专业培训的人员来担任，在一些需要特定背景对标注质量要求非常高的任务中，如医疗图像数据的标注中，也会由具有专业知识的领域专家来担任。审核员负责对标注好的数据进行审核，完成数据校对及审核，适时对标注中存在的错误和遗漏进行修改与补充，这个角色通常由具有丰富经验的标注人员来担任。管理员负责对相关人员进行管理，并对标注任务进行发放及回收。

数据标注过程中的三个角色是相互制约的关系，每个角色都是数据标注任务中不可缺少的一环，只有各司其职，才能将任务完成好。

3.5.3　数据标注质量标准

产品的质量标准是在产品生产和检验的过程中判定其质量是否合格的根据。对于数据标注行业而言，数据标注的质量标准就是标注的准确性。不同类型的项目对应不同的质量标准。通常来讲，质量标准可分为通用质量标准和特定质量标准。在数据标注项目中，质量标准是判断数据标注准确度的依据，用于质量控制过程。

本节将对文本标注、语音标注和图像标注三种不同的标注方式的质量标准分别进行介绍。

1. 文本标注质量标准

大部分文本数据标注都有明确的正确标准，此处不再赘述，仅针对较特殊的多音字标注、语义标注进行标注质量标准介绍。

多音字标注是需要将一个字的全部读音正确标出，这可能需要借助字典等专业性工具进行检验。以“和”字为例，“和”有六种读音：①“和”（he 二声）：和平；②“和”（he 四声）：和诗；③“和”（hu 二声）；④“和”（huo 二声）：和面；⑤“和”（huo 四声）：和药；⑥“和”（huo 轻声）：暖和，如果加上各地区方言发音，那么“和”可能存在更多读音，所以多音字标注在质量检验时一定要借助专业性工具进行。

语义标注在检验中分为三种情况。

（1）针对单独词语或语句进行检验。

（2）针对上下文的情景环境进行检验。

（3）针对文本数据对应的原始语音数据中的语音语调进行检验。

三种语义标注检验要求检验人员理解上下文的情景环境或语音语调的含义。以“东西”为例：“他还很小，经常分不清东西”。“西”（xi 一声），这里的“东西”代表方向。“她正走在路上，忽然有什么东西落到了脚边”。“西”（xi 轻声）这里的“东西”代表物品。如果根据上下文情景环境及语音语调不同，“东西”这个词可能还会另带他意。

文本标注项目有两个常用指标，即准确率和召回率。准确率是指在标注集中计算标注正确的数量占比，召回率则是指检索出的数据和数据集中所有的数据对比来计算出的占比。

计算公式如下：

准确率＝（实际标注数量－错误标注数量）/实际标注数量×100%

召回率＝（实际标注数量–错误标注数量）/（实际标注数量－错误标注数量＋遗漏标注数量）×100%

这两个指标，一般由需求方确认并制定。但不宜过于苛刻，如要求准确率为99%，甚至100%。常见的准确率标准在95%左右，质量要求高的，可要求准确率98%。

2. 语音标注质量标准

语音标注在质量检验时需要在相对安静的独立环境中进行，在语音标注的质量检验中，质检员需要做到眼耳并用，时刻关注语音数据发音的时间轴与标注区域的音标是否相符，或者标注出的结果是否有违背标注规范的错误。

如对于一段语音数据，其对应的文本内容为：一场突如其来的大火，让本不富裕的家庭雪上加霜，数据标注人员将其标注为 yi4 chang3 tu1 ru2 qi2 lai2 de5 da4 huo3，rang4 ben3 bu4 fu4 yu4 de5 jia1 ting2 xue3 shang4 jia1 shuang1，就是违背了“不”字的变调规则（在四声前变二声），错误标注了“不”字的读音。

3. 图像标注质量标准

机器学习训练图像识别是根据像素点进行的，所以对于图像标注的质量标准也是根据像素点位判定，即标注像素点越接近于标注物的边缘像素点，标注的质量就越高，标注难度就越大。由于原始图片质量问题，标注物的边缘可能存在一定数量与实际边缘像素点灰度相似的像素点，这部分像素点对图像标注产生干扰。按照100%准确度的图像标注要求，标注像素点与标注物的边缘像素点存在1个像素以内的误差。针对不同的图像标注类型需要进行不同的检验方式，下面我们对常用的图像标注方法的质量检验标准进行说明。

1）标框标注

对于标框标注，我们先需要对标注物最边缘像素点进行判断，然后检验标框的四周边框是否与标注物最边缘像素点误差在1个像素以内。

2）区域标注

与标框标注相比，区域标注质量检验的难度在于区域标注需要对标注物的每一个边缘像素点进行检验。在区域标注质量检验中需要特别注意检验转折拐角，因为在图像中转折拐角的边缘像素点噪声最大，最容易产生标注误差。

3）其他图像标注

其他图像标注的质量标准需要结合实际的算法制定，质量检验人员一定要理解算法的标注要求。

3.5.4 数据标注质量检验类型

常见的产品质量检验方法分为全样检验和抽样检验，但在数据标注领域，往往会根据实际情况加入实时检验的环节，以减少数据标注过程中出现重复的错误问题，导致大批量返工，严重影响效率。因此，本节将对实时检验、全样检验和抽样检验三种质量检验方法进行介绍。

1. 实时检验

实时检验是现场检验和流动检验的一种方式，一般安排在数据标注任务进行过程中，能够及时发现问题并解决问题。通常情况下，一名质检员需要负责实时检验 5～10 名标注员的数据标注工作。

在安排数据标注任务阶段，会将数据标注任务以分组方式完成。一名质检员同 5～10 名标注员分为一组，一个数据标注任务会分配给若干小组完成，质检员会对自己所在小组的标注员的标注方法、熟练度、准确度进行现场实时检验，当标注员操作过程中出现问题，质检员可以及时发现、及时解决。为了使实时检查更有效地进行，除了对数据标注任务划分小组完成外，还需要对数据集进行分段标注，当标注员完成一个阶段的标注任务后，质检员就可以对此阶段的数据标注进行检验。通过对数据集进行分段标注，也可以实时掌握标注任务的工作进度。

当标注员对分段数据开始标注时，质检员就可以对标注员进行实时检验，当一个阶段的分段数据标注完成后，质检员将对该阶段数据标注结果进行检验，如果标注合格，就可以放入该标注员已完成的数据集中；如果发现不合格，则可以立即让标注员进行返工，改正标注（图 3-9）。如果标注员对标注存在疑问或者不理解的情况，可以由质检员进行现场沟通与指导，及时发现问题并解决问题。如果在后续标注中同样的问题仍然存在，质检员就需要安排该名标注员重新参加数据标注任务培训。

实时检验方法的优点如下。

（1）能够及时发现问题并解决问题。

（2）能够有效减少标注过程中错误的重复出现。

（3）能够保证整体标注任务的流畅性。

（4）能够实时掌握数据标注的任务进度。

然而，实时检验在实际应用时的缺点就是对于人员的配备及管理要求较高，往往需要安排具备极高专业素质的人员。

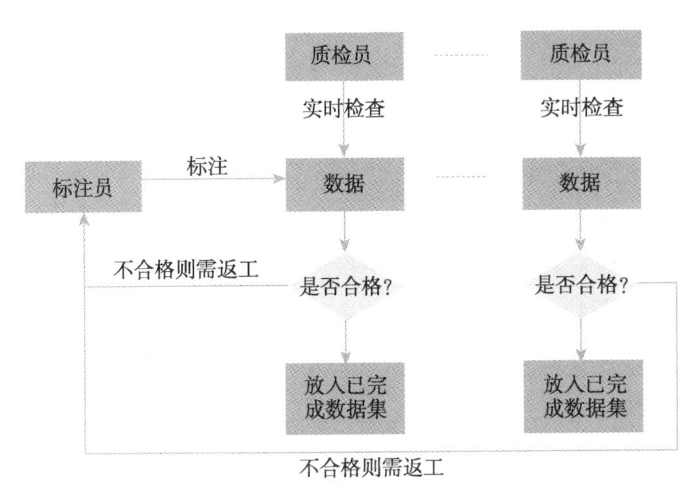

图 3-9　实时检验流程

2. 全样检验

顾名思义，全样检验需要质检员对已完成标注的数据集进行集中全量检验，质检员必须严格按照数据标注的质量标准进行检验，并对整个数据标注任务的合格情况进行判定，通过全样检验并合格的数据存放到已合格数据集中等待交付；而对于不合格的数据，需要标注员进行返工，修改标注（图 3-10）。

全样检验方法的优点如下。

（1）能够对数据集做到无遗漏检验。

（2）可以对数据集进行准确率评估。

而全样检验的缺点则是需要耗费大量的人力精力集中进行，对于人员不足或时间不够的情况，较难实行。

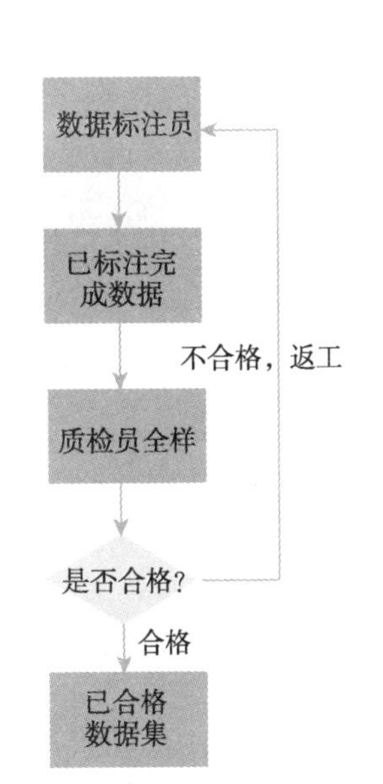

图 3-10　全样检验流程

3. 抽样检验

抽样检验是产品生产中一种辅助性检验方法。在数据标注中，为了保证数据标注的准确性，会将抽样检验方式进行叠加，形成多重抽样检验方法，此方法可以辅助实时检验或全样检验，以提高数据标注质量检验的准确性。

1）辅助实时检验

多重抽样检验方法辅助实时检验，多应用在数据标注任务需要采用实时检验方法，但质检员与标注员比例失衡，标注员过多的情况。多重抽样检验方法可以减少质检员对质量相对达标的标注员的实时检验时间，合理地调配质检员的工作重心。

当标注员完成第一个阶段的数据标注任务后，质检员会对各个标注员第一阶段标注的数据进行检验，如果标注数据全部合格，在第二阶段实时检验时，质检员只需对相应标注员标注数据的 50%进行检验；如果不合格，则在第二阶段实时检验时，质检员仍然需要对相应标注员标注的数据进行全样检验。

在第二阶段的实时检验中，若标注员依然全部合格，则第三阶段实时检验的标注数据较第二阶段再减少 50%。若标注员在第二阶段的实时检验中发现存在不合格的标注，则在第三阶段的实时检验中对其标注数据全部检验。若标注员在第二、三阶段的实时检验中仍存在不合格的标注，则可能需要安排标注员重新参加项目的标注培训（图 3-11）。

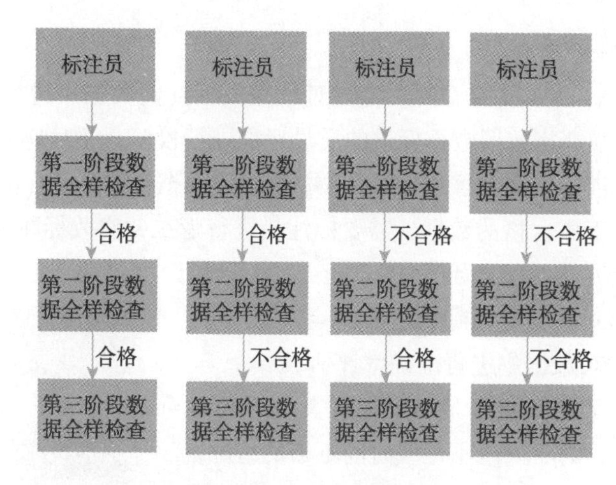

图 3-11　抽样检验流程

通过多重抽样检查辅助实时检验，可以让质检员重点检验那些合格率低的标注员，而不是将过多精力浪费在检验高合格率标注员的工作上。此检验方法能够合理分配质检员的工作重心，让数据标注项目即使在质检员人数不充足的情况下，仍然能够进行实时检验方法。

2）辅助全样检验

多重抽样检验方法辅助全样检验，是在全样检验完成后的一种补充检验方法，主要作用是减少全样检验中的疏漏，增加数据标注的准确率。

在全样检验完成后，要对标注员 A 与标注员 B 的标注数据先进行第一轮抽样检验，如果全部检验合格，则标注员在第二轮抽样检验中检验的标注数据量较第一轮减少 50%；如果在第一轮抽样检验中发现存在不合格的标注，则标注员将在第二轮抽样检验中检验的标注数据量较第一轮增加 1 倍。

在多轮的抽样检验中，如果发现同一标注员存在有两轮抽样检验不合格的标注，则认定此标注员标注的数据集为不合格，需要重新进行全样检验，该标注员对检验完不合格的数据标注进行返工，改正标注。如果标注员没有或只有一轮的抽样检验存在不合格的数据标注则认定该标注员的数据标注为合格。该标注员只需改正检验中发现的不合格标注即可（图 3-12）。

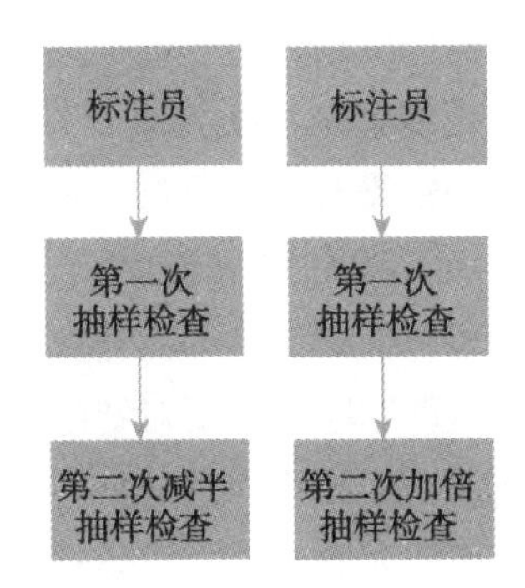

图 3-12　辅助全样检验流程

多重抽样检验方法的优点如下。

（1）能够合理调配质检员的工作重心。

（2）有效地弥补其他检验方法的疏漏。

（3）提高数据标注质量检验的准确性。

多重抽样检验的缺点则是该方法只能用于辅助其他检验方法，如果单独实施，就会出现疏漏，影响整个数据集的标注质量结果。

第4章

人工智能系统运维基础

人工智能系统具有十分丰富的功能和广阔的应用，智能系统的应用让我们的工作更加高效、生活更加智能便利。但同时，人工智能系统也是十分复杂的，要想人工智能系统真正地为我们所用，更好地为我们服务，就要了解各种智能系统的特点，掌握系统的使用和运维方法。

作为人工智能训练师，经常需要接触形形色色的人工智能系统，不同的人工智能系统功能各异、应用场景不同，各有特色。人工智能训练师需要了解不同人工智能系统的技术原理、应用方法，掌握其功能特点。另外，人工智能系统中往往包含大量的知识和数据，训练师也需要对智能系统中的知识和数据进行管理、维护，学会分析和利用其中的数据，才能使人工智能系统变得越来越智能。

在本章中，我们将了解智能客服系统、智能物联网（AIoT）系统、智能云服务系统的使用及系统运维的方法。熟悉智能系统知识整理、数据整合的流程，学习如何进行人工智能系统的运维。

4.1 人工智能系统介绍

4.1.1 智能客服系统

客户服务，简称客服，顾名思义，是指企业与其客户之间的交流方式，体现了以客户满意度为导向的价值观，主要实施于企业的市场营销、销售、服务与技术支持等各种与客户相关的领域中。从客户层面看，客户购买了公司的产品或服务应当得到相应的服务质量。从公司层面看，公司提供的服务质量会影响用户对公司的看法和信心。

国际权威机构的调查结果显示：对客户服务不好，会造成94%的客户不再购买该公司的产品或服务；没有解决客户问题，会造成89%的客户不再购买该公司的产品或服务；平均每个不满意的用户会向9个亲友传递不愉快的经验；在这些不满意的用户中，67%会进行投诉。因此，客户服务质量的提高就变成

了所有公司越发关注的一项工作，而大部分公司都是通过设立独立的客服中心部门来开展客户服务工作的。

传统的客服中心是比较依赖于人工座席的，而人工座席存在劳动强度大、服务效率低、培训成本高、服务质量不稳定等缺点，无法持续地提供高质量的客户服务。所以企业客服中心就想要减少成本、提升服务质量、提高用户体验。随着人工智能、云计算和大数据等技术的成熟，智能化转型的想法越发可行，智能客服系统就应运而生，成为企业提升客户服务质量的必备之选。

智能客服系统基于自然语言处理技术，通过准确地理解用户的自然语言，不仅可以为企业提供大型知识库的建立方法，还可以帮助企业给用户提供智能化服务，为企业与海量用户之间的沟通建立方便快捷的桥梁。

智能客服系统适用于有服务需求的企业，其强大的功能可以很好地满足企业的客户服务需求。具体来说，智能客服系统的优点如下。

1. 解放人力

传统的客户服务是由客服人员与用户进行对接，属于单纯的一对一服务，客服人员不足的情况下就会导致客服人员工作量大；而客户需要服务时要先排队，排队的时间长又会导致客户排队期间离开，长此以往企业与客户之间的关系就会恶化。而智能客服只需要部分系统资源即可应答海量用户，且可以 24 小时无休，大大增加了效率，降低了人工成本，维护了客户关系。

2. 响应快

不同于客服人员有工作时间、工作能力等限制，智能客服系统应答速度快，可以保障在 0.5～1 秒内响应客户咨询，即便是同一时间多人来询，智能客服系统也能同时响应，且应答准确，保证客户得到优良的在线接待体验，大幅提升用户体验。

3. 多渠道接入

客服人员一个人仅能在一个渠道给一个客户提供服务，而智能客服系统可以接入多个渠道，一个机器人可以在多个渠道给多个客户提供服务，如智能客服系统可以接入网页、微信、短信、App 等多种渠道。

智能客服系统架构主要包括基础设施层、数据存储层、支撑层、服务支撑层、应用层这五层，如图 4-1 所示。基础设施层是智能客服系统运行的基础设施平台，支持运行于物理硬件的操作系统（Linux、CentOS 等）和 Docker 容器环境，是智能客服系统的运行基础。数据存储层是智能客服系统的底层数据存储平台。支撑层是基于人工智能能力搭建的为智能客服系统提供服务的能力支撑平台，其中包括的核心服务能力由 ASR、TTS、NLP 等组成。服务支撑层提供智能客服系统的各个业务服务。应用层是基于前端技术开发的应用系统，支持多渠道接入，如微信、网页、App 应用程序等。

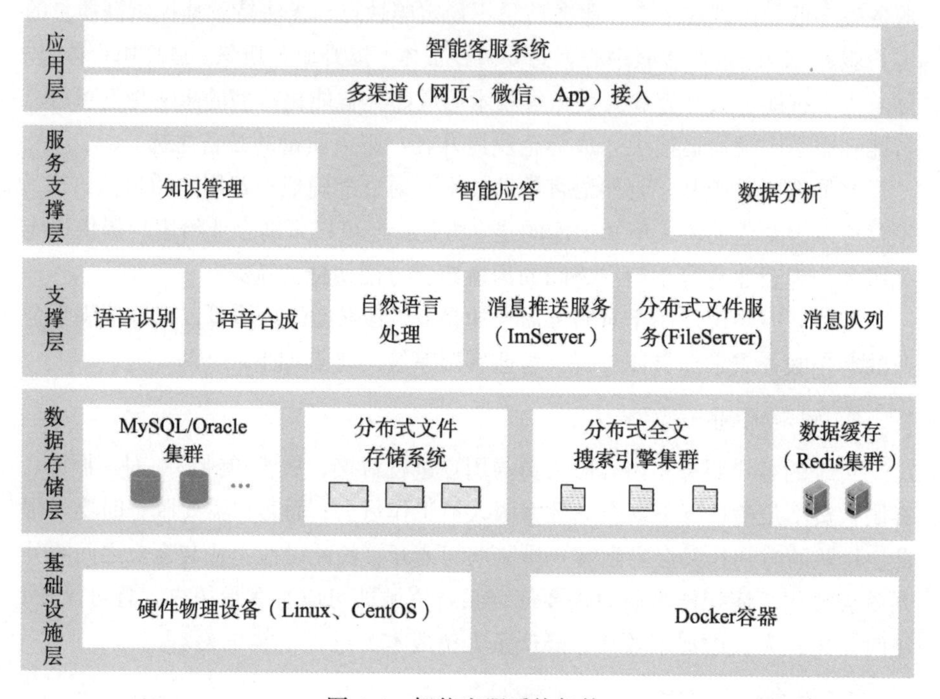

图 4-1　智能客服系统架构

本书 1.4.1 节中已经介绍了金融领域的智能客服使用场景，但本质上，不论哪个行业，只要有客户服务的需要，就可以使用智能客服系统。需要说明的是，客服中心的智能化不止对外的部分，还包括供客服中心内部使用的系统。接下来，就介绍一下客服中心内部使用的智能客服系统。

1. 智能陪练系统

许多企业在人员培养方面总有着合格的培训讲师不足、实战训练频率低等问题。针对企业培训困难的痛点，智能陪练系统应运而生。智能陪练系统基于语音识别、自然语言理解等人工智能技术，具有讲师量产、培训程度稳定统一和实战训练高频等优点，能够帮助受训人员对标准话术进行反复练习，直到熟练掌握。对于寿险代理人、贷款专员、银行客服这样的职业而言，熟练掌握业务规则尤为必要，否则业务开展会十分困难。而智能陪练作为业务培训的新方式，可以很好地满足业务学习的需要。

2. 座席服务辅助系统

智能客服应用越来越广泛，但人工服务也不可缺少。大型企业知识库庞杂，不仅考验客服人员的记忆、理解能力，也会增加企业培训的成本。因此，许多企业推出了辅助客服人员服务用户的系统，其本质也是智能客服系统。在客服人员服务的同时，辅助系统会根据用户咨询的问题，给客服人员提供参考的应答话术和办事流程。除此之外，还有一些在服务过程中可以辅助客服人员的功能，如实时检测用户的情绪、提前给出重复来电客户的信息、通话结束给出智能小结等，这些功能也大幅降低了客服人员的工作难度、减少了企业的培训成本，让客服人员经过短时间的培训就能上手。

3. 座席服务质检系统

质检即质量检验，座席服务质检就是通过电话录音、工单记录等服务数据检验座席服务的水平和质量。作为客服中心必不可少的运营流程，座席服务质检不但可以对座席工作起到监督作用，促进他们提升业务能力，还可以帮助企业优化运营流程、提升对外形象。大型企业机构的客服热线每天处理数万个通话，而传统的人工质检只能进行抽样检查，质检的覆盖率低、效率低、工作量大，难以有效评价客服人员的整体服务质量。因此，企业开始将大量的质检工作转交给智能系统完成，即由智能规则对这些通话录音进行分析，进而找出客服人员违规点，最终提升客服的服务质量和综合素质。

4. 智能工单系统

在客户服务的时候，人工座席通常要在完成交互后生成工单记录。这是客服部门工作流程中必不可少的一个环节，那与之对应，工单系统就是客服部门重要的信息系统之一。当前，因为社会发展节奏加快，咨询工作量变大。而且，客户咨询的问题专业度强、个性化问题比较突出。如果单独依靠人工座席提供工单记录，难以满足用户服务需求，如果客户服务进入高峰期，就会导致座席工作量大，排队等待服务客户的等待时间变长。基于以上痛点，就出现了智能工单系统。智能工单系统采用语音识别技术、自然语言处理技术、RPA（软件流程自动化），实现了智能机器人语音识别、智能区分用户需求、智能填单、智能派单、智能工单分析与流转服务，降低了客服中心人工成本和运营成本。

4.1.2 智能物联网系统

智能物联网是人工智能和物联网的结合。人工智能我们已经很熟悉了，但物联网是什么？

物联网，简单来说就是万物相连的互联网，它是互联网基础上的延伸和扩展。物联网是基于互联网、传统电信网等的信息承载体，通过智能感知、识别技术与普适计算等通信感知技术，能让所有行使独立功能的普通物体形成互联互通的网络。物联网的概念最早被提及是在1995年比尔·盖茨创作的《未来之路》中。后来在1999年，美国麻省理工学院自动识别中心（MIT Auto-ID Center）的凯文·阿什顿（Kevin Ashton）教授首先提出的“物联网”概念，主要是建立在物品编码、PFID技术和互联网的基础上。2005年11月，国际电信联盟（ITU）在信息社会世界峰会（WSIS）上发布了《ITU互联网报告2005：物联网》，正式提出了物联网的概念，并指出无所不在的“物联网”通信时代即将来临。2008年，IBM提出物联网战略“智慧地球”，标志着物联网进入快速发展期。之后，随着谷歌眼镜、亚马逊智能音箱Echo等革命性产品的发布，各大企业也纷纷在物联网领域发力，物联网进入规模化应用的时代。

在传统的物联网中，传感设备每天都可以收集到大量数据，如何处理、分析、利用这些数据就成为难题。而人工智能可以对大量的历史资料和实时数据进行分析，并对未来作出预测，引入人工智能技术恰好可以弥补物联网的不足。物联网通过感知技术实时收集数据，人工智能进而对数据进行分析，就产生了智能物联网的概念。

具体来说，智能物联网是指通过各种信息传感器实时收集数据信息，然后通过机器学习对数据进行智能化分析（包括定位、比对、预测、调度等）的系统。使用智能物联网系统，通过将各种设备接入物联网平台，我们能对处于物联网状态下的设备进行在线监测、定位追溯、报警联动、调度指挥、预案管理、远程控制、在线升级、统计报表、决策支持，实现对“万物”的“高效”“节能”“安全”“环保”的“管”“控”“营”一体化。

智能物联网主要包括基础设施层、操作系统层和应用层三大层级架构，最终通过集成所有服务进行交付（图4-2）。基础设施层主要进行视频、图片、音频、压力、温度等数据的收集，以及后续执行抓取、分拣、搬运等操作；操作系统层则对智能设备进行连接和控制，提供智能分析与数据处理的能力，将针对场景的核心应用固化为功能模块等；应用层主要提供数据存储、数据处理、数据分析等能力。与传统物联网架构相比，智能物联网在基础设施层增加了数据中心、AI训练与部署平台，可以将收集到的视频、图片、音频、压力等数据经由AI训练与部署平台进行机器学习，进而不断地提升系统的智能化水平。

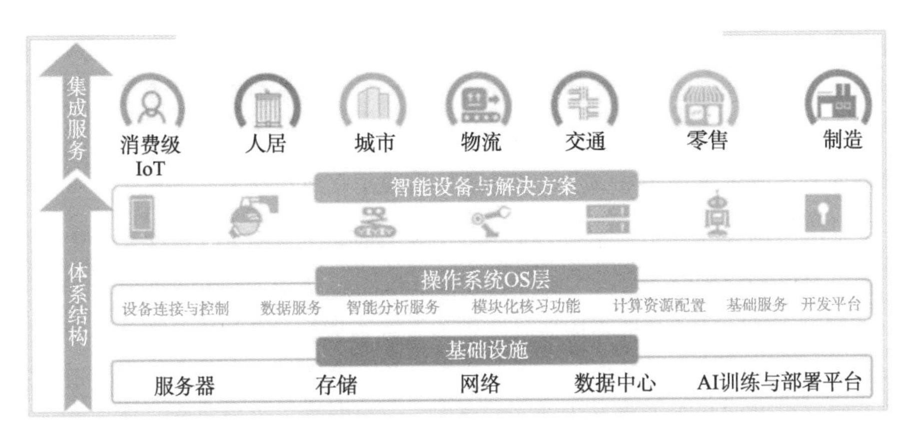

图 4-2　AIoT 的体系架构——摘录自《2020 年中国智能物联网（AIoT）白皮书》
资料来源：艾瑞根据公开资料自主研究绘制。

那么，人工智能在物联网上发挥了什么作用呢？首先，人工智能为物联网提供强有力的数据扩展。物联网通过连通的设备收集数据并共享，而人工智能则对这些数据进行分析和总结，再推进设备之间的协同工作。其次，人工智能让物联网更加智能化。人工智能可以分析数据并进行预测，如果设备遇到了异常情况，人工智能则会为其寻找解决措施。最后，人工智能有助于物联网提高运营效率。人工智能通过分析数据可以找出设备出现问题的原因，并协助企业分析问题原因找出解决办法，提高企业的运营效率。

智能物联网投入使用，给我们的生产生活带来了许多好处。对个人而言，智能物联网给人们带来了更加优化的体验、更具性价比的服务；对企业而言，智能物联网提升了企业商业活动自动化的便捷性、节省了商业活动的成本、提高了企业运营的效率、使商业流程创新更灵活等。

接下来，我们看下智能物联网的具体应用。

1. 智能物流

智能物流利用了智能物联网技术，通过信息处理和网络通信技术平台，广泛应用于物流业运输、仓储、配送、包装、装卸等基本活动环节。小到日常生活中对快递物流信息的追踪，大到许多快递公司的快递包装、快递装卸、快递分发、快递配送等，都有智能物流技术的踪影，大大地方便了我们的日常生活。

通过对集成智能化技术的利用，物流系统能模仿人的智能，具有思维、感知、学习、推理判断和自行解决物流中某些问题的能力。物流作业过程中是需要进行大量的运筹和决策的，如库存水平的确定、运输（搬运）路线的选择、自动导向车的运行轨迹和作业控制、自动分拣机的运行、物流配送中心运营管理的决策支持等问题。智能物联网通过对仓库、货物、货车等信息的互联，再加上人工智能技术、数据处理技术，使物流行业真正实现货物运输过程的自动化运作、智能化运行、高效率优化管理，提高了物流行业的服务水平，降低了成本，减少了人工压力。

2. 智慧农业

“民以食为天”，农业在国民经济中拥有重要地位。智慧农业就是将智能物联网技术运用到传统农业上，实现农业无人化、自动化、智能化管理。智慧农业主要可以做到监测土壤水分、土壤温度、空气湿度、光照强度、植物养分含量等参数；能根据监测的信息对农作物进行自动灌溉、自动降温、自动施肥、自动喷药等自动控制；支持实时的图像与视频监控，可以看到农作物的生长趋势、生长状态和营养水平，保证作物的实际情况与检测的数据结合共同创造农作物的最佳生长环境。

当前美国的智慧农业已经形成了一种模式，用直升机进行耕作管理的农场占到了美国农场总数的20%以上，很多农场都实现了精准施肥、精准施药和精准灌溉。相比于发达国家，我国智慧农业因起步晚、基础薄弱，研发应用水平整体呈落后态势；农业传感器、农业模型与核心算法等关键技术和产品受制于人，仍处于“跟跑模仿”阶段。提高我们国家的农业质量效益和竞争力，建设智慧农业，是国家发展的必然要求。

4.1.3 智能云服务系统

作为计算机网络术语的“云”，随着“百度云盘”“网易云音乐”这样的国民级产品进入大众视野已经很多年了。但要问到底什么是云，相信很多人还是一知半解。云是对网络、互联网的一种比喻。你享有的所有资源、所有应用程序全部都由一个存储和运算能力超强的云端后台来提供，它可以让你摆脱时间、地点、设备的限制，随时访问、管理、使用你的内容。而这，就是所谓的“云服务”。从专业的角度讲，云服务是基于互联网的相关服务的增加、使用和交互模式，通常涉及通过互联网来提供动态易扩展且经常是虚拟化的资源。

当然，云服务的受众主要是企业而非个人。与在本地部署服务器并且在本地开发应用、储存数据的本地服务不同，云服务遵循一对多的服务，能极大地降低成本，还可以给企业提供更好、更便宜、更可靠的应用。

云服务的类型主要包括：

软件即服务（SaaS）是一种通过 Internet 提供软件的模式，用户无须购买软件，而是向提供商租用基于 Web 的软件来管理企业经营活动。典型的产品有电子邮箱、客户关系管理、账单/工资单处理、人力资源管理、财务管理、数据库管理、企业资源计划、内容管理以及文档编辑和管理等应用程序。

平台即服务（PaaS）是指将软件研发的平台作为一种服务提供给客户。PaaS 旨在让用户能够访问通过 Internet 快速开发和操作 Web 或移动应用程序时所需的组件，而无须担心设置或管理服务器、存储、网络和数据库的基础结构。Google 的 App 引擎、微软的 Azure 是 PaaS 的典型代表。

基础设施即服务（IaaS）是指消费者通过 Internet 可以从完善的计算机基础设施获得服务。IaaS 领域最引人注目的例子就是亚马逊公司的 Elastic Compute Cloud。IBM、VMware、HP 等传统 IT 服务提供商也推出了相应的 IaaS 产品。

那本地服务、SaaS、PaaS、IaaS 之间有什么区别吗？

我们先假设你是一个餐饮业者，打算做比萨生意，你一共有四个方案。

方案一：本地服务。

你完全由自己生产比萨，你需要准备厨房、炉子、煤气，自己做好比萨后进行售卖。

方案二：IaaS。

他人提供厨房、炉子、煤气，你使用这些基础设施来烤你的比萨。

方案三：PaaS。

除了基础设施，他人还提供比萨饼皮。你只要把自己的配料撒在饼皮上，让他帮你烤出来就行了。也就是说，你要做的就是设计比萨的味道（海鲜比萨或者鸡肉比萨），他人提供平台服务，让你把自己的设计实现。

方案四：SaaS。

他人直接做好比萨，不用你的介入，到手的就是一个成品。你要做的就是把它卖出去，最多再包装一下，印上你自己的 Logo。

上面的四种方案，可以总结成图 4-3。

这个比萨的例子是由 IBM 的软件架构师 Albert Barron 提出的，由 David Ng 进一步引申，让本地服务与不同的云服务类型之间的区别变得更准确易懂。

长期以来，想要尝试人工智能的大多数公司都感到有心无力：人工智能所需要的高性能服务器等基础设施费用昂贵；掌握核心算法，能够进行应用开发的工程师供不应求；缺少足够的训练研究数据，必须额外花钱购买……但如果利用云服务的优势，在云端提供企业容易获得的人工智能资源、部署容易访问

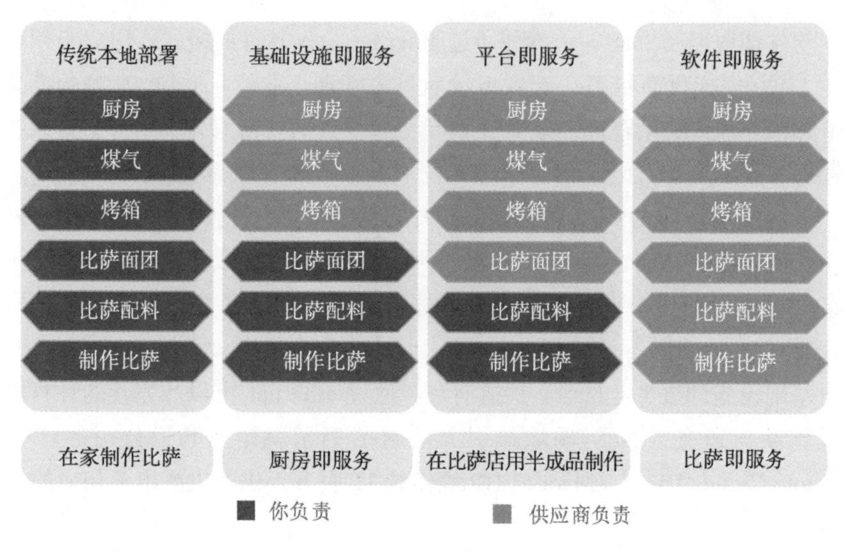

图 4-3 “比萨云服务”

的人工智能服务，这些问题不就解决了吗？于是，诞生了人工智能即服务（AIaaS）的云服务类型。

人工智能即服务是指现成的人工智能工具，使公司能够以完整的内部人工智能成本的一小部分来实施和扩展人工智能技术。AIaaS 的架构包括基础设施、基础服务、数据资源、AI 训练平台、AI 模型管理、服务门户六层，如图 4-4 所示。其中，基础设施层是采用云服务的模式部署，可以提供通用算力和 AI 算力。基础服务层提供基础的云管理功能，提供容器、微服务、应用编排等基础服务，为上层算法、模型和数据提供组件化和容器化的基础服务能力，为上层 AI 模型的调用提供容器化组件和微服务等能力支持。数据资源层按结构化数据和非结构化数据开展数据资源管理。AI 训练平台用来实现一站式 AI 模型的开发和训练。AI 模型管理则是为平台提供算法和模型存储、训练、使用所需的管理平台，对平台上训练的模型进行统一化管理。服务门户则是平台提供的对外服务窗口。

AIaaS 无须企业花费大量资金去更新内部的基础设施，理论上是人们开始使用 AI 技术最简单的方式。只要提供 AIaaS 的公司搭建好基础设施和 AI 平台，缺乏 AI 资源的公司（例如初创公司）就可以通过购买 AIaaS 来获得 AI 服务。

所有云服务的本质基本都是为企业用户提供“服务”。那么，前文介绍过的企业呼叫中心能不能使用 AIaaS 来构建智能客服系统呢？答案当然是可以。

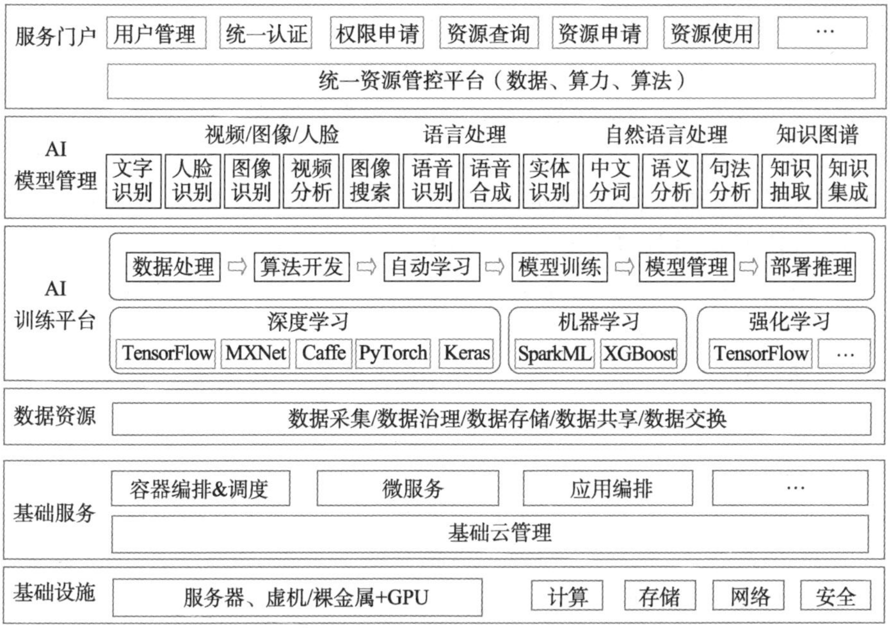

服务门户：用户管理 | 统一认证 | 权限申请 | 资源查询 | 资源申请 | 资源使用 | …
统一资源管控平台（数据、算力、算法）

AI 模型管理：
视频/图像/人脸：文字识别 | 人脸识别 | 图像识别 | 视频分析 | 图像搜索
语言处理：语音识别 | 语音合成
自然语言处理：实体识别 | 中文分词 | 语义分析 | 句法分析
知识图谱：知识抽取 | 知识集成

AI 训练平台：
数据处理 ⇨ 算法开发 ⇨ 自动学习 ⇨ 模型训练 ⇨ 模型管理 ⇨ 部署推理
深度学习：TensorFlow | MXNet | Caffe | PyTorch | Keras
机器学习：SparkML | XGBoost
强化学习：TensorFlow | …

数据资源：数据采集/数据治理/数据存储/数据共享/数据交换

基础服务：容器编排&调度 | 微服务 | 应用编排 | …
基础云管理

基础设施：服务器、虚机/裸金属+GPU | 计算 | 存储 | 网络 | 安全

图 4-4　人工智能云服务架构——摘录自《人工智能云服务模式的系统架构分析》-胡永波

其实当前呼叫中心也已经慢慢向云服务靠拢，如中信银行投入使用的 AI 智能云网络，将信用卡中心的核心和外围系统迁移至云平台，可以实现信用卡业务快速扩容和创新，对不同客户推出针对性营销业务，让内部运营工作更加智能。

AIaaS 的应用逐步广泛，也催生了各级政府建设人工智能平台的想法。如果单独建设 AI 平台，可能会出现资源的浪费，包括：工作负载不均衡、不饱和；调优水平和专业能力不一等问题。如果采用 AIaaS 的模式就可以有效地解决传统架构计算资源利用不充分、数据资源不共享等问题，这具有重要的现实意义。AIaaS 在政务领域的应用场景主要还有城市 AI 云平台，这类平台主要通过充分利用云计算、云资源、云储存的数据，利用深度学习技术，在不断的自我学习中将数据转化为智慧，形成感知、思考和协同能力，然后充分利用于城市治理工作。通常的城市 AI 云平台主要由基础设施、基础服务、数据资源、AI 训练平台、模型管理及服务门户组成。

作为一个快速发展的领域，AIaaS 有很多好处，前文也有所涉及。例如：可以使用先进的基础设施，但又不需要支付过多成本；拥有灵活的使用方式；

无须成为 AI 专家即可利用 AI 能力；可以从较小的项目开始，随着数据的积累，可以随时调整服务或规模。但是，AIaaS 也并非没有缺点：首先，AIaaS 需要使用的公司与第三方共享数据，这会相应地降低数据的安全性；其次，AIaaS 要求使用的公司与多个第三方合作，这增强了服务使用者的依赖性，如果第三方出现问题，可能会导致使用的公司也出现相应的问题；最后，AIaaS 意味着公司有权使用服务但没有访问权限，也就是知道输入输出的内容，但不了解内部工作原理，这可能会造成对数据或输出内容的混淆或误解，影响实际的使用。这些缺点意味着 AIaaS 还有很大的改进空间。

目前，AIaaS 主要的供应商有亚马逊旗下的云计算服务平台亚马逊云科技（Amazon Web Services，AWS）、微软旗下的公有云计算平台微软 Azure（Microsoft Azure）和谷歌旗下的谷歌云端平台（Google Cloud Platform，GCP），这些公司都是行业领先的公司，它们为全球许多公司带来了 AIaaS 产品。不过，其他知名的科技公司正在进入三大巨头的领域，包括美国的 Salesforce 公司、美国的甲骨文公司和德国的思爱普公司（SAP）等。

4.2 智能系统的使用维护

4.2.1 智能客服系统的使用维护

智能客服系统建成之后，需要经过正确的使用和维护才能保持长期正常的运转。系统提供管理后台界面供用户登录访问，用户登录后可以进行系统知识的添加、客服机器人的维护。智能客服系统主要有知识库管理、机器人管理、问答测试、数据统计分析、学习训练等功能模块。

知识库管理功能：知识库是维护机器人问答知识的地方，可以进行知识的“增删改查”，我们可以在这个功能模块下不断丰富和完善知识库。对于机器人来说，知识库就相当于机器人的“大脑”，赋予了机器人思考交流的能力。

机器人管理功能：智能客服系统通过机器人提供统一的对外问答服务，机器人管理功能可以通过设置多个机器人挂接不同的知识，从而实现不同应用场景下的问答。

问答测试功能：问答测试功能主要用于在设置好机器人之后，配置知识库进行问答测试，检验机器人的问答效果。

数据统计分析功能：数据统计分析模块保存了人机交互记录，可以看到历史对话详情，以及系统统计的用户的热点问题、热门词汇、机器人的回答命中率、用户重复问题的咨询率、用户满意度、用户画像等内容。通过对会话内容的分析，从用户关注的业务领域、热点问题等各个方面，进行用户画像分析。

学习训练功能：学习训练功能用于训练机器人的语义模型，提升机器人的理解能力。语义模型是语义理解引擎在处理用户问题时计算语义相似度的依据。当用户知识库积累到一定程度时，就可以进行语义模型的训练，优化机器人的语义匹配逻辑。另外，还可以运用机器自学习功能，进行新知识发现和扩展问挖掘，进行知识库优化。

智能客服系统的使用流程是这样的：知识库、素材编辑—知识库审核—建立客服机器人—挂接知识库—问答测试优化—上线机器人—数据统计分析—机器人训练优化。

知识库作为智能客服机器人的灵魂，尤其需要我们投入精力进行维护。下面介绍一下客服系统知识库的搭建流程：

第一步，要构建一个智能知识库，需要对业务数据、资料进行收集、整理。梳理需要机器人处理的业务知识，并整理出这些业务知识的问题和答案，然后维护到知识管理系统中。

第二步，在系统中创建知识库。根据业务场景需求，在系统中添加单轮、多轮问答和知识图谱类知识，依据整理的业务数据资料，不断丰富完善知识库。

第三步，将建立好的知识库与机器人进行挂接，设定好机器人的相关参数值，进行问答测试。这时候，我们可以准备一些测试问题，对机器人的问答效果进行测试。在测试过程中，针对机器人回答错误和无法回答的问题，需要优化完善知识库和统计机器人的问答准确率。当问答准确率达到我们的预期时，就可以将机器人进行上线，让机器人对外提供问答服务。

为了更好地进行智能客服系统的使用，我们需要深入了解一下智能客服系统的应答匹配原理。智能客服系统可以对用户的自然语言进行多层次分析，包括：从语义文法层、词模层、关键词层三个层面理解用户的咨询；针对用户的模糊问题，采用模糊分析技术，识别客户的意图；根据缩略语识别算法，可以自动识别缩略语所对应的正式称呼、自动纠正用户问题中的错别字；在模糊识别、缩略语识别和错别字纠正的引导下，进行智能分词，正确理解用户的问题，并将用户的问题输送到语义理解引擎。语义理解引擎基于深度学习的算法，会在知识库中找到与之最为相似的一个扩展问，这个扩展问对应一个标准问，并返回标准问下的答案，回应用户的问题。

我们经常需要对智能客服系统的各个功能模块进行检查和维护，以保证系统的服务正常。比如，检查智能客服系统的知识库是否能正常进行知识的添加、导入导出；检查机器人的服务状态是否正常可用，挂接的知识库内容是否正确；检查机器人的交互应答是否正常，是否能够正确回答测试问题，并且回答的准确率是否符合预期；检查系统里机器人的对话记录数据是否能正常显示、更新，并能根据选择的筛选条件进行数据筛选；检查系统的语义模型训练、知识发现、扩展问挖掘等自学习功能是否正常可用。

在智能客服系统的监控维护界面，能看到机器人挂接的知识状态、累计服务时长、当前时间段提问数、满意度等信息，实时地显示机器人的服务状态。同时，还可以从系统前端提供的操作服务日志里面查看系统后台一系列“增删改”等各种操作记录。

除此之外，系统的运维工程师还要定期对智能客服系统进行巡检和维护。需要检查系统服务和主要配置参数内容、CPU 和内存使用情况、系统运行日志是否无异常，并用各项测试工具对智能客服系统的功能和性能进行测试，保证系统处于正常的运行状态。

4.2.2 智能物联网系统的使用维护

智能物联网系统通过物联网平台对系统内的各种设备进行管理和维护。我们可以通过物联网平台进行设备接入和数据处理，实现组网内设备的自动化、智能化控制。智能物联网平台主要有设备管理、设备接入、通知管理、数据展示分析、规则配置、运维监控等功能模块。

（1）设备管理功能：设备管理模块用于统一管理设备，进行设备的新增、删除，配置设备的基础信息，对设备的物理状态、健康状态、调试日志进行记录，管理平台上所有设备从入库到报废的全生命周期。

（2）设备接入功能：通过各种网络通信协议，可以将各类设备接入物联网平台，建立设备与物联网平台之间的消息通信，进行设备与物联网平台间的连接测试、消息收发。

（3）通知管理功能：用于统一管理、维护物联网平台内各种消息通知的配置以及模版，如邮件的地址、端口、内容。当物联网平台上的设备触发预警设置时，平台会发送邮件、短信等消息进行通知。

（4）数据展示分析功能：各个物联网设备传输到物联网系统上的数据，会形成可视化的图表在平台上展示，显示设备的在线数、状态、监控数据的波动情况、消息预警提醒、各类应用场景下的数据分析结果。

（5）规则配置功能：用于在物联网平台上配置自定义的规则，在判断设备满足设定的规则条件后，进行数据传输、消息通知、命令执行，实现各类场景下的联动。

（6）运维监控功能：可以在此对物联网平台上设备的运行情况进行监控，监控设备的网络连接情况、异常信息，处理告警信息、进行设备的调试、升级。

智能物联网平台的使用流程是这样的：设备新增和管理—设备接入—设置通知管理信息—自定义规则配置—数据统计及分析—设备监控运维。

生活中常见的智能家居物联网系统，就是在物联网平台上进行各类家居设备的配置接入，从而实现家居设备的智能化控制和使用。例如，可以将家庭中的监控摄像头、红外探测器、灯具、电视、空调、窗帘等家居设备，通过网络协议接入物联网平台中，并在平台上配置好红外探测器的监控报警规则，以及冰箱、空调、电视、灯具的开关规则、控制命令等信息，就可以通过移动设备随时随地查看室内的实时情况，保障住宅安全。当红外探测器检测到室内发生火灾，达到设定的报警温度值，就会自动进行报警，将火宅状态和位置发送给警方，并将火宅信息发送给户主。随着语音识别、自然语言处理技术不断发展，并与物联网平台相结合，我们也可以通过语音交互来进行家居设备的控制。平时在家中，只要说出“开电视”“关电视”“换台”等语音控制命令信息，就能开关电视、更换电视频道；想要调整空调的温度，只要说出“调到 23℃”“调高 1℃”，就可以实现空调温度的调整；包括室内灯光明暗的调整、窗帘的开关，都可以通过语音命令来控制。

智能物联网系统中各设备的维护，也是通过物联网平台来进行的。在智能物联网管理平台上，能实时监控各设备的工作状况，进行设备的启动、停止。当监测到设备出现故障时，平台会立即预警，发送信息通知运维人员进行处理。运维人员还可以通过平台对在线的设备进行在线功能升级、设备调试，快速完成组网内各物联网设备程序的升级维护。此外，预测性运维也是物联网平台运维发展的一个重要方向。物联网平台上汇总了大量设备的运行数据信息，随着大数据、人工智能技术的迅速发展，预测设备未来运行状态的可能性和可靠性大大增加。那么，在设备发生故障之前，我们可以通过智能分析的手段，生成定期巡检任务或提醒相关工作人员进行相关设备的维护、检查，减少设备突发故障的频次及由于设备故障带来的经济损失，进一步提高整个物联网系统的可靠性。

4.2.3 智能云服务系统的使用维护

随着越来越多的企业将自己的系统、业务搬上云平台，智能云服务系统的使用越来越普遍。智能云服务，是由云端服务供应商提供云化的资源、AI 技术能力和服务，供企业直接使用。企业可以从以下几个方面去使用智能云服务系统。

（1）租用云端服务商提供的服务器资源、网络存储空间、操作系统等虚拟化的计算机资源，在这些设备上部署、运行各种软件，就免去了购买基础硬件设施的费用，后期的 IT 资源扩容和维护也完全可以交给云端供应商来处理。

（2）使用云服务系统上提供的软件研发平台、各项成熟的 AI 技术能力，直接在云端研发平台上进行软件开发、测试、在线部署，并将平台上的各项 AI 技术能力集成到自身的应用或产品中，这大大提高了软件程序的开发效率。

（3）云平台上还提供各种 AIaaS 应用，供用户通过互联网随时随地访问。比如部署在云端的智能云客服产品，将智能化客服联络中心构建在了云端服务器上。企业只需访问云端系统服务地址，就可以在线使用云端智能客服系统。云平台将各个渠道的数据信息进行了整合，让我们在一个平台上就能处理所有渠道的问题，提高了工作效率。企业还可以根据自身人员规模数量需求选择不同的服务模式，按需付费，使用多少云服务资源就付多少费用，最大限度地节约成本。

AIaaS 是 AI 不断普及发展的新趋势，让企业无须在人工智能设备上进行大量投资，就可以获得先进的人工智能服务。以此为基础，机器强大的学习能力与不断自我完善的分析方式将帮助企业显著改进业务流程，并逐步提升业务运营效率。

智能云服务系统的运维工作是由云服务提供商完成的，主要分三部分，分别是基础服务设施运维、AIaaS 产品运维、云服务及业务的运维。

（1）基础服务设施运维：云服务系统会通过云化的运维监控平台，进行服务器主机、内存、网络情况与设备、机房、中间件、数据库等运行状况的监控，实时掌控 IT 资源运行状况，处理云平台上的网络设备异常问题。

（2）AIaaS 产品运维：云平台会通过一系列故障、性能监控工具，自动分析诊断云平台上应用软件的健康状态和质量，保障各应用、程序能够持续稳定运行。云服务供应商，也会通过云平台及时发布最新的 AIaaS 产品和 AI 技术能力，快速进行产品或技术服务的迭代更新。

（3）云服务及业务的运维：专业的业务咨询和人员保障服务也是维护云服务系统正常运转不可或缺的。云平台上的专家护航服务、业务咨询服务、业务优化服务和现场支持服务，能快速解决客户在云平台上遇到的各种技术问题，保证产品正常使用，为企业提供业务运营方面的优化指导。

4.3 智能系统知识整理方法

智能系统的使用和维护通常是围绕知识进行的，完善的知识是系统有效运转的前提之一。前面我们介绍了几种智能系统及其使用维护的方法。在本节，我们将介绍知识是什么、知识的形成过程以及知识库的管理。

4.3.1 知识概述

1. 知识的定义

在从工业经济向知识经济的转化中，知识正成为生产力要素中最活跃、最重要的部分，它已经渗透进人们生活的各个角落，涉及人们生活的方方面面。要了解知识，更准确地把握和使用知识，首先要知道知识是什么。知识是人们在长期的生活与社会实践中，在科学研究与实验中累积起来的，对客观世界的认识与经验。人们将实践中获得的信息关联在一起，从而形成了知识。

从概念中可知，信息不是知识，信息仅是对客观事物的一般性描述，只有经过挑选、加工、整理和解释，形成对客观世界的规律性认识后，才能称为知识。所以，如何采用现代信息技术和手段将信息加工整理成知识，并对这些知识按照某种知识结构进行有效的管理，使知识能够在某个机构的日常工作和管理决策中得到很好的利用，是掌握知识，解决知识匮乏及其导致的各种困扰的有效途径。

知识在智能化系统中具有重要的地位和作用，可以说是智能系统的核心之一。成熟的智能系统，必定具有完备的知识。通过知识的学习与获取、记忆与表达、处理与利用，可以使智能系统体现出联想、记忆和思维等能力。

2. 知识的特性

为了方便更精准地把握知识的概念，下面再来介绍一下知识的特性。

1）相对正确性

知识是人类对客观世界认识的结晶，且受到长期实践的检验，因此，在一定的条件及环境下，知识一般是正确的。这里“一定的条件及环境”这个限定条件是必不可少的，它是知识正确性的前提。因为任何知识都是在一定的条件及环境下产生的，因而也就只有在这种条件及环境下才是正确的。比如，1 + 1 = 2，这是一条大众皆知的正确知识，但它也只在十进制的前提下才是正确的；在二进制条件下，它就不是一条正确知识了。

在人工智能领域，知识的相对正确性表现得更为突出。除了人类知识本身的相对正确性外，在建造知识系统时，为了避免知识库的“冗余”，常常会将知识限制在所求解问题范围内。也就是说，只要知识系统内的知识对于所求解的问题来说是正确知识就可以。例如，有一个动物识别系统，如果此系统仅仅识别老虎、豹子、马、羊、猴子、鸵鸟、鸽子这七种动物，那么，知识“IF 该动物是鸟 AND 善飞，THEN 该动物是鸽子”就是一条正确的知识。

2）不确定性

现实世界具有复杂性，因此信息可能是精确的，也可能是不精确的，关联可能是确定的，也可能是不确定的。这就使知识并不总是只有“真”和“假”这两种截然相反的状态，而是在“真”和“假”之间还存在很多中间状态，即存在“真”的程度问题。知识的这一既不能完全被确定为真又不能被完全确定为假的特性，即为不确定性。

造成知识具有不确定性的原因，主要包括以下几个方面。

（1）由随机性引起的不确定性。知识如果由随机事件所形成，就不能简单地用“真”或“假”来描述，它是不确定的。例如，“如果头痛流涕，则有可能是得了感冒”这一条知识，用“有可能”来进行因果关系的描述，就展现了一种不确定性，因为“头痛流涕”，不一定都是“得了感冒”，它是一条具有不确定性的知识。

（2）由模糊性引起的不确定性。由于某些事物客观上存在模糊性，从而使人们无法把两个相似的事物严格地区分开，不能明确地判定一个对象是否符合一个模糊的概念；又由于某些事物之间存在着模糊的关系，人们不能准确地判定它们之间的关系究竟是“真”还是“假”。这样由模糊概念、模糊关系所形成的知识显然是具有不确定性的。

（3）由经验引起的不确定性。知识一般是由领域内的专家提出的，这种知识大多是领域专家通过长期的实践及研究，积累总结来的经验性知识。即便领域专家能够得心应手地运用这些知识，正确地解决领域内的相关问题，但如果想让他们精确地将此表述出来，却是相当困难的。这是引起知识不确定性的其中一个原因。

另外，由于经验性本身就蕴含着不精确性与模糊性，这也形成了知识的不确定性。因此，在知识系统中大部分知识都具有不确定性这一特性。

（4）由不完全性引起的不确定性。人们对客观世界的认识不是一蹴而就的，而是通过大量感性认识的积累，才能逐步达到理性认识的高度，进而形成某种知识。因此，知识有一个不断修正完善的过程。在此过程中，或是客观事物表露得不完全充分，使得人们对它的认识不够全面；或是对充分表露的客观事物一时抓不住其本质，使得人们对它的认识不够准确。这种认识上的不完全、不准确必然导致相应知识的不精确和不确定。因而不完全性是造成知识具有不确定性的一个重要原因。

3）矛盾性与相容性

知识的矛盾性是指同一个知识集中的不同知识之间相互对立或不一致，即从这些知识出发，会推出不一致的结论。

知识的相容性是指同一个知识集中的所有知识之间相互不矛盾。相容性也称为知识的一致性，即从这些知识出发不应该推出一个命题和该命题的否定都是真的，也就是说不能从中推出一对互相矛盾的结论。

4）可表示性与可利用性

知识的可表示性是指知识可以用适当的形式表示出来，如用语言、文字、图形、神经网络等，这样知识才能被存储和传播。

知识的可利用性是指知识可以被利用。这是不言而喻的，人们每天都在利用自己掌握的不同知识来解决遇到的各种问题。

3. 知识分类方法

1）按作用范围划分

常识性知识：又称“共性知识”，指的是通用通识的知识，是人们普遍知道的、适应所有领域的知识。这一类知识具有公开性，只要花费一定时间即可获得，成本较小，也容易共享与传递。

领域性知识：又称“个性知识”，指的是针对某个具体领域的知识，属于专业性的知识，只有相应的专业人员才能掌握并且用来求解相关问题。例如：专家经验。这一类知识属于个人的专业知识或经验，需要较多的时间和成本才能获取，不易相互传送。

2）按作用及表示划分

事实性知识：事实性知识一般采用直接表达的形式，如谓词公式表示。事实是静态的、为人们共享的、可公开获得的、公认的知识，属于主观感觉和体会到的经验，在知识库中属低层的知识，具有不准确性、不规范性和片面性，因此难以转移但又是必不可少的知识，通常以“……是……”的形式出现。例如：雪是白色的、张三李四是好朋友、这辆车是张三的……

过程性知识（规则性知识）：一般是通过对领域内各种问题的比较和分析

得出的规律性知识，由领域内的规则、定律、定理和经验构成，这样有规范、有规律的因果关系的动态知识，具有在相同环境中适用的原则，所以属于可转移的知识。常以“如果……那么……”的形式出现。对于一个智能系统来说，过程性知识的完善、丰富、一致将直接影响到系统的性能及可信任性，是智能系统的基础。过程性知识的表示方法可以是一组产生式规则或语义网络。

控制性知识（元认知知识）：又称深层知识或者元知识，它是关于如何运用已有的知识进行问题求解的知识，因此又称“关于知识的知识”，是对前两种知识认知后，进行加工、处理、创造以某种产品形式出现的知识。

3）按知识的确定性划分

确定性知识：可以说明其真值为真或为假的知识。

非确定性知识：包括不精确、模糊、不完备的知识。

4）按知识结构及表现形式划分

逻辑性知识：指的是反映人类逻辑思维过程的知识，一般具有因果关系或难以精确描述，是人类的经验性知识和直观感觉。例如：人为人处世的经验与风格。

形象性知识：通过事物形象建立起来的知识。例如：什么是人？

4.3.2 知识表示

知识表示（knowledge representation）就是将人类知识形式化或者模型化，事实上就是对知识的一种描述，或者说是一组约定，一种计算机可以接受的用于描述知识的数据结构。知识表示是知识组织和运用的前提与基础，任何知识的运用都要建立在知识表示的基础之上。它研究的是用机器表示知识的可行性、有效性的一般方法，是推理的部分理论，是有效计算的载体，是一种数据结构与控制结构的统一体，既考虑知识的存储，又考虑知识的使用。而知识表示过程，就是把知识编码成某种数据结构的过程。

1. 知识来源

简单地来讲，知识来源于实践，而实践又可分为内部实践和外部实践。“内部”和“外部”是两个相对的概念。例如，站在个人的角度，自身参与的获取知识的实践就是“内部实践”，而他人通过体验获取经验的实践，则是“外部实践”；站在公司的立场，公司多年经营积累总结的内容，包括产品服务等，都是“内部实践”的结果，而消费者、媒体等对企业业务范围的理解、对业务内容等的认知，则属于“外部实践”的结果。

1）来源于内部实践的知识

通过内部实践总结的知识，通常具有归因性、整合性、内部结构的条理性。这部分知识多为熟悉且常接触的知识，一般比较容易把握。以人工智能领域的智能客服系统为例，内部实践的知识来源主要有两个：业务原始文档和内部培训文档。

业务原始文档通常具有比较全面、清晰的业务信息，可以帮助筛选和划分知识的领域和类别，具有完整性和概括性等特质。

内部培训文档一般是经过整理、细化的业务信息，使用高频且重要程度高，可以辅助排查热门知识点是否涵盖，同时有助于细化区分近似易混淆的知识。

2）来源于外部实践的知识

通过外部实践总结的知识，通常具有指向性、目的性和内部结构的无序性。这部分知识多为热门且日常使用次数多的知识，将这一部分知识进行分析和概括，往往会展现出知识求解的某种趋势。以人工智能领域的智能客服系统为例，外部实践的知识来源主要有三个：客户系统问答对、文本形式服务聊天对话和语音服务聊天记录。

客户系统问答对，即是对外部实践进行把握后，整理出来的问题和答案。

文本形式服务聊天对话，即是文字形式的热点问题，通过归类、整理和提取等操作，即可获取到相关知识。

语音服务聊天记录，则是语音形式的热点问题，转化为文字信息再进行归类、整理和提取处理后，即可获得相关知识。

2. 知识表达方式

知识的表达方式有多种，具体使用哪种知识表达方式，则要根据知识的作用范围、知识的组织形式、知识的利用程度、知识的理解和实现等来进行选择。下面分别针对事实性知识和过程性知识，介绍两种不同的知识表达方式。

1）事实性知识的表达方式

用一阶谓词逻辑公式可以表示事物的状态、属性、概念等事实性知识，也可以表示事物间具有确定因果关系的规则性知识。一阶谓词逻辑表示法（逻辑表示法）是应用最广的方法之一，在实际 AI 系统上已经得到应用。

（1）谓词逻辑（一阶逻辑）。谓词逻辑是在命题逻辑基础上发展起来的，命题逻辑可以说是谓词逻辑的一种特殊形式。下面我们先讨论一下命题（proposition）和谓词的概念。

命题是非真即假的陈述句。举个例子：

P：西安是古都。

Q：3 大于 5。

P 的真值为真，记为“T”；Q 的真值为假，记为“F”。命题逻辑简单明确，但谓词逻辑比命题逻辑更加细致地刻画知识。

谓词是包含个体和个体与个体性质关系的一种表示形式。一阶谓词的一般形式为：P（x_1，x_2，x_3，…，x_n），其中，P 是谓词名，x_i 为个体常量、变元，或函数。举个例子：

STUDENT(x)：x 是学生。其中 x 为常量，表示一个或一组指定的个体。

GREATER(x，5)：x>5。其中 x 为变元，表示没有指定的一个或一组个体。

TEACHER[father(Wanghong)]：Wanghong 的父亲是教师。其中 father (Wanghong)为函数，表示一个个体到另一个个体的映射。

（2）谓词公式（well-formed formula）。为了使谓词逻辑中命题符号化更准确和规范，以便正确进行谓词演算和推理，引进谓词逻辑中谓词公式的概念。

谓词公式又称“合式公式”，是一种形式语言表达式，即形式系统中按一定规则构成的表达式。为了使一阶逻辑中命题符号化更准确和规范，在形式化中，使用常量符号、变量符号、函数符号和谓词符号来正确进行谓词演算和推理。

对事实性知识，谓词逻辑的表示法通常是由以合取符号∧和析取符号∨连接形成的谓词公式来表示。例如，对事实性知识“张三是学生，李四也是学生”，可以表示为

ISSTUDENT（张三）∧ISSTUDENT（李四）

这里，ISSTUDENT（x）是一个谓词，表示 x 是学生；

对规则性知识，谓词逻辑表示法通常由以蕴涵符号（→）连接形成的谓词公式（即蕴涵式）来表示。例如，对于规则：如果 x，则 y，可以用下列的谓词公式进行表示：

$x \rightarrow y$。

对于谓词公式 P，如果至少存在一个解释使得公式 P 再次解释下的真值为 T，则称公式 P 是可满足的；反之，则称公式 P 为不可满足的。

此外，在使用谓词公式表示知识时，首先要定义谓词及个体，确定每个谓词及个体的确切定义；其次是根据要表达的事物或概念，为谓词中的变元赋以特定的值；最后，根据语义用适当的连接符号将各个谓词连接起来，形成谓词公式。

连接谓词公式需要使用到的逻辑符号通常包括：量化符号∀及∃，逻辑连

接词：且∧、或∨、条件→、双条件↔及否定¬，括号、方括号及其他标点符号，一个等式符号=，非逻辑符号等。

（3）谓词逻辑表示法。谓词逻辑是在命题逻辑基础上产生的，命题逻辑无法表达事物的结构及逻辑特征，也不能表现出不同事物的相同特征，谓词逻辑克服了命题逻辑的缺陷，它的形式接近自然语言，能够表示精确的知识并进行严密的推理，且容易转化为计算机的内部形式，方便对知识进行处理。不过，谓词逻辑虽然拥有自然性、精确性、严密性和容易实现这些特点，但它并不是万能的知识表示法，谓词逻辑在推理中可能随着事实的增加出现组合爆炸的情况。在推理时，由于与知识语义的割裂，推理效率也有可能会受到影响。

2）过程性知识的表达方式

过程性知识的表达方式也称产生式知识表达方式，侧重于求解问题的过程，注重的是知识的动态链接，是一种数据库与访问者之间在交互式访问过程中产生的知识点表达，包含对知识的操纵、组配。产生式知识表达的过程就隐含在求解问题的过程中进行的相互调用与匹配中。这种表达方式所表达的更多的是经验性知识。经验性知识是学科从业人员、专家在长期的工作实践中积累、探讨出来的，属于不确定性知识，是专业人员对经验的一种直觉的概括和总结，这类知识往往在理论上还不能得到证实，在解决实际问题中却能发挥很大作用，是知识处理的重要部分。这种知识更能反映知识库的知识含量、技术含量和用户的知识利用水平，表现形式是交互式的，是在一种双向交流过程中产生的知识。

（1）产生式规则及产生式表示法的一般形式。

①确定性规则。确定性规则知识的产生式表示：$P \rightarrow Q$ 或 IF P THEN Q。

意思是：如果前提 P 被满足，可推出结论 Q 或执行 Q 所规定的操作。P 是前提，Q 是结论或动作，前提和结论可以是由逻辑运算符 AND、OR、NOT 组成的表达式。例如：IF 动物会飞 AND 会下蛋 THEN 该动物是鸟。

②不确定性规则。不确定性规则知识的产生式表示：$P \rightarrow Q$（置信度）或 IF P THEN Q（置信度），例如：IF 发烧 THEN 感冒（0.6）。

③确定性事实性知识的产生式表示。确定性事实性知识的产生式使用三元组表示：（对象，属性，值）或者（关系，对象 1，对象 2）。例如：老李年龄是 40 岁：（Li，age，40）、老李和老王是朋友：（friend，Li，Wang）。

④不确定性事实性知识的产生式表示。不确定性事实性知识的产生式使用四元组表示：（对象，属性，值，置信度）或者（关系，对象 1，对象 2，置信度）。例如：老李年龄很可能是 40 岁：（Li，age，40，0.8）、老李和老王不大

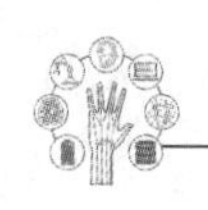

可能是朋友：（friend，Li，Wang，0.1）。

（2）产生式系统。把一组产生式放在一起，互相配合协同作用，一个产生式的结果可以在另一个产生式中作为已知事实使用，以求得问题的解，这样的系统称为产生式系统。

产生式系统由三部分组成，包括规则库、综合数据库和控制系统（推理机）。

①规则库：用来描述相应领域内知识的产生式集合。规则库是产生式系统求解的基础，其知识是否完整、表达是否灵活、对知识的组织是否合理等，会直接影响到系统的性能。因此，需要对规则库中的知识进行组织和管理，检测并删减掉错误、冗余、矛盾的知识，保持知识的一致性。采用合理的结构形式，可以使推理避免访问到与所求解问题无关的知识，提高问题求解的效率。

②综合数据库：一个用来存放问题求解过程中各种当前信息的数据结构，如问题的初始状态、原始证据、推理中的结论和最终结论。当规则库中某条产生式的前提可以和综合数据库中的某些已知事实相匹配时，该产生式就被激活，并把它推出的结论放入综合数据库中，作为之后推理可以使用的已知事实。由此可见，综合数据库的内容是不断变化的。

③控制系统：由一组程序组成，负责整个产生式系统的运行，实现对问题的求解。推理机要做以下几项工作。

首先，按一定的策略从规则库中选择规则与综合数据库中的已知事实进行匹配。匹配就是指把规则的前提条件与综合数据库中的已知事实进行比较，如果两者一致，或者接近一致且满足预先规定的条件，则为匹配成功，相应的规则可被使用，否则为匹配不成功。

其次，冲突消解。匹配成功的规则可能不止一条，即为发生了冲突。此时，推理机构必须调用相应的解决冲突策略进行消解，以便从匹配成功的规则中选出一条执行。

接着，执行规则。如果某一规则的右部是一个或多个结论，则把这些结论加入综合数据库中；如果某一规则的右部是一个或多个操作，则执行这些操作。对于不确定性知识，在执行每一条规则时还要按一定的算法计算结论的不确定性。

最后，检查推理终止条件。检查综合数据库中是否包含了最终结论，决定是否停止系统的运行。

在产生式系统中，推理或问题的求解过程是不断从规则库中选出可用的规则，与综合数据库中的已知事实匹配的过程，规则每一次匹配成功都给综合数据库增加了新的内容，并朝着问题的解决方向前进一步，这个过程即为推理的过程。

（3）产生式表达法。产生式表达法采用因果式的知识表达形式，具有自然性。它既能表达确定性知识，又能表达不确定性知识；既能表达启发性知识，又能表达过程性知识，在知识表达上十分有效。

另外，产生式的格式固定，又是规则库最基本的知识单元，且每条规则形式一致、表达清晰，也使模块化处理成为可能。

因为产生式系统求解问题的过程是一个反复“匹配—冲突消解—执行”的过程，规则库的体量以及匹配的复杂程度等都容易影响到效率。此外，产生式表达法适用于表达具有因果关系的过程性知识，不能表达具有结构关系的事物的联系或区别。

由此可见，产生式表达法具有自然性、模块性、有效性、清晰性的优点；与此同时，也有效率低、不能表达结构性知识的缺点。

由产生式表达法的优缺点，我们可以总结出产生式表达法适用于表达由许多相互独立的知识元组成的领域性知识；有经验性和不确定性，且相关领域没有严格统一理论的知识；以及领域问题的求解过程可被表示为一系列相互独立的操作，且每个操作可被表示为一个或多个产生式规则的知识。

3. 知识表达要求

为了让知识发挥最大的效用，知识表达要遵循以下相关的要求。

（1）在表达能力上，要正确、有效地将问题求解所需要的各种知识表达出来。知识表达能力包括知识表达范围的广泛性、领域知识表示的高效性和对非确定性知识表达的支持程度三个部分。

（2）在可利用性上，要可以使用知识进行推理，以求得问题的解。知识的可利用性包括对推理的适应性和对高效算法的支持性。推理是指根据问题的已知事实，通过使用存储在计算机中的知识推出新的事实（或结论）或执行某个操作的过程。

（3）在可实现性上，要便于在计算机上实现，便于直接由计算机对其进行处理。

（4）在可组织性、可维护性上，要把有关知识按照某种方式组成一种知识结构，在保证知识的一致性与完整性的前提下可以对知识进行增加、删除、修改等操作。

（5）在可理解性和自然性方面，要保证知识是易读、易懂、易获取，表达形式符合人们的思维方式，且形式要符合人们的日常习惯。

只有当知识表达符合以上几种要求，才能形成合格的知识，组建有效的知识库。

4.3.3 知识库及知识库管理系统

1. 知识库

1）概念

知识库（knowledge base）把分散于个人的经验、技能集中起来，实现知识共享，把行业知识组织起来，让计算机能够像专家一样，辅助决策，成为综合知识集合，从而对有关问题进行求解。构建知识库可以使企业知识系统智能化，提升企业知识管理水平。选择合适的知识表达方法建立知识库时，要充分表达领域知识，考虑到对知识的使用、组织、维护和管理，还要便于理解和实现。

2）特点

知识库用于各行各业，能够完整、准确地描述行业知识，它与平台、语言无关，更易于知识复用与共享，易于知识体系的拆分与融合，易于对形式化表达的正确性进行检查。

知识库能够提供快捷便利的知识加工、优化的加工页面、快速的知识定位、约束性的知识录入机制；可以在通过公理实现对知识的约束的同时也实现完整性与一致性检查，如类间检查、类内检查等。

知识库存储的知识，是以本体组织起来的，进去的是数据和关系，出来的不仅有数据，还有判断和命题，采用动态推理机制，避免了知识节点与关联过多造成的推理爆炸。

3）功能

知识库不只是存放问题求解的专门知识，它还在知识管理上发挥着以下几个功能。

（1）知识构建与维护。基于先进的语义分析模型和成熟的词典词表体系，它具有知识组织、知识分类、知识标识、知识检索和知识校验等功能，是使知识更易于理解和吸收的工作理念、工作过程和工作方法。

（2）可视化的知识编辑。知识编辑器能快速编辑描述复杂领域的知识体系。通过知识节点的拖拽，形成网状的知识组织形式，并能随时可视化地呈现知识地图。

（3）知识资源的自动采集。对很多已经广泛存在和使用的知识，可以通过行业的采集器进行自动采集，节省了大量的人力。自主开发的采集器，内容精确，适应能力强，内置元数据智能抽取功能。

（4）知识维护。尽管知识存在相对的固定性，大多数时候并不是知识本身的对错，而是需要调整知识节点之间的关系。知识维护策略既包括对知识节点的维护，更重要的是对节点之间关系的维护，即知识的修改、增加、删除、导入、导出、备份、恢复等和对知识节点之间关系的调整。使用灵活的知识维护策略，做到知识即现即所用。

（5）知识漫游链接。用户在系统中浏览疾病等元数据知识库信息时，可以通过知识之间的关联查阅到其他元数据知识。如用户在浏览某疾病信息时，系统自动提示与该疾病相关的所有药品、辅助检查项及询证文献等；用户在浏览某药品信息时，系统也可以自动提示与该药品相关的疾病，这样用户通过点击疾病名称就可以漫游到疾病知识库中查看相关知识。

2. 知识库管理系统

知识管理就是在知识系统内，让知识通过获得、创造、分享、整合、记录、存取、更新、创新等过程，不断地回馈到知识系统内，形成永不间断的循环。知识管理是对知识、知识创造过程和知识的应用进行规划与管理的活动。而管理知识库中知识的程序称为知识库管理系统，知识库管理系统可简称为 KBMS。

知识库管理系统由四部分组成。

（1）知识库：使用关系型数据库来存放知识，包括事实与规则。

（2）搜索模块：实现知识库和推理机之间的知识搜索与传递。

（3）查询模块：实现推理机对知识库知识的查询。

（4）一致性、完整性检查模块：在知识库中的知识发生变动时对知识库中的知识进行一致性、完整性检查。

知识库管理系统具有以下几个特性。

（1）知识库管理系统所管理的知识限于事实和规则。

（2）知识库管理系统能管理大量的知识。

（3）知识库管理系统所采用的语言大多数是逻辑语言，如用谓词逻辑表示。

（4）知识库管理系统的核心是一个推理系统（inference engine），它完成对知识的操纵，其中主要包括对知识的一致性检查、知识的演绎检索等。

知识库管理系统应具备的功能如下。

知识库管理系统应具有传统数据库管理系统的一切功能，包括对数据、知识的有效存取、数据处理等，还应有一个描述性语言用于对知识的操作及处理。

（1）知识的操纵。知识的操纵包括对知识库中知识的插入、删除及修改，其中，知识的删除是删除知识库中的某些知识，知识的插入是在知识库中添加一些知识，知识的插入涉及添加的知识与数据库中的知识是否相容、是否冗余等。所谓相容即是添加的知识与知识库中的知识是否相矛盾。所谓冗余即是指所添加的知识是多余的，它可以从原有知识库中经演绎而推出，而没有添加这些知识的必要。知识的修改涉及删除与插入两个部分，还涉及知识的更新。

（2）知识的查询。知识的查询在这里有两层含义：一是从知识库中提取知识，二是由知识库中的知识可以推算出一些新的知识。

（3）知识的控制。知识的控制包括知识的一致性和完整性控制、知识共享、知识安全、并发控制、故障恢复等。这都类似于数据库管理系统。

（4）知识的搜索。建立知识库的重要目的之一是有效地运用知识求解复杂的问题，问题求解的过程本质上即为知识的匹配和搜索过程。在搜索过程中，知识库中的知识通常可看成具有层次关系的树状式、网状式结构，即从某一结点出发的有向图。搜索就是从该点出发对有向图的遍历，即沿着有向弧按特定次序访问有向图中的每一个结点。搜索的目的是寻找某些满足一定条件的结点的集合，搜索方法基本上可分为盲目搜索和启发式搜索两大类。

（5）知识推理方法。所谓推理，是指从已有的知识推导出某种蕴含的未知知识或发现新的知识。知识推理技术是如何从给定的前提或假设推导出某种理论，或在要求达到某种结论的情况下，去寻找什么样的前提才能导致给定的结论。知识推理是专家系统的核心任务之一，是设计实用专家系统的关键技术。知识推理技术多种多样，有演绎和归纳、单调和非单调、确定的和不确定的等。其中，对于确定的知识处理和演绎推理是基于知识推理的核心内容。推理的方向有正向和逆向两种，对于不同的推理方向，往往有不同的控制策略。而在专家系统中，我们要寻求的是那些功能强且能描述和解决一大类有用问题的通用方法。目前，有关确定的、以演绎推理为基础的有效推理技术主要包括归结反演技术、规则演绎技术、启发式技术和黑板技术等。对于不确定的知识处理，目前已经提出了许多新方法，这些方法大致可分为两大类：一类是采用基于概率论和模糊集合论的数值方法，另一类是采用非数值的符号方法。

总之，充分了解知识、知识表示以及知识库的构建与管理，是智能经济时代充分利用知识的前提。我们必须认识到，知识系统的建立是必不可少的，我们只有掌握知识表示方法，正确构建和使用知识库，才能为企业建设助力，让知识经济蓬勃发展。

4.4　智能系统数据整理方法

4.4.1　数据概述

数据获取方式的质变是大数据能够产生的核心要素。传统的数据多是以人

工的方式获取，最大的特点是手动输入数据，曾有一段时间，超市是通过要求收银员键入用户特征来采集用户数据的，如图 4-5 所示，超市通过这样的方式来收集用户的数据，对收集的数据进行分析来对用户画像与人群定位。试想在超市每天如此大的接待量情况下，收银员能否保证数据录入的准确性呢？与此同时，通过人工录入的方式每天能够采集多少数据呢？类似这种键盘记录的方式及许多人工录入数据的方式不再一一举例，传统记录数据的方式必定只能是小范围的、少量的和准确度欠佳的。当数据量级足够大的时候，人为统计必然会被淘汰。

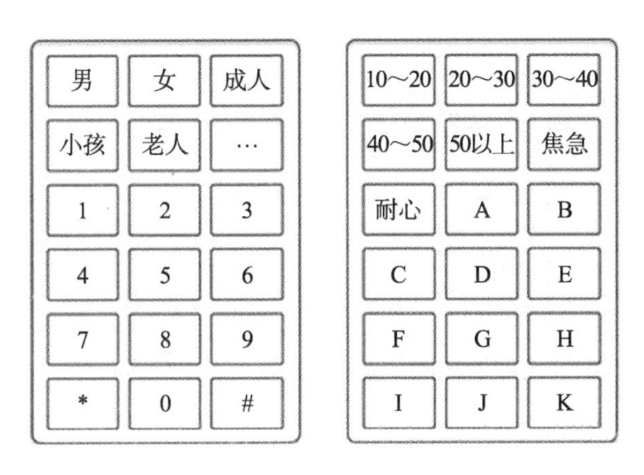

图 4-5　超市收银员录入数据的键盘

相较于传统数据，随着人工智能技术的不断突破和发展，现在的数据获取方式大多是通过 URL（统一资源定位系统）传输和 API，大体上数据获取的方式有这样几类：爬虫抓取、用户留存、用户上传、数据交易和数据共享，如图 4-6 所示。大数据从数据获取的方式、数据传输的方式和数据存储的方式，使得数据本身的价值从量级、效率等维度有了质的跃升。

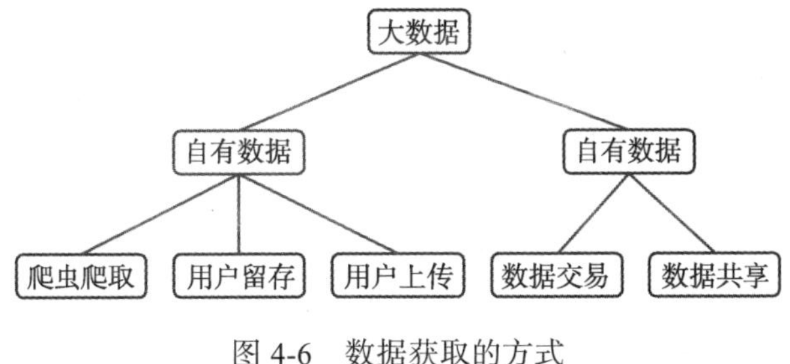

图 4-6　数据获取的方式

大数据的主要难点不仅在于数据量大，因为通过对计算机系统的有限扩展可以在一定程度上缓解数据量大带来的调整。其实，大数据真正难以对付的挑战来自智能业务中数据类型多样（variety）、要求及时响应（velocity）和真实性（varacity）。因为数据类型多样使得一个智能应用往往既要处理结构化数据，同时还要处理文本、视频、语音等非结构化数据，这对现有数据库系统来说难以应付，需要训练师手动、人为地整合处理数据，如果系统或训练师处理的数据过于复杂不能快速响应，而时间是客户的利益，这会给客户决策带来隐形的损失。在不确定性方面，数据真伪难辨是大数据应用的最大挑战，追求高数据质量是对大数据的一项重要要求，最好的数据清理方法也难以消除某些数据固有的不可预测性。

为了便于训练师更优地管理和维护智能系统，针对不同特性的数据使用针对性的数据整合策略势在必行。

1. 静态批量数据

静态批量数据：适用于先存储后计算，实时性要求不高，同时数据的准确性和全面性更为重要的场景。

静态批量数据通常具有三个特征：第一，数据体量巨大。数据从 TB 级别跃升到 PB 级别。数据是以静态的形式存储在硬盘中，很少进行更新，存储时间长，可以重复利用，然而这样大批量的数据不容易对其进行移动和备份。第二，数据精确度高。批量数据往往是从应用中沉淀下来的数据，因此精度相对较高，是企业资产的一部分宝贵财富。第三，数据价值密度低。以智慧交通管理系统中的批量视频数据为例，在连续不断的人流、车辆监控过程中，可能有用的数据仅仅有一两秒，周围的交通状况便能了然。因此，需要通过合理的图像、视频处理算法才能从批量的数据中抽取有用的价值。此外，批量数据处理即使用服务器资源支撑，仍旧比较耗时，而且不提供用户与系统的交互手段，所以当发现处理结果和预期或与以往的结果有很大差别时，如出现过系了安全带的司机被认定为未系安全带的案例，训练师需要用肉眼或实地排查个中情况，也会浪费很多时间。因此，批量数据处理适合大型的相对比较成熟的作业。

批量数据处理适用于较多的应用场景。本节主要选择互联网领域的应用、安全领域的应用及公共服务领域的应用这三个典型应用场景加以介绍。

在互联网领域中，批量数据处理的典型应用场景主要包括：

（1）社交网络：Facebook、新浪微博、微信等以人为核心的社交网络产生了大量的文本、图片、音视频等不同形式的数据。通过对这些数据的批量处理

可以对社交网络进行分析，发现人与人之间隐含的关系或者他们中存在的社区，推荐朋友或者相关的主题，提升用户的体验。从这个角度来说，训练师基于大量真实的C端数据，实际上已经拥有了C端用户体验设计师的一半基础。

（2）电子商务：电子商务中产生大量的购买历史记录、商品评论、商品网页的访问次数和驻留时间等数据，通过批量分析这些数据，每个商铺可以精准地选择其热卖商品，从而提升商品销量；通过这些数据还能分析出用户的消费行为，为客户推荐相关商品，以提升优质客户数量。在电商行业中，训练师也可发展为用户运营、数据分析师。

（3）搜索引擎：Google 等大型互联网搜索引擎与 Yahoo 的专门广告分析系统，通过对广告相关数据的批量处理来改善广告的投放效果以提高用户的点击量。这里，训练师是一个广告优化师。

在安全领域中，批量数据主要用于欺诈检测和 IT 安全。在金融服务机构和情报机构中，欺诈检测一直都是关注的重点。通过对批量数据的处理，可对客户交易和现货异常进行判断，从而对可能存在的欺诈行为预警。另外，企业通过处理机器产生的数据，识别恶意软件和网络攻击模式，从而使其他安全产品判断是否接受来自这些来源的通信。

在公共服务领域，批量数据处理的典型应用场景主要包括以下两方面。

（1）能源：例如，对来自海洋深处地震时产生的数据进行批量的排序和整理，可能发现海底石油的储量；通过对用户能源数据、气象与人口方面的公共及私人数据、历史信息、地理数据等的批量处理，可以提升电力服务，尽量为用户节省在资源方面的投入。

（2）医疗保健：通过对患者以往的生活方式与医疗记录进行批量处理分析，提供语义分析服务，对患者的健康提供医生、护士及其他相关人士的回答，并协助医生更好地为患者进行诊断。

当然，大数据的批量处理不只应用到这些领域，还应用到移动数据分析、图像处理以及基础设施管理等领域。随着人们对数据中蕴含价值的认识，会有更多的领域通过对数据的批量处理挖掘其中的价值来支持决策和发现新的洞察。

2. 在线数据

在线数据的实时处理是针对批量数据处理的性能问题提出的，可分为流式数据处理和交互式数据处理两种模式。在大数据背景下，流式数据处理源于服务器日志的实时采集，交互式数据处理的目标是将 PB 级数据的处理时间缩短到秒级。

1）流式数据

通俗而言，流式数据是一个无穷的数据序列，序列中的每一个元素来源各异、格式复杂，序列往往包含时序特性，或者有其他的有序标签［如 IP（网际互连协议）报文中的序号］。从数据库的角度而言，每一个元素可以看作是一个元组，而元素的特性则类比于元组的属性。流式数据在不同的场景下往往体现出不同的特征，如流速大小、元素特性数量、数据格式等，但大部分流式数据都含有共同的特征，这些特征便可用来设计通用的流式数据处理系统。下面简要介绍流式数据共有的特征。首先，流式数据的元组通常带有时间标签或其余含序属性，因此，同一流式数据往往是被按序处理的。然而数据的到达顺序是不可预知的，由于时间和环境的动态变化，无法保证重放数据流与之前数据流中数据元素顺序的一致性。这就导致了数据的物理顺序与逻辑顺序不一致。而且，数据源不受接收系统的控制，数据的产生是实时的、不可预知的。此外，数据的流速往往有较大的波动，因此需要系统具有很好的可伸缩性，能够动态适应不确定流入的数据流，具有很强的系统计算能力和大数据流量动态匹配的能力。其次，数据流中的数据格式可以是结构化的、半结构化的甚至是无结构化的。数据流中往往含有错误元素、垃圾信息等，因此流式数据的处理系统要有很好的容错性与异构数据分析能力，能够完成数据的动态清洗、格式处理等。最后，流式数据是活动的（用完即弃），随着时间的推移不断增长，这与传统的数据处理模型（存储、查询）不同，要求系统能够根据局部数据进行计算，保存数据流的动态属性。流式处理系统针对该特性，应当提供流式查询接口，即提交动态的 SQL，实时地返回当前结果。

流式计算的应用场景较多，典型的有两类。

（1）数据采集应用：数据采集应用通过主动获取海量的实时数据，及时地挖掘出有价值的信息。当前数据采集应用有日志采集、传感器采集、Web 数据采集等。日志采集系统是针对各类平台不断产生的大量日志信息量身定做的处理系统，通过流式挖掘日志信息，达到动态提醒与预警目的。传感器采集智能物联网系统通过采集传感器的信息（通常包含时间、位置、环境和行为等内容），实时分析提供动态的信息展示，目前主要应用于智能交通、环境监控、灾难预警等。Web 数据采集系统是利用网络爬虫程序抓取万维网上的内容，通过清洗、归类、分析并挖掘其数据价值。优秀的训练师除了在各自行业领域完成相应的专业工作，也应掌握此类通用程序技能。

（2）金融银行业的应用：在金融银行领域的日常运营过程中会产生大量数据，这些数据的时效性往往较短，不仅有结构化数据，也会有半结构化数据和非结构化数据。通过对这些大数据的流式计算，发现隐含于其中的内在特征，可帮助金融银行进行实时决策。这与传统的商业智能（BI）分析不同，BI要求数据是静态的，通过数据挖掘技术获得数据的价值。然而在瞬息万变的场景下，诸如股票期货市场，数据挖掘技术不能及时地响应需求，就需要借助流式数据处理的帮助。

总之，流式数据的特点是，数据连续不断、来源众多、格式复杂、物理顺序不一、数据的价值密度低。而对应的处理工具则需具备高性能、实时、可扩展等特性。训练师需要对处理工具进行筛选和研究，对经处理工具处理过的数据也应复核，思考如何得到更优的数据和效果。

2）交互式数据

与流式数据处理相比，交互式数据处理灵活、直观、便于控制。系统与训练人员以人机对话的方式一问一答，训练师提出请求，数据以对话的方式输入，系统便提供相应的数据或提示信息，引导训练师逐步完成所需的操作，直至获得最后处理结果。采用这种方式，存储在系统中的数据文件能够被及时处理修改，同时处理结果可以立刻被使用。交互式数据处理具备的这些特征能够保证输入的信息得到及时处理，使交互方式继续进行下去。

在大数据环境下，数据量的急剧膨胀是交互式数据处理系统面临的首要问题。下面主要选择信息处理系统领域和互联网领域作为典型应用场景进行介绍。

（1）信息处理系统领域。在信息处理系统领域中，主要体现了人机间的交互。传统的交互式数据处理系统主要以关系型数据库管理系统（database management system，DBMS）为主，面向两类应用，即联机事务处理（OLTP）和联机分析处理（OLAP）。OLTP基于关系型数据库管理系统，广泛用于政府、医疗及对操作序列有严格要求的工业控制领域；OLAP基于数据仓库系统（data warehouse），广泛用于数据分析、商业智能等。最具代表性的处理是数据钻取，如在BI中，可以对数据进行切片和多粒度的聚合，从而通过多维分析技术实现数据的钻取。目前，基于开源体系架构下的数据仓库系统发展十分迅速，以Hive、Pig等为代表的分布式数据仓库能够支持上千台服务器的规模。

（2）互联网领域。在互联网领域中，主要体现了人际的交互。随着互联网技术的发展，传统的简单按需响应的人机互动已不能满足用户的需求，用户之间也需要交互，这种需求诞生了互联网中交互式数据处理的各种平台，如搜索引擎、电子邮件、即时通信工具、社交网络、微博、博客及电子商务等，用户可以在这些平台上获取或分享各种信息；此外，还有各种交互式问答平台，如百度的知道、新浪的爱问及Yahoo的知识堂等。由此可见，用户与平台之间的交互变得越来越容易、越来越频繁。这些平台中数据类型的多样性，使得传统的关系型数据库管理系统不能满足交互式数据处理的实时性需求。目前，各大平台主要使用 NoSQL 类型的数据库系统来处理交互式的数据，如 HBase 采用多维有续表的列式存储方式，MongoDB 采用 JSON 格式的数据嵌套存储方式。大多 NoSQL 数据库不提供 Join 等关系数据库的操作模式，以增加数据操作的实时性。

3. 图数据

图由于自身的结构特征，可以很好地表示事物之间的关系，在近几年已成为各学科研究的热点。图中点和边的强关联性，需要图数据处理系统对图数据进行一系列的操作，包括图数据的存储、图查询、最短路径查询、关键字查询、图模式挖掘及图数据的分类、聚类等。随着图中节点和边数的增多（达到几千万甚至上亿数），图数据处理的复杂性向图数据处理系统提出了严峻的挑战。

图数据主要包括图中的节点以及连接节点的边，通常具有三个特征：第一，节点之间的关联性。图中边的数量是节点数量的指数倍，因此，节点和关系信息同等重要，图结构的差异也是由于对边做了限制，在图中，顶点和边实例化构成各种类型的图，如标签图、属性图、语义图以及特征图等。第二，图数据的种类繁多。在许多领域中，使用图来表示该领域的数据，如生物、化学、计算机视觉、模式识别、信息检索、社会网络、知识发现、动态网络交通、语义网、情报分析等。每个领域对图数据的处理需求不同，因此，没有一个通用的图数据处理系统满足所有领域的需求。第三，图数据计算的强耦合性。在图中，数据之间是相互关联的，因此，对图数据的计算也是相互关联的。这种数据耦合的特性向图的规模日益增大达到上百万甚至上亿节点的大图数据计算提出了巨大的挑战。大图数据是无法使用单台机器进行处理的，但如果对大图数据进行并行处理，对于每一个顶点之间都是连通的图来讲，其难以分割成若干完全独立的子图进行独立的并行处理；即使可以分割，也会面临并行机器的协同处理，以及将最后的处理结果进行合并等一系列问题。这需要图数据处理系统选取合适的图分割及图计算模型来迎接挑战并解决问题。

图能很好地表示各实体之间的关系，因此，在各个领域得到了广泛的应用，如互联网领域、自然科学领域及交通领域。

（1）互联网领域的应用。随着信息技术和网络技术的发展，以 Web 2.0 技术为基础的社交网络（如 Facebook、人人网）、微博（如 Twitter、新浪微博）等新兴服务中建立了大量的在线社会网络关系，用图表示人与人之间的关系。在社交网络中，基于图研究社区发现等问题；在微博中，通过图研究信息传播

与影响力最大化等问题。除此之外，用图表示如 E-mail 中的人与人之间的通信关系，从而可以研究社会群体关系等问题；在搜索引擎中，可以用图表示网页之间相互的超链接关系，从而计算一个网页的 PageRank 得分等。

（2）自然科学领域的应用。图可以用来在化学分子式中查找分子、在蛋白质网络中查找化合物、在 DNA（脱氧核糖核酸）中查找特定序列等。

（3）交通领域的应用。图可用来在动态网络交通中查找最短路径、在邮政快递领域进行邮路规划等。当然，图还有一些其他的应用，如疾病暴发路径的预测与科技文献的引用关系等。图数据虽然结构复杂、处理困难，但是它有很好的表现力，因此得到了各领域的广泛应用。随着图数据处理中所面临的各种挑战被不断地解决，图数据处理将有更好的应用前景。

结论

本节根据数据处理形式的不同，介绍了批量数据、流式数据、交互式数据和图数据四种不同形式数据的突出特征，以及各自的典型应用场景。可以总结出，训练人员利用批量数据挖掘合适的数据整理模式，得出具体的含义，帮助决策者制定明智的整合决策，最终作出有效的应对措施实现业务目标是大数据批量处理的最终任务。

4.4.2 数据生态与策略

在 4.4.1 节中，我们介绍了训练师可能会遇到的四种类型的数据，这几种数据提取出其中高质量且真实部分的效果，有赖于其各自的数据结构特性。传统数据质量的理论、技术和方法都是以结构化数据为研究对象，能够利用其结构特性，有规律地整合处理，而半结构化数据和非结构化数据质量的研究一直是一个难点，尤其是在当前的大数据时代，结构化数据已非以往的主流，非结构化数据占据了新增数据总量的 80%以上。通常，有两种方式对非结构化数据进行处理：一种采用“非结构化数据－半结构化数据－结构化数据”这种逐步转换的方式，实现了非结构化数据向结构化数据转换的功能，最终将数据存入关系数据库中进行管理；另一种则采用“非结构化数据－结构化数据”的转换方式，借助元数据完成相应的处理。

对于非结构化数据，目前还未曾有有效的数据质量模型，现有的学术研究更多集中在采用什么模型来表示这些数据。企业在实际运作时，可能得从多个数据源获取结构复杂的大数据并对其进行整合，来源和渠道不一，处理手段不一，这样的任务十分艰巨。因为到手的数据可能不止有其中一种结构，很可能是复合型的异构数据源。可能一些数据是非结构化数据，如文本、视频、图像等，一些数据是半结构化数据，如电子邮件、电子表格等，还有一些是结构化数据，如数据仓库/商业智能数据、传感器/机器数据记录、关系型数据库管理系统的数据等。

另外，有的企业能得到的数据仅仅涵盖常用的业务系统所生成的数据，如销售系统、CRM 系统，只是一座座“数据孤岛”，未形成数据生态，需要由各自的训练师或者总训练师指挥，理出可以直接输出或应用这些数据的统一规则和方法，将未成生态的数据、还只是分散的信息，采用基于本体的方法完成多源异构数据的集成与融合，形成一套分布式和非结构化数据处理及完成数据质量相关操作的大数据质量管理解决方案。

在公共领域，数据成为治理智慧城市的基石，训练师需要使用策略和工具从海量的、快速变化的、来源丰富的大数据中提取出高质量且真实的数据，其中一种有效方式就是建立质量模型。通过数据建模，以便建立更好的数据感知力，从而又能获取到更多更高质量的信息。以智慧政务为例：在疫情期间，将复杂的数字建模技术和计算机技术相结合，对重大传染病、食物或职业中毒或其他不明原因群发性疾病等突发的、可能严重影响公众健康的公共卫生事件传播或发病机理，建立起考虑潜伏期的恶性传染性疾病 SEIR 模型等不同数学模型。疫情防控数据模型按照疫情确定刻画模型对应的特定传播风险技术指标，通过多途径获取准确、及时、有效、多元化及可交叉验证的数据，对数据模型对比分析预测疫情发展与风险，并给出疫情传播和发展路径、风险控制顶点和拐点，以及各种态势下可能的感染受伤和死亡人数等相关的技术指标，帮助城市治理者获取疫情传播的发展态势，从而提前作出决策以遏制疫情发展。

4.4.3 智能系统数据整合

智能系统本身因为解放人工手动输入数据而设，其数据量可能来自各个集成系统的子系统，智能系统数据库构建的核心工作是要对获取到的来自各方的各类源数据进行梳理、分析，并做相关的整理、转换工作，把不同来源的数据基于数据标准转换成标准化数据之后再存储入库。数据整合，就是对分散异构的多数据源实现统一的访问，实时地、智能地将有价值的数据传递给分析系统或其他应用系统进行信息的进一步加工，以保证数据质量，从而为“智能”的全局应用奠定基础。数据整合的完整流程包含数据抽取、数据转换、数据合并、数据装载，以下展开介绍。

1. 数据抽取

在融合数据库中，必须从不同的操作型数据库系统及其他形式外部数据源中有选择地抽取数据，而不应该将所有源数据全部塞入融合数据库。在具体的抽取过程中，还必须根据是增量装载工作还是初始完全装载等不同情况的变化规划抽取任务。有效的数据抽取对于数据仓库的成功很关键，需要合理细致地制订数据抽取策略。

数据抽取的要点如下。

（1）数据源确认：确认数据的源系统（或文件）和结构。

（2）抽取方法：针对每个数据源，定义抽取过程是人工抽取还是基于工具抽取。

（3）抽取频率：对于每个数据源，确定数据抽取的频率，每天、每星期、每季度，基础数据装载等。

（4）时间窗口：对于每个数据源，表示出抽取过程进行的时间窗口。

（5）工作顺序：决定抽取任务中某项工作是否必须等到前面的工作成功完成才能开始。

（6）异常处理：决定如何处理无法抽取的输入记录。

其中，数据源需确认的源系统（或文件）和结构：

（1）列出对事实表的每一个数据项和事实。

（2）对于每个目标数据项，找出源数据项。

（3）一个数据元素有多个来源，选择最好的来源。

（4）确认一个目标字段的多个源字段，建立合并规则。

（5）确认一个目标字段的多个源字段，建立分离规则。

（6）确定默认值。

（7）检查缺失值的源数据。

2. 数据转换

抽取得到的数据是没有经过加工的数据，不能直接应用于融合数据中心。首先，所有抽取的数据必须按照标准数据集转换为融合数据库可以使用的数据。拥有可以用来后续建立数据仓库进行战略决策的信息，并且提供对外数据共享与服务，而操作型系统的数据不能满足这个要求。其次，抽取得到的数据其质量可能还达不到融合数据中心的要求，所以必须在进入融合数据库之前提高数据的质量。在将抽取的数据载入库之前，不可避免地要执行各种类型的数

据转换。必须保证在所有的数据整合到一起之后，数据的组合不违反任何商业规则。这期间需要考虑融合数据库中需要的数据结构和数据元素，结合源数据格式、数据取值和质量要求可以知道如何综合采用多种类型的转换工作来符合融合数据库的要求。

数据转换的基本任务：

（1）抽取：数据或记录的选择。

（2）梳理：对所选择的数据或记录进行分离或合并处理。

（3）转换：包括多种对数据记录的单独字段的基本转化，以对不同源系统数据进行标准化，并使这些字段对用户来说可用和可理解。

（4）丰富：对单个字段数据进行重新分配和简化。

其中，主要的转换类型有：

（1）格式修正。

（2）字段的解码。

（3）计算值和导出值。

（4）单个字段的分离。

（5）信息的合并。

（6）特征集合转化。

（7）度量单位的转化。

（8）关键字重新构造。

（9）汇总。

（10）日期/时间转化。

实施数据转换的过程中，要结合使用转换工具和手工技术。使用自动的工具可以提高效率和准确性，更重要的是，自动转换工具可以记录元数据，确定的转换参数和规则都会作为元数据被工具存储起来，成为数据仓库整个元数据组成的一部分，可以被其他部分共享，当由于商业规则或者数据定义发生变化而带来转换功能变化时，可以将这些变化输入工具，转换的元数据会由工具自动进行调整。

最为理想的状态当然是使用转换工具，彻底排除手工操作，但在实际中却是不可能实现的。即使是使用最精良的转换工作组合，也会存在必须使用手工开发内部程序的需要，需要进行复杂的手工编码和人工测试工作。采用手工技术，不但成本和错误率攀升，也会在数据库环境中产生一些相互独立的程序，手工方法最大的缺点是所带来的元数据的记录、管理、维护问题。

清洗的过程中可以检查错误的拼写，检查多个数据源之间编码，或者补充数据的错误值，也可以排除从多个数据源系统中取同一个数值时出现重复的问题。对数据元素的标准化也是数据转换过程的一个很重要的组成部分。要对数据类型进行标准化，并且对不同数据源的相同数值的长度进行补充。语义的标准化也是一个重要的任务。要解决同义和同音异义的问题。当相同的字段名在不同的数据源系统中代表不同的意义的时候，需要解决同音异义的问题。

数据转换过程解决了从不同数据源提取数据的问题。要组合一个源记录中提取的数据，或者对很多源记录中提取的数据进行组合。另外，数据转换还包括清洗没有用的源数据，并将它们进行新的组合。在数据准备阶段，对数据的分类和聚类是很重要的部分。

3. 数据合并

数据合并是将相关的源数据组合成一致的数据结构，装入整合层数据库。其中涉及实体与属性的概念。

（1）实体识别：数据来源于多个不同的客户系统，对相同客户可能分别有不同的键码，将它们组合成一条单独的记录。

（2）多数据源相同属性不同值：不同系统中得到的值存在一些差别，需要给出合理的值。

4. 数据装载

向融合数据库转移数据的过程中存在多种情况，一般存在三种类型的数据装载。

（1）初始装载：第一次对所有的数据库表进行迁移。

（2）增量装载：根据需要定期装载应用运行过程中发生的变化。

（3）完全刷新：完全刷新一个或多个表的内容，并重新装载新的数据。

在装载过程中，一般会用到四种方式。

（1）装载：如果要装载的目标表已经存在，而且也有数据存在于表中，装载过程就会抹去已有的数据，应用输入文件中新的数据。如果装载的目标是个空表，就直接应用来自输入文件的数据。

（2）追加：若表中已经存在数据，追加过程会无条件地增加输入数据，并在目标表中保存已有的数据。当存在记录重复情况时，需要定义如何处理重复输入数据的记录副本（可以作为副本增加进去，也可以将其丢弃）。

（3）破坏性合并：如果输入数据记录的主键与已有记录互相匹配，就对

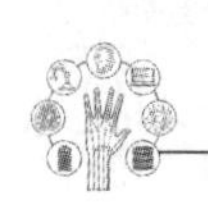

匹配的目标记录进行更新；如果没有匹配的目标记录，就将输入记录添加入目标表。

（4）建设性合并：如果数据记录的主键与已有记录匹配，就保留已有记录，加入输入的记录，并将增加的记录标记为旧记录的替代。

5. 应用实例

在前文中提到的三种系统，即智能客服系统、智能物联网系统、智能云服务系统，其数据整合方式在实际应用中有所不同。下文以智能客服系统的数据整合方法为例展开说明。

客服系统的数据存储层统一管理客服系统客户的资料数据。统一客户资料数据是整个服务业务支撑系统的基础。建立以客户为中心的业务支撑系统的目的就是利用统一客户资料数据模型，为系统提供统一的客户服务。其包括以下几点。

（1）收集全面的客户数据，包括客户的基本信息资料、业务交互信息资料、业务流转信息资料、满意度评价信息资料等。

（2）统一的客户数据模型。利用统一的客户数据模型，形成多主题的层次化客户信息，将客户、事件、数据等相关实体的基本信息，如身份、来电号码、年龄、情绪等，进行统一的规划和组织，形成与客户相关的各种信息的统一视图（图 4-7）。

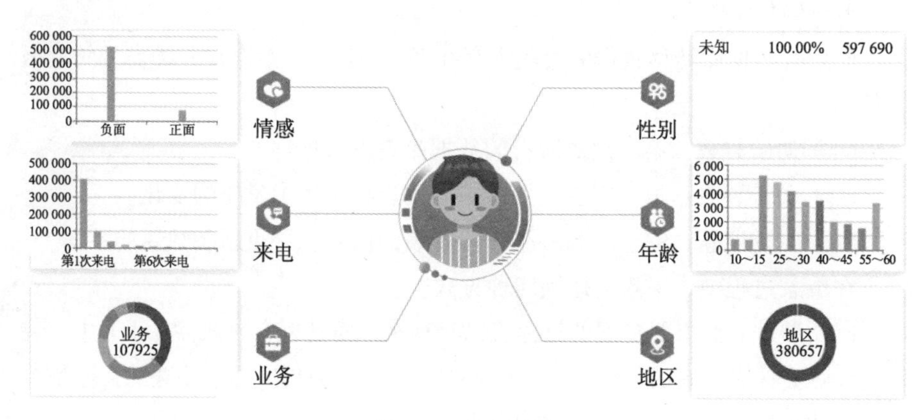

图 4-7　客户画像

（3）统一的客户数据维护接口。基于统一的客户资料模型，提供多种客户资料采集、维护和管理途径（如营业部、网上交易服务中心、售后后勤部等）。智能客服系统常见接口如表 4-1～表 4-5 所示。

表 4-1　智能问答接口

参数名称	类型	是否必须	描　　述
sessionId	String	是	会话 ID
sessQaType	String	是	类型[START：会话开始、QA：问答、END：会话结束]
robotCode	String	是	机器人代码
tagUids	List	是	标签 UID 集合
channelCode	String	是	渠道代码
question	String	是	问答问题
fromUser	String	是	用户唯一标识
sendTime	long	是	提问时间，时间戳

表 4-2　对话记录接口

参数名称	类型	是否必须	描　　述
sessionId	String	是	会话 ID
robotCode	String	是	机器人代码
channelCode	String	是	渠道代码
domainUid	String	是	领域 UID
sceneUid	String	是	场景 UID
graphUid	String	是	图谱 UID
fromUser	String	是	用户标识
startTime	Date	是	开始时间 yyyy/MM/dd HH: mm: ss
endTime	Date	是	结束时间 yyyy/MM/dd HH: mm: ss
pageno	int	否	页码，默认为 1
pagesize	int	否	每页条数，默认 20

表 4-3　解决率接口

参数	描　　述
uid	问答 UID
status	解决状态，1：已解决，2：未解决

表 4-4　满意度评价接口

参数	描　　述
uid	会话 UID

表 4-5　热点问题接口

参数名称	类型	是否必须	描　　述
robotCode	String	是	机器人代码
channelCode	String	是	渠道代码
hotSize	Int	否	热点问题数量，默认 20

（4）统一的客户数据接口服务。以统一的客户数据为基础，向其他子系统提供标准的与客户数据相关的接口服务，为策略运营、售后服务等子系统提供统一的接口服务，所有对客户资料的访问全部通过接口实现，如图 4-8 所示。

知识点	机器人	组织机构	领域名称	类别名称	咨询通话数	咨询次数	未解决数	未解决率	解决数	解决率	听到答案要求转人工	转人工率
人工服务请拨打12345	923	12345	辅助节点	辅助	417	417	0	0.00%	0	0.00%	0	0.00%
苏康码黄码的原因	923	12345	疫情防控重点知识	市卫健委	116	132	0	0.00%	0	0.00%	11	8.00%
黄码怎样转绿码	923	12345	疫情防控重点知识	市卫健委	82	93	0	0.00%	0	0.00%	7	8.00%
您好类问候	923	12345	辅助节点	辅助	61	68	0	0.00%	0	0.00%	7	10.00%
没有问题	923	12345	辅助节点	辅助	34	34	0	0.00%	0	0.00%	0	0.00%
核酸检测结果查询不到	923	12345	疫情防控重点知识	市卫健委	29	30	0	0.00%	0	0.00%	3	10.00%
请问类表述	923	12345	辅助节点	辅助	21	25	0	0.00%	0	0.00%	1	4.00%
投诉举报类问题	923	12345	辅助节点	辅助	25	25	0	0.00%	0	0.00%	0	0.00%
健康码问题	923	12345	引导转人工	其他转人工	20	20	0	0.00%	0	0.00%	0	0.00%
隔离相关问题	923	12345	引导转人工	其他转人工	9	9	0	0.00%	0	0.00%	0	0.00%

图 4-8　来源于接口的数据

第5章

人工智能业务分析基础

在人工智能的应用过程中，应用的效果如何，需要用数据来说话。人工智能训练师除了需要关注人工智能产品本身的指标，同时需要关注产品或者企业的业务指标。例如，无人商店的应用能够有效节约企业的人工成本，节省消费者的购物时间，但智能门禁和贵于一般商店的商品价格，让它的应用受到局限，这种人工智能应用的改进就需要更详细的业务分析报告作为支撑。

在本章中，我们会介绍基础的数据分析知识和业务分析知识。

5.1 数据统计

5.1.1 统计学基础

统计学是处理数据的一门科学，我们可以使用统计学方法进行相关数据的收集、处理、分析、解释，并从数据中得出结论。本节主要从集中趋势（central tendency）分析和离中趋势分析两种主要的分析维度，对常用的几种分析方法做介绍和举例。

1. 集中趋势分析

集中趋势分析是用各种起代表值作用的量度来反映变量数值趋向中心位置的一种资料分析方法。在正常状态下，一些现象有趋向于中心位置的情况，这种趋向于集中的均衡形态，是自然界的一种平衡现象。所以，在对研究资料的分析中，如果能够了解一种趋向于中心位置的数值，就可用它来代表此项资料的一般情况，而对这一中心值的测度即为集中量的测度。

1）众数

众数（mode）是一组数据中出现次数最多的变量值，用 M_0 表示。众数主要用来测度分类数据的集中趋势，也可以作为顺序数据及数值型数据中趋势的度量值。一般只有在数据量比较大的情况下，众数才是有意义的。

众数具有如下特点：众数是一个位置代表值，它不受数据中极端值的影响。

从数值分布的角度来看，众数是具有明显集中趋势点的数值，一组数据中分布的最高峰点所对应的数值即为众数。当然，如果数据的分布没有明显的集中趋势或最高峰点，则众数可能不存在。如果存在两个或两个以上的最高峰点，则可以存在多个众数值。众数示意图如图 5-1 所示。

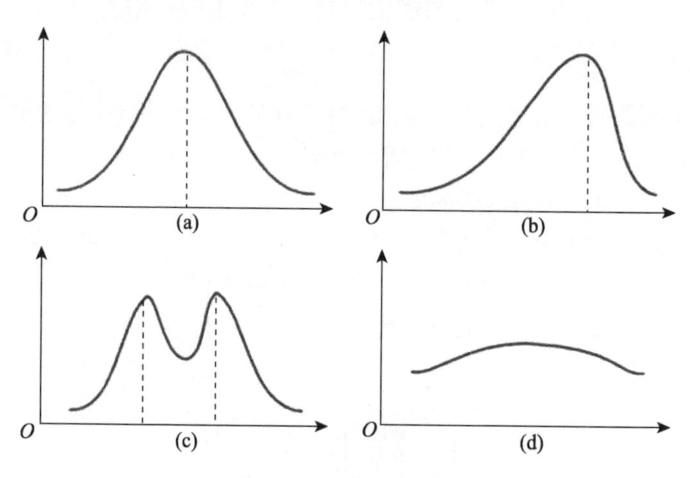

图 5-1　众数示意图

（a）M_o；（b）M_o；（c）双众数；（d）无众数

关于众数的求法，主要分为三个步骤。

（1）把数据中的不同类别或者数据全部找出来。

（2）写出每个数值或者类别的频数。

（3）挑出具有最高频数的一个或几个数值，得出众数。

以表 5-1 数据为例：

表 5-1　一组数值的频数分布表

数值	1	2	3	4	5	6	7	8
频数	4	6	4	4	3	2	1	1

根据众数的计算方法可得，该组数据的众数为 2。

2）中位数

中位数（median）是一组数据排序后处于中间位置上的变量值，用 M_e 表示。显然，中位数将数据分为两个部分，每部分分别包含 50%的数据，其中一部分数据均比中位数数值要大，另一部分则均小于中位数。中位数主要用来测度顺序数据的集中趋势，也适用于测度数值型数据的集中趋势，但不适用于分类数据。

关于中位数的求法，首先需要对一组数据进行排序，然后确定中位数的位置，最后确定中位数的具体数值，其中中位数的确定公式为

$$中位数位置 = \frac{n+1}{2} \tag{5-1}$$

其中，n 表示数据的个数。

设一组数据为 x_1，x_2，⋯，x_n，按从小到大的顺序排序后为 $x_{(1)}$、$x_{(2)}$，⋯，$x_{(n)}$，则中位数为

$$M_e = \begin{cases} x\left(\dfrac{n_1+1}{2}\right) \\ \dfrac{1}{2}\left\{x\left(\dfrac{n_2}{2}\right)+x\left(\dfrac{n_2}{2}+1\right)\right\} \end{cases} \tag{5-2}$$

其中，n_1 为奇数；n_2 为偶数。

以表 5-1 数据为例：因为该组数据的个数为奇数，所以直接套用式（5-1），得出这组数据的中位数为 3。

3）均值

均值（mean）也称平均数，是一组数据相加后除以数据的个数得到的结果。均值在统计学中具有重要的地位，是集中趋势的最主要测度值，它主要适用于数值型数据，而不适用于分类数据和顺序数据。并且根据数据的不同，均值的计算形式和计算公式也不一样，具体可以分为简单平均数与加权平均数两种。

未进行分组的数据计算所得出的平均数称为简单平均数（simple mean），设一组样本数据为 x_1，x_2，⋯，x_n，样本量（样本数据的个数）为 n，则简单平均数用 $\bar{x}$ 表示，计算公式为

$$\bar{x} = \frac{x_1+x_2+\cdots+x_n}{n} = \frac{\sum_{i=1}^{n} x_i}{n} \tag{5-3}$$

以下组数据为例：

750　780　850　960　1 080　1 250　1 500　1 630　2 000

可得该组数据的简单平均数为 1 200。

不同于简单平均数，针对已被分组的数据计算得出的平均数称为加权平均数（weighted mean）。设原始数据被分成了 k 组，各组的组中值分别用 M_1、M_2、⋯、M_k 表示，各组变量出现的频数则分别用 F_1、F_2、⋯、F_k 表示，则该组样本

的加权平均数的计算方式为

$$\overline{x}=\frac{M_1F_1+M_2F_2+\cdots+M_kF_k}{F_1+F_2+\cdots+F_k}=\frac{\sum_{i=1}^{k}M_iF_i}{n} \tag{5-4}$$

其中，$n=\sum F_i$，即样本总量。

以表 5-2 数据为例：

表 5-2　某公司手机销售量平均数计算表

序号	按销售量分组/台	组中值 M_i	频数 F_i	M_iF_i
1	140~150	145	4	580
2	150~160	155	9	1 395
3	160~170	165	16	2 640
4	170~180	175	27	4 725
5	180~190	185	20	3 700
6	190~200	195	17	3 315
7	200~210	205	10	2 050
8	210~220	215	8	1 720
9	220~230	225	4	900
10	230~240	235	5	1 175
11	合计	–	120	22 200

根据式（5-4）可得，该组数据的加权平均数为

$$\overline{X}=\frac{\sum_{i=1}^{k}M_iF_i}{n}=\frac{22\ 200}{120}=185\text{（台）} \tag{5-5}$$

2. 离中趋势分析

离中趋势又称“差异量数”“标志变动度”等，指在数列中各个数值之间的差距和离散程度。离中趋势的测定是对统计资料分散状况的测定，即找出各个变量值与集中趋势的偏离程度。通过测定离中趋势，可以清楚地了解一组变量值的分布情况。离散统计量越大，表示变量值与集中统计量的偏差越大，这组变量就越分散。这时，如果用集中量数去做估计，所出现的误差就较大。因此，离中趋势可以看作集中趋势的补充说明。测定离中趋势的主要指标有全距、四分位差（quartile deviation）、方差（variance）、标准分数（standard score）、离散系数（coefficient of variation）。

1）全距

前面讲过平均数的计算方法，但是平均数往往只能给出部分信息，可以帮助我们确定一批数据的中心，却无法知道整个数据的变动情况。因此我们需要进行全距（也叫极差）的计算，以此来获知数据的分散情况。全距可以表示数据的扩展范围，有点像测量数据的宽度大小。全距的计算方法是：以数据集中的最大值（上界）减去数据集中的最小值（下界）。

如下组数据：

7　8　9　9　10　10　11　12　13

根据上述算法可得，该组数据的全距为：上界−下界 = 13 − 7 = 6。

全距可以简单又方便地对一批数据的分散程度进行度量，但同时又存在这样一个问题：如果我们的数据中包含了异常值，那么使用全距来进行数据分散程度描述时，则会具有误导性，因为全距很容易受异常值的影响。

以下组数据为例：

1　1　1　2　2　2　2　3　3　3　3　3　4　4　4　4　5　5　5

这里的数据均匀地分布在上界与下界之间，整批数据的全距为 4。

但是如果给其中添加一个异常值 10，我们再看一下：

1　1　1　2　2　2　2　3　3　3　3　3　4　4　4　4　5　5　5　10

整批数据的全距则由原来的 4 变成了 9，增长了 5。由此可以看出全距的主要问题是：仅仅描述了数据的宽度，但因为全距是由数据极值计算得出的，所以不能指出数据的真实形态以及数据是否包含异常值。因此我们需要使用其他的统计方法来避免数据中的异常值干扰。

2）四分位差

四分位差也称为内距或者四分间距（inter-quartile range），反映了中间 50% 的数据的离散程度，数值越小，说明中间部分的数据越集中；数值越大，说明中间部分的数据越分散。四分位差不受极值的影响。此外，由于中位数处于数据的中间位置，因此，四分位差的大小在一定程度上说明了中位数对一组数据的代表程度。四分位差主要用于测度顺序数据的离散程度。对于数值型数据也可以计算四分位差，但它不适合分类数据。

将下面的数据分成 4 个相等的数据块，每一个数据块中包含原有数据的四分之一。使用介于两条外分割线之间的数值构建成一个距。

1　1　1　2　2|2　2　3　3　3|3　3　4　4　4|4　5　5　5　10

$Q1$　　$Q2$　　$Q3$

如上，将整批数据一分为四的几个数值就是四分位数，四分位数的获取方法与中位数类似，其中不同之处在于，需要求出将一批数据一分为四的几个数值，而不是简单地一分为二。最小的四分位数（$Q1$）称为下四分位数或者第一四分位数，最大的四分位数（$Q3$）称为上四分位数或者第三四分位数，中间的四分位数就是中位数。四分位差的计算方法为：四分位差 = 上四分位数（$Q3$）－下四分位数（$Q1$）。

与全距（极差）相比，四分位差的优点在于，能够较少地受到异常值的影响。由于四分位数仅用了中心部位的 50%的数据，因此，无论异常值是极大值还是极小值，均可以被排除在外。异常值不可能存在于中心位置。

求一个数据集中下四分位数（$Q1$）的位置，数据集中数据个数为 n：

（1）计算 $n \div 4$；

（2）如果结果为整数，则下四分位数位于“$n \div 4$”这个位置和下一个位置中间，取这两个位置上的数值的平均值，即可得到下四分位数；

（3）如果“$n \div 4$”不是整数，则向上取整，所得结果即为下四分位数的位置。

求一个数据集中上四分位数（$Q3$）的位置，数据集中数据个数为 n：

（1）计算 $3n \div 4$；

（2）如果结果为整数，则上四分位数位于“$3n \div 4$”这个位置和下一个位置的中间，将这两个位置上的数加起来，然后除以 2；

（3）如果“$3n \div 4$”不是整数，则向上取整，所得到的数字即为上四分位数的位置。

以表 5-3 为例：

表 5-3　某球员得分表

比赛得分	3	6	7	10	11	13	30
频数	2	1	2	3	1	1	1

由上述公式知，该组数据的上四分位数为：

$3 \times 11 \div 4 = 8 \cdots 1$，向上取整，得 $Q3$ 为第 9 位数，即 11。

下四分位数为：

$11 \div 4 = 2 \cdots 3$，向上取整，得 $Q1$ 为第 3 位数，即 6。

由此可得该组数据的四分位差为 5。

3）方差

方差是一组数据中各个变量与整批数据的均值离差平方的平均数。通过平方的方式消除了离差的符号（正负号）影响，然后再进行平均值的计算。方差

的平方根叫作标准差（standard deviation），方差和标准差均能较好地反映整组数据的离散程度，是目前应用最广的离散程度的测度值。

设样本方差为 s^2，未进行分组数据及已分组数据的方差公式分别为

未分组数据：
$$s^2=\frac{\sum_{i=1}^{n}(X_i-\bar{X})^2}{n-1} \tag{5-6}$$

已分组数据：
$$s^2=\frac{\sum_{i=1}^{k}(M_i-\bar{X})^2 f_i}{n-1} \tag{5-7}$$

其中，n 表示整组数据的样本个数，n–1 称为自由度（degree of freedom），最终样本方差通过自由度除离差平方和得到。

标准差即为方差开方后得到的数值，与方差不同，标准差本身是具有量纲的，与变量的单位一致，其实际意义比方差更加具体，所以在实际分析时更多使用的是标准差，标准差的计算公式为

未分组数据：
$$s=\sqrt{\frac{\sum_{i=1}^{n}(X_i-\bar{X})^2}{n-1}} \tag{5-8}$$

已分组数据：
$$s=\sqrt{\frac{\sum_{i=1}^{k}(M_i-\bar{X})^2 f_i}{n-1}}. \tag{5-9}$$

由式（5-9）可得表 5-2 中数据的标准差为

$$s=\sqrt{\frac{\sum_{i=1}^{k}(M_i-\bar{X})^2 f_i}{n-1}}=\sqrt{\frac{55\,400}{120-1}}=21.58\text{（台）} \tag{5-10}$$

4）标准分数

一组数据中的各变量值与其平均数的离差除以标准差后的值称为标准分数，也叫作标准化值或者 z 分数。设标准分数为 z，则其计算公式为

$$z_i=\frac{x_i-\bar{x}}{s} \tag{5-11}$$

标准分数表示的是一组数据中各个变量的相对位置。比如，某个数据变量的标准分数为 2，则表示该数据比平均数高了 2 个标准差。标准分数具有平均数为 0、标准差为 1 的特性。

5）离散系数

前边讲到的方差和标准差均反映的是数据离散程度的绝对值，这个数值一

方面受组中数据变量自身水平高低的影响，即与变量的平均数大小相关，变量值绝对水平较高的，整组数据的离散程度的测度值也就较大，反之则较小；另一方面，它们跟组中变量数据的单位相关，使用不同计量单位的变量值，则离散程度的测度值也有区别。所以，对于平均水平有差异或者计量单位不相同的不同组别的变量数据，需要计算离散系数以消除变量值水平高低不一及计量单位不同对离散程度测度值的影响。离散系数也叫作变异系数，是一组数据的标准差与相应的平均数之比。计算公式为

$$v_s = \frac{s}{\bar{x}} \tag{5-12}$$

离散系数作为测度数据离散程度的统计量，主要用于比较不同类型样本数据的离散程度。离散系数越大，说明数据的离散程度也越大；离散系数越小，说明数据的离散程度越小。

针对不同类型的数据，需合理使用不同的反映数据离散程度的测度值。对于顺序数据，主要是用四分位差来测度其离散程度；对于数值型数据，主要是用方差或者标准差来测度其离散程度。当我们需要对不同的样本数据的离散程度进行比较时，则需使用离散系数来进行分析。

5.1.2 数据统计工具

5.1.1 小节介绍了统计学的基础知识，本节继续介绍使用工具进行数据统计的方法。常见的数据分析工具有 Excel、Access、SPSS、SAS 等，其中 Excel 最为常见，很多行业使用 Excel 就可以完成日常的数据统计工作。作为人工智能训练师，使用 Excel 进行数据统计，也是必备的基础技能。在后续的工作中，如因数据量过大，使用 Excel 不能满足数据统计的需要，可再选择其他工具进行学习。

1. 导入数据

Excel 提供多种获取外部数据的方式，如图 5-2 所示，可自 Access 导入、自网站导入、自文本导入、自其他来源导入、自现有连接导入。其中，自其他来源导入中又包含多种来源的导入方式。

下面以文本数据为例，介绍 Excel 的数据导入方法。

文本数据，即指 TXT 等文本型的数据。在 Excel 的“数据”选项卡，选择“自文本”选项，只能打开文件名后缀为“.prn”或“.txt”或“.csv”的文本文件，如图 5-3 所示。

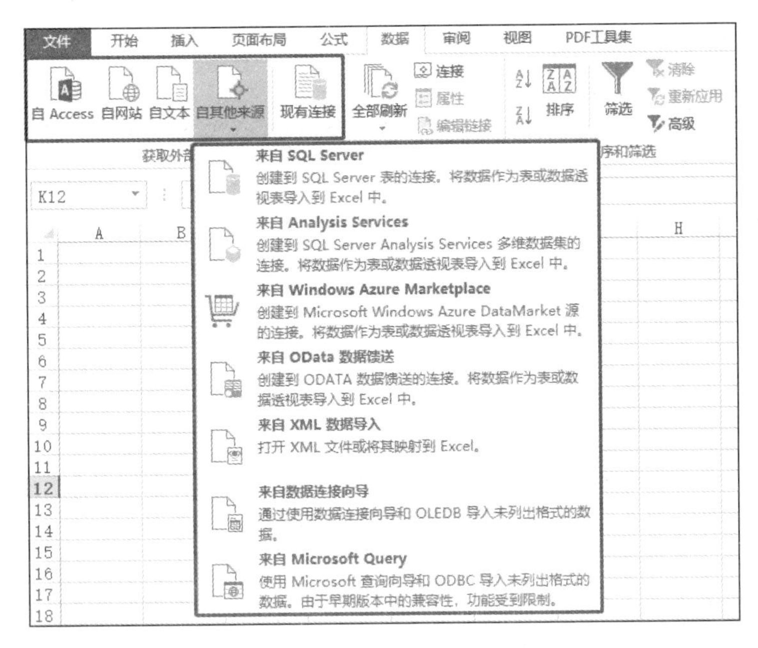

图 5-2　Excel 数据导入方式

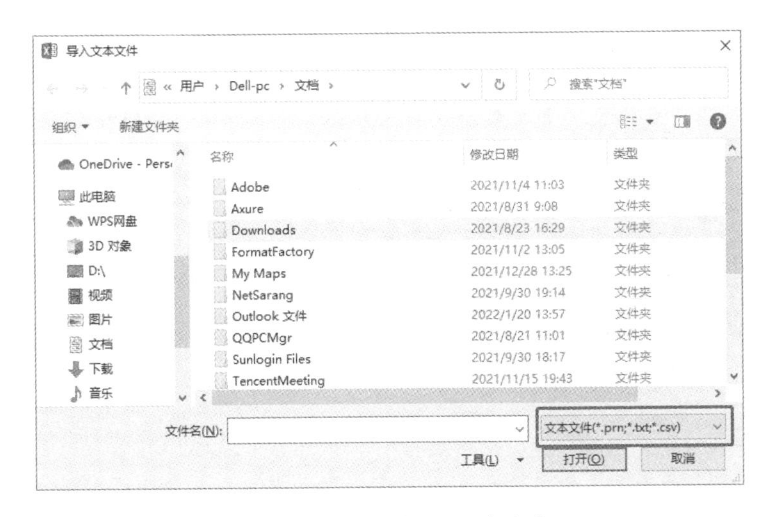

图 5-3　Excel 数据导入-自文本

另一种常见的导入文本数据的方式，是在“文件”选项卡中，选择“打开”选项，选择“计算机”，弹出的文件选择对话框中可选择想要导入的数据类型。如选择文本文件，可在选项中看到所有符合要求的文件名后缀类型，如图 5-4 所示，如需导入其他类型文件，可按需选择。

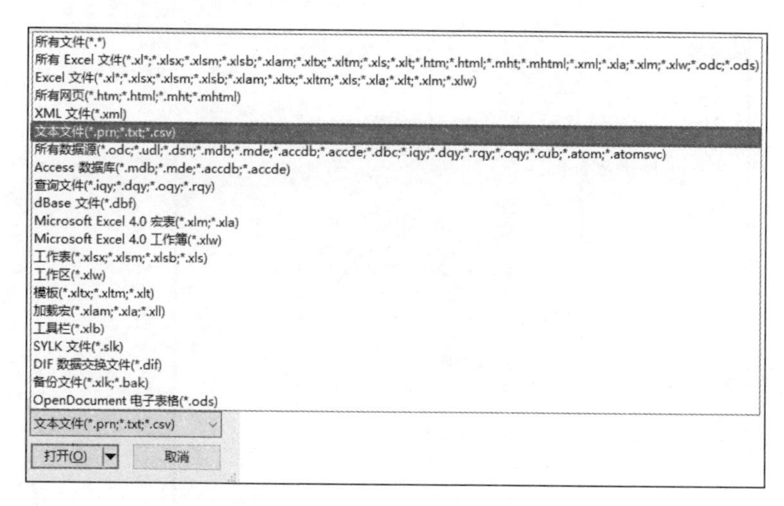

图 5-4　Excel 打开文件类型

选定了需要导入的文本文件后，界面中会弹出“文本导入向导”对话框，下面以某智能化项目人机交互转写文本的处理为例演示导入过程。

（1）某智能化项目人机交互转写文本，如图 5-5 所示。

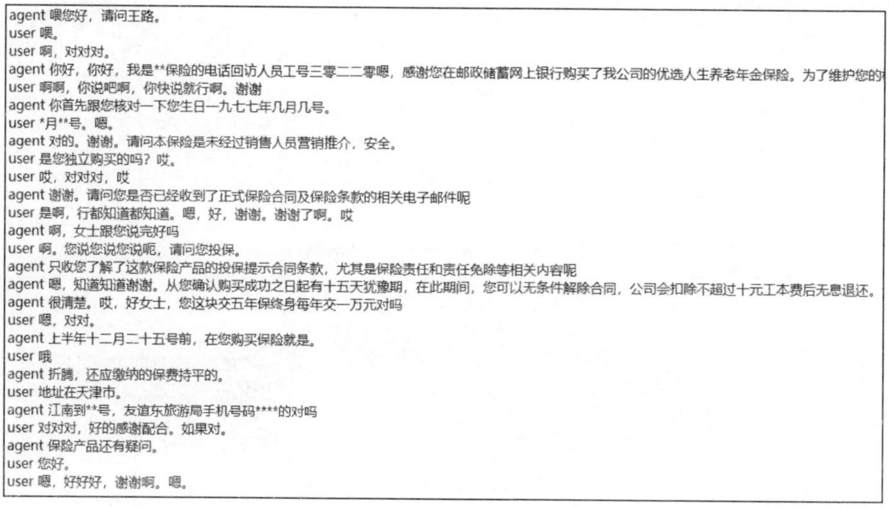

agent 喂您好，请问王路。
user 喂。
user 啊，对对对。
agent 你好，你好，我是**保险的电话回访人员工号三零二二零嗯，感谢您在邮政储蓄网上银行购买了我公司的优选人生养老年金保险。为了维护您的
user 啊啊，你说吧啊，你快说就行啊。谢谢
agent 你首先跟您核对一下您生日一九七七年几月几号。
user *月**号。嗯。
agent 对的。谢谢。请问本保险是未经过销售人员营销推介，安全。
user 是您独立购买的吗？哎。
user 哎，对对对，哎
agent 谢谢。请问您是否已经收到了正式保险合同及保险条款的相关电子邮件呢
user 是啊，行都知道都知道。嗯，好，谢谢。谢谢了啊。哎
agent 啊，女士跟您说完好吗
user 啊。您说您说您说呢，请问您投保。
agent 只收您了解了这款保险产品的投保提示合同条款，尤其是保险责任和责任免除等相关内容呢
agent 嗯，知道知道谢谢。从您确认购买成功之日起有十五天犹豫期，在此期间，您可以无条件解除合同，公司会扣除不超过十元工本费后无息退还。
agent 很清楚。哎，好女士，您这块交五年保终身每年交一万元对吗
user 嗯，对对。
agent 上半年十二月二十五号前，在您购买保险就是。
user 哦
agent 折腾，还应缴纳的保费持平的。
user 地址在天津市。
agent 江南到**号，友谊东旅游局手机号码****的对吗
user 对对对，好的感谢配合。如果对。
agent 保险产品还有疑问。
user 您好。
user 嗯，好好好，谢谢啊。嗯。

图 5-5　某智能化项目人机交互转写文本

（2）在文本导入向导第 1 步中，需要选择文件类型是按“分隔符号”或“固定宽度”分隔，选择好后，单击“下一步”。从图 5-6 中的预览框中看出，目前的数据形式与原文本文件相同。

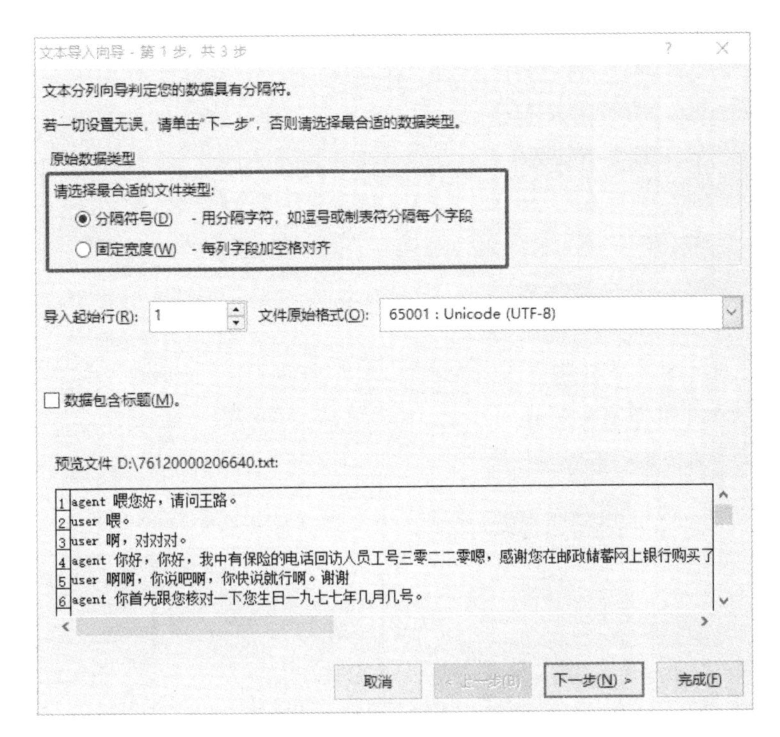

图 5-6　文本导入向导第 1 步

（3）第 1 步选择了“分隔符号”后，第 2 步可选择具体分隔符号的类型，向导给出了 4 个已知选项和其他自定义选项，已知的“Tab 键”“分号”“逗号”“空格”与“其他”之间可以多选，多选时可选择勾选“连续分隔符号视为单个处理”的选项。“其他”选项后可自行填写其他分隔符号，需要注意的是，此处只能填写单个字符，如实际分隔符为多个字符，可先在文本文件中使用查找替换操作将多字符分隔符替换为单字符分隔符。

从图 5-7 的数据预览框中可以看到，在选择了分隔符号是“空格”后，原数据已按空格完成数据分列。

（4）第 3 步，选择列数据格式，如无须调整，可选择“常规”，如图 5-8 所示。

（5）单击“完成”后，还会弹出“导入数据”对话框，可选择数据的放置位置。如勾选了“将此数据添加到数据模型”选项，还可以选择该数据在工作簿中的显示方式，如图 5-9 所示。

（6）单击“确定”后，文本文件中的数据就会按所设置的格式自动导入表格中了，效果如图 5-10 所示。

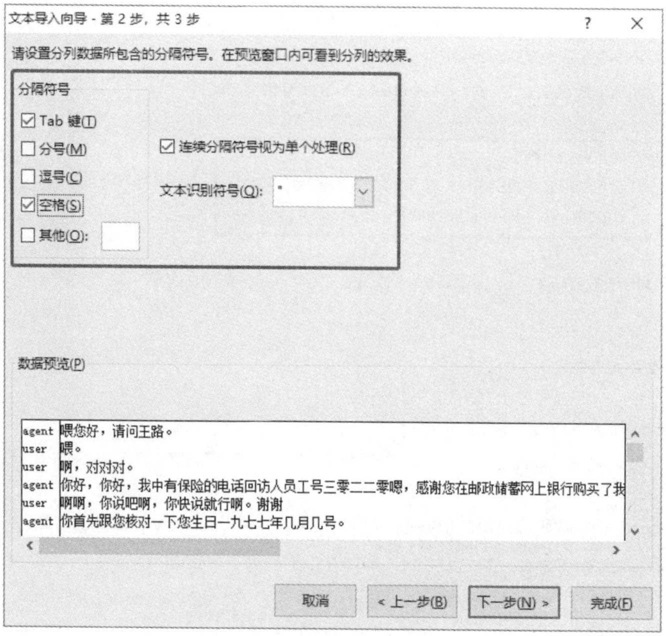

文本导入向导 - 第 2 步，共 3 步
请设置分列数据所包含的分隔符号。在预览窗口内可看到分列的效果。
分隔符号
☑ Tab 键(T)
☐ 分号(M)
☐ 逗号(C)
☑ 空格(S)
☐ 其他(O):
☑ 连续分隔符号视为单个处理(R)
文本识别符号(Q): "
数据预览(P)
agent 喂您好，请问王路。
user 喂。
user 啊，对对对。
agent 你好，你好，我中有保险的电话回访人员工号三零二二零嗯，感谢您在邮政储蓄网上银行购买了我
user 啊啊，你说吧啊，你快说就行啊。谢谢
agent 你首先跟您核对一下您生日一九七七年几月几号。
取消 < 上一步(B) 下一步(N) > 完成(F)

图 5-7　文本导入向导第 2 步

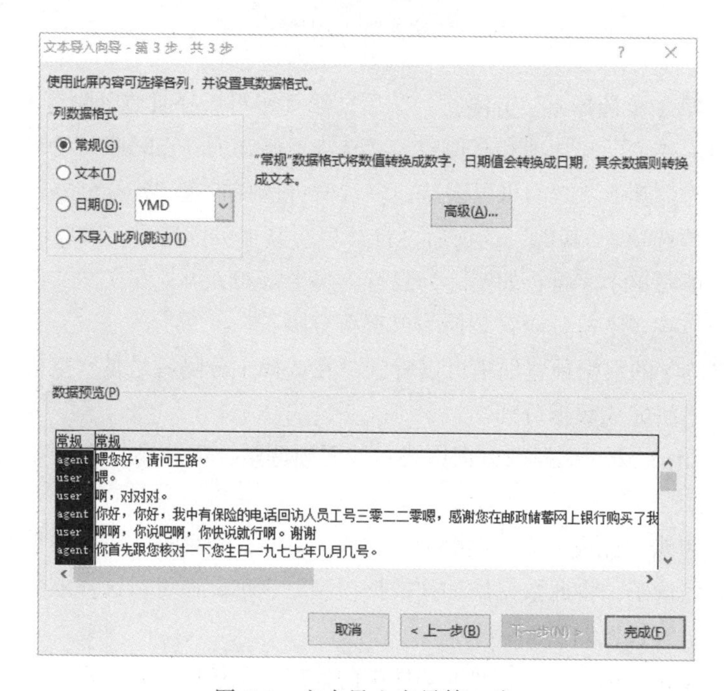

图 5-8　文本导入向导第 3 步

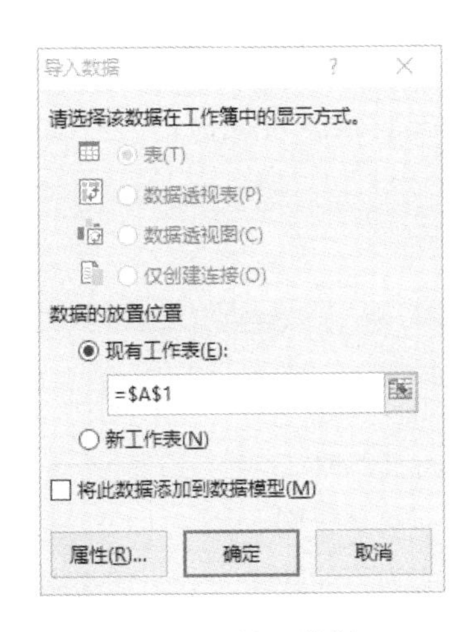

图 5-9　导入数据

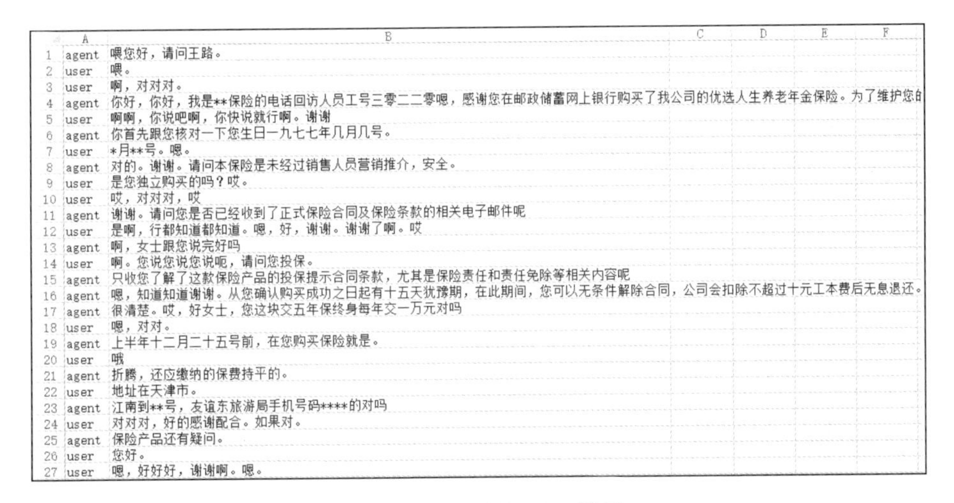

	A	B	C	D	E	F
1	agent	喂您好，请问王路。				
2	user	喂。				
3	user	啊，对对对。				
4	agent	你好，你好，我是**保险的电话回访人员工号三零二二零嗯，感谢您在邮政储蓄网上银行购买了我公司的优选人生养老年金保险。为了维护您				
5	user	啊啊，你说吧啊，你快说就行啊。谢谢				
6	agent	你首先跟您核对一下您生日一九七七年几月几号。				
7	user	*月**号。嗯。				
8	agent	对的。谢谢。请问本保险是未经过销售人员营销推介，安全。				
9	user	是您独立购买的吗？哎。				
10	user	哎，对对对，哎				
11	agent	谢谢。请问您是否已经收到了正式保险合同及保险条款的相关电子邮件呢				
12	user	是啊，行都知道都知道。嗯，好，谢谢。谢谢了啊。哎				
13	agent	啊，女士跟您说完好吗				
14	user	啊。您说您说您说呃，请问您投保。				
15	agent	只收您了解了这款保险产品的投保提示合同条款，尤其是保险责任和责任免除等相关内容呢				
16	agent	嗯，知道知道谢谢。从您确认购买成功之日起有十五天犹豫期，在此期间，您可以无条件解除合同，公司会扣除不超过十元工本费后无息退还。				
17	agent	很清楚。哎，好女士，您这块交五年保终身每年交一万元对吗				
18	user	嗯，对对。				
19	agent	上半年十二月二十五号前，在您购买保险就是。				
20	user	哦				
21	agent	折腾，还应缴纳的保费持平的。				
22	user	地址在天津市。				
23	agent	江南到**号，友谊东旅游局手机号码****的对吗				
24	user	对对对，好的感谢配合。如果对。				
25	agent	保险产品还有疑问。				
26	user	您好。				
27	user	嗯，好好好，谢谢啊。嗯。				

图 5-10　文本数据导入效果

2. 用 Excel 函数进行数据统计

在完成数据导入后或已有 Excel 格式的数据，可利用 Excel 的基础函数进行基本的描述统计分析。

1）MIN 函数

（1）函数说明：

MIN 函数的主要作用是返回一组值中的最小值，忽略逻辑值及文本。

（2）函数语法：

MIN(number1,[number2], …)

（3）参数：

number1,[number2],···,number1 是可选的，后续数字是可选的。要从中查找最小值的 1～255 个数字。

（4）备注：

①参数可以是数字或者是包含数字的名称、数组或引用。

②逻辑值和直接键入参数列表中代表数字的文本被计算在内。

③如果参数是一个数组或引用，则只使用其中的数字。数组或引用中的空白单元格、逻辑值或文本将被忽略。

④如果参数不包含任何数字，则 MIN 返回 0。

⑤如果参数为错误值或为不能转换为数字的文本，将会导致错误。

⑥如果想要在引用中将逻辑值和数字的文本表示形式作为计算的一部分包括，则使用 MINA 函数。

（5）示例：

如图 5-11 所示，表格中记录了某公司一个月的人工智能客服机器人在各个分公司的运营数据情况，针对最小值这一项，就可以使用 MIN 函数进行计算。从图 5-12 中可以看到，即使选中区域包含文字，最终的计算结果也可以将文字忽略。

A	B	C	D	E	F
	总通话数	总交互数	满意评价数量	投诉数量	主动转人工数量
A分公司	24 253	104 288	15 037	122	11 399
B分公司	15 246	94 525	8 233	96	5 946
C分公司	26 984	148 412	17 538	131	11 333
D分公司	30 265	139 219	17 856	153	15 132
E分公司	18 946	81 468	11 557	98	7 768
F分公司	24 565	149 846	16 953	103	8 843
最小值	=MIN(B1:B7)				

图 5-11　MIN 函数使用-1

（6）公式与步骤：

=MIN(A2:A6)，区域 A2:A6 中的最小数。

=MIN(A2:A6,0)，区域 A2:A6 和 0 中的最小数。

A	B	C	D	E	F
	总通话数	总交互数	满意评价数量	投诉数量	主动转人工数量
A分公司	24 253	104 288	15 037	122	11 399
B分公司	15 246	94 525	8 233	96	5 946
C分公司	26 984	148 412	17 538	131	11 333
D分公司	30 265	139 219	17 856	153	15 132
E分公司	18 946	81 468	11 557	98	7 768
F分公司	24 565	149 846	16 953	103	8 843
最小值	15 246	81 468	8 233	96	5 946

图 5-12　MIN 函数使用-2

2）MAX 函数

（1）函数说明：

MAX 函数的主要作用是返回一组值中的最大值，忽略逻辑值及文本。

（2）函数语法：

MAX(number1,[number2],⋯)

（3）参数：

number1,[number2],⋯,number1 是必需的，后续数字是可选的。要从中查找最大值的 1～255 个数字。

（4）备注：

①参数可以是数字或者是包含数字的名称、数组或引用。

②逻辑值和直接键入参数列表中代表数字的文本被计算在内。

③如果参数是一个数组或引用，则只使用其中的数字。数组或引用中的空白单元格、逻辑值或文本将被忽略。

④如果参数不包含任何数字，则 MAX 返回 0。

⑤如果参数为错误值或为不能转换为数字的文本，将会导致错误。

⑥如果要使计算包括引用中的逻辑值和代表数字的文本，则使用 MAXA 函数。

（5）示例：

还是以上面某公司的智能客服机器人运营数据为例（图 5-13），与 MIN 函数类似，图 5-14 为使用 MAX 函数计算最大值的结果。

（6）公式与步骤：

=MAX(A2:A6)，区域 A2:A6 中的最大值。

=MAX(A2:A6, 30)，区域 A2:A6 和数值 30 之中的最大值。

A	B	C	D	E	F
	总通话数	总交互数	满意评价数量	投诉数量	主动转人工数量
A分公司	24 253	104 288	15 037	122	11 399
B分公司	15 246	94 525	8 233	96	5 946
C分公司	26 984	148 412	17 538	131	11 333
D分公司	30 265	139 219	17 856	153	15 132
E分公司	18 946	81 468	11 557	98	7 768
F分公司	24 565	149 846	16 953	103	8 843
最大值	=MAX(B1:B7)				

图 5-13　MAX 函数使用-1

A	B	C	D	E	F
	总通话数	总交互数	满意评价数量	投诉数量	主动转人工数量
A分公司	24 253	104 288	15 037	122	11 399
B分公司	15 246	94 525	8 233	96	5 946
C分公司	26 984	148 412	17 538	131	11 333
D分公司	30 265	139 219	17 856	153	15 132
E分公司	18 946	81 468	11 557	98	7 768
F分公司	24 565	149 846	16 953	103	8 843
最大值	30 265	149 846	17 856	153	15 132

图 5-14　MAX 函数使用-2

3）AVERAGE 函数

（1）函数说明：

AVERAGE 函数的主要作用是返回其参数的算术平均值；参数可以是数值或包含数值的名称、数组或引用。

（2）函数语法：

AVERAGE(number1,[number2],⋯)

（3）参数：

number1 必需。要计算平均值的第一个数字、单元格引用或单元格区域。

[number2],⋯可选。要计算平均值的其他数字、单元格引用或单元格区域，最多可包含 255 个。

（4）备注：

①参数可以是数字或者是包含数字的名称、单元格区域或单元格引用。

②不计算直接键入参数列表中的数字的逻辑值和文本表示形式。

③如果区域或单元格引用参数包含文本、逻辑值或空单元格，则这些值将被忽略；但包含零值的单元格将被计算在内。

④如果参数为错误值或为不能转换为数字的文本，将会导致错误。

⑤若要在计算中包含引用中的逻辑值和代表数字的文本，则使用 AVERAGEA 函数。

⑥若要只对符合某些条件的值计算平均值，则使用 AVERAGEIF 函数或 AVERAGEIFS 函数。

（5）示例：

针对前面某公司智能客服机器人的运营数据（图 5-15），我们同样可以使用 AVERAGE 函数计算各分公司相关指标的平均值，如图 5-16 所示（单元格式为保留两位小数）。

A	B	C	D	E	F
	总通话数	总交互数	满意评价数量	投诉数量	主动转人工数量
A分公司	24 253	104 288	15 037	122	11 399
B分公司	15 246	94 525	8 233	96	5 946
C分公司	26 984	148 412	17 538	131	11 333
D分公司	30 265	139 219	17 856	153	15 132
E分公司	18 946	81 468	11 557	98	7 768
F分公司	24 565	149 846	16 953	103	8 843
平均值	=AVERAGE(B1:B7				

图 5-15　AVERAGE 函数使用-1

（6）公式与步骤：

=AVERAGE(A2:A6)，单元格区域 A2:A6 中数字的平均值。

=AVERAGE(A2:A6, 5)，单元格区域 A2:A6 中数字与数字 5 的平均值。

=AVERAGE(A2:C2)，单元格区域 A2:C2 中数字的平均值。

4）COUNT 函数

（1）函数说明：

COUNT 函数的主要作用是计算区域中包含数字的单元格的个数。

A	B	C	D	E	F
	总通话数	总交互数	满意评价数量	投诉数量	主动转人工数量
A分公司	24 253	104 288	15 037	122	11 399
B分公司	15 246	94 525	8 233	96	5 946
C分公司	26 984	148 412	17 538	131	11 333
D分公司	30 265	139 219	17 856	153	15 132
E分公司	18 946	81 468	11 557	98	7 768
F分公司	24 565	149 846	16 953	103	8 843
平均值	23 376.50	119 626.33	14 529.00	117.17	10 070.17

图 5-16　AVERAGE 函数使用-2

（2）函数语法：

COUNT(value1,[value2],…)

（3）参数：

value1 必需。要计算其中数字的个数的第一项、单元格引用或区域。

[value2]，…可选。要计算其中数字的个数的其他项、单元格引用或区域，最多可包含 255 个。

注意：这些参数可以包含或引用各种类型的数据，但只有数字类型的数据才被计算在内。

（4）备注：

①如果参数为数字、日期或者代表数字的文本（例如，用引号引起的数字，如"1"），则将被计算在内。

②逻辑值和直接键入参数列表中代表数字的文本被计算在内。

③如果参数为错误值或不能转换为数字的文本，则不会被计算在内。

④如果参数是一个数组或引用，则只计算其中的数字。数组或引用中的空白单元格、逻辑值、文本或错误值将不计算在内。

⑤若要计算逻辑值、文本值或错误值的个数，则使用 COUNTA 函数。

⑥若要只计算符合某一条件的数字的个数，则使用 COUNTIF 函数或 COUNTIFS 函数。

（5）示例：

如果上述公司各分公司的智能客服机器人运营数据存在缺损（图 5-17），我们可以利用 COUNT 函数获取其中数字的数据量，如图 5-18 所示。

A	B	C	D	E	F
	总通话数	总交互数	满意评价数量	投诉数量	主动转人工数量
A分公司	24 253	104 288	暂缺	122	11 399
B分公司	15 246	暂缺	8 233	96	5 946
C分公司	暂缺	148 412	17 538	131	11 333
D分公司	30 265	暂缺	17 856	153	15 132
E分公司	18 946	81 468	11 557	98	暂缺
F分公司	24 565	149 846	16 953	103	8 843
数据量	=COUNT(B1:B7)				

图 5-17　COUNT 函数使用-1

A	B	C	D	E	F
	总通话数	总交互数	满意评价数量	投诉数量	主动转人工数量
A分公司	24 253	104 288	暂缺	122	11 399
B分公司	15 246	暂缺	8 233	96	5 946
C分公司	暂缺	148 412	17 538	131	11 333
D分公司	30 265	暂缺	17 856	153	15 132
E分公司	18 946	81 468	11 557	98	暂缺
F分公司	24 565	149 846	16 953	103	8 843
数据量	5	4	5	6	5

图 5-18　COUNT 函数使用-2

（6）公式与步骤：

=COUNT(A2:A7)，计算单元格区域 A2:A7 中包含数字的单元格的个数。

=COUNT(A2:A7,2)，计算单元格区域 A2:A7 中包含数字和值 2 的单元格的个数。

5）COUNTIF 函数

（1）函数说明：

COUNTIF 函数的主要作用是统计满足某个条件的单元格的数量。

（2）函数语法：

COUNTIF（range,criteria）

（3）参数：

range 必需。在其中计算关联条件的唯一区域。

criteria 必需。条件的形式为数字、表达式、单元格引用或文本。

（4）示例：

如图 5-19 所示，如果想计算在 6 个分公司中有几个分公司的总通话数超过 20 000，则使用 COUNTIF 函数，选中该列数据，然后将加了引号的数据条件写在后面，则可以自动计算出数值。如图 5-20 所示。

A	B	C	D	E	F
	总通话数	总交互数	满意评价数量	投诉数量	主动转人工数量
A分公司	24 253	104 288	15 037	122	11 399
B分公司	15 246	94 525	8 233	96	5 946
C分公司	26 984	148 412	17 538	131	11 333
D分公司	30 265	139 219	17 856	153	15 132
E分公司	18 946	81 468	11 557	98	7 768
F分公司	24 565	149 846	16 953	103	8 843
总通话数大于20000的分公司数	=COUNTIF(B1:B7,">20000")				

图 5-19　COUNTIF 函数使用-1

A	B	C	D	E	F
	总通话数	总交互数	满意评价数量	投诉数量	主动转人工数量
A分公司	24 253	104 288	15 037	122	11 399
B分公司	15 246	94 525	8 233	96	5 946
C分公司	26 984	148 412	17 538	131	11 333
D分公司	30 265	139 219	17 856	153	15 132
E分公司	18 946	81 468	11 557	98	7 768
F分公司	24 565	149 846	16 953	103	8 843
总通话数大于20000的分公司数	4				

图 5-20　COUNTIF 函数使用-2

（5）公式与步骤：

=COUNTIF(A2:A10,">90")，计算单元格区域 A2:A10 中大于 90 的数字的个数。

=COUNTIF(A2:A10,"A")，计算单元格区域 A2:A10 中值为 A 的单元格的个数。

6）COUNTIFS 函数

（1）函数说明：

COUNTIFS 函数的主要作用是将条件应用于跨多个区域的单元格，然后统计满足所有条件的单元格的数量。

（2）函数语法：

COUNTIFS(criteria_range1,criteria1,[criteria_range2,criteria2],…)

（3）参数：

criteria_range1 必需。在其中计算关联条件的第一个区域。

criteria1 必需。条件的形式为数字、表达式、单元格引用或文本，它定义了要计数的单元格范围。例如，条件可以表示为 32、“>32”、B4、“apples”或“32”。

[criteria_range2,criteria2]，…可选。附加的区域及其关联条件。最多允许 127 个区域/条件对。

注意：每一个附加的区域都必须与参数 criteria_range1 具有相同的行数和列数。这些区域无须彼此相邻。

（4）备注：

①每个区域的条件一次应用于一个单元格。如果所有的第一个单元格都满足其关联条件，则计数增加 1。如果所有的第二个单元格都满足其关联条件，则计数再增加 1，依次类推，直到计算完所有单元格。

②如果条件参数是对空单元格的引用，COUNTIFS 会将该单元格的值视为 0。

③可以在条件中使用通配符，即问号（？）和星号（*）。问号匹配任意单个字符，星号匹配任意字符串。如果要查找实际的问号或星号，在字符前键入波形符（~）。

（5）示例：

如图 5-21 所示，如果想计算在 6 个分公司中有多少个分公司的总通话数超过 20 000，且投诉数不高于 130，则使用 COUNTIFS 函数，选中第一个条件对应的数据列，写出第一个条件，然后选中第二个条件对应的数据列，写出第二个条件（如果需要更多条件限制，以此类推），则可以自动计算出数值。如图 5-22 所示。

（6）公式与步骤：

=COUNTIFS(A2:A10,">90",B2:B10,">60")，计算在单元格区域 A2 到 A10 中大于 90 且在区域 B2:B10 中大于 60 的数字的个数。

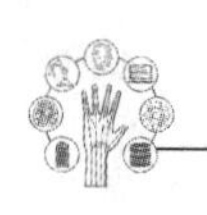

A	B	C	D	E	F
	总通话数	总交互数	满意评价数量	投诉数量	主动转人工数量
A分公司	24 253	104 288	15 037	122	11 399
B分公司	15 246	94 525	8 233	96	5 946
C分公司	26 984	148 412	17 538	131	11 333
D分公司	30 265	139 219	17 856	153	15 132
E分公司	18 946	81 468	11 557	98	7 768
F分公司	24 565	149 846	16 953	103	8 843
总通话数大于20000，且投诉数少于130的分公司数	=COUNTIFS(B1:B7,">20000",E1:E7,"<130")				

图 5-21　COUNTIFS 函数使用-1

A	B	C	D	E	F
	总通话数	总交互数	满意评价数量	投诉数量	主动转人工数量
A分公司	24 253	104 288	15 037	122	11 399
B分公司	15 246	94 525	8 233	96	5 946
C分公司	26 984	148 412	17 538	131	11 333
D分公司	30 265	139 219	17 856	153	15 132
E分公司	18 946	81 468	11 557	98	7 768
F分公司	24 565	149 846	16 953	103	8 843
总通话数大于20000，且投诉数少于130的分公司数	2				

图 5-22　COUNTIFS 函数使用-2

7）SUM 函数

（1）函数说明：

SUM 函数的主要作用是计算单元格区域中所有数值的和。

（2）函数语法：

SUM(number1,[number2],…)

（3）参数：

number1 必需。要相加的第一个数字或范围。

[number2],…可选。要相加的其他数字或单元格区域。

（4）示例：

如图 5-23 所示，使用 SUM 函数，选中单元格区域，即可计算其中所有数值的总和，如图 5-24 所示。

A	B	C	D	E	F
	总通话数	总交互数	满意评价数量	投诉数量	主动转人工数量
A分公司	24 253	104 288	15 037	122	11 399
B分公司	15 246	94 525	8 233	96	5 946
C分公司	26 984	148 412	17 538	131	11 333
D分公司	30 265	139 219	17 856	153	15 132
E分公司	18 946	81 468	11 557	98	7 768
F分公司	24 565	149 846	16 953	103	8 843
合计	=SUM(B1:B7)				

图 5-23 SUM 函数使用-1

A	B	C	D	E	F
	总通话数	总交互数	满意评价数量	投诉数量	主动转人工数量
A分公司	24 253	104 288	15 037	122	11 399
B分公司	15 246	94 525	8 233	96	5 946
C分公司	26 984	148 412	17 538	131	11 333
D分公司	30 265	139 219	17 856	153	15 132
E分公司	18 946	81 468	11 557	98	7 768
F分公司	24 565	149 846	16 953	103	8 843
合计	140 259	717 758	87 174	703	60 421

图 5-24 SUM 函数使用-2

（5）公式与步骤：

=SUM(A2:A6)，区域 A2:A6 中数值的和。

8）SUMIF 函数

（1）函数说明：

SUMIF 函数的主要作用是对满足条件的单元格求和（单条件求和）。

（2）函数语法：

SUMIF(range,criteria,[sum_range])

（3）参数：

range 必需。根据条件进行计算的单元格的区域。每个区域中的单元格必须是数字或名称、数组或包含数字的引用。

criteria 必需。用于确定对哪些单元格求和的条件，其形式可以为数字、表达式、单元格引用、文本或函数。

[sum_range]可选。要求和的单元格区域。

（4）示例：

如图 5-25 所示，使用 SUMIF 函数，先选中条件单元格区域，设置其需要符合的条件，然后选中最终求和的单元格区域，即可计算其中所有总通话数超过 20 000 的分公司的总交互数的和，如图 5-26 所示。

A	B	C	D	E	F
	总通话数	总交互数	满意评价数量	投诉数量	主动转人工数量
A分公司	24 253	104 288	15 037	122	11 399
B分公司	15 246	94 525	8 233	96	5 946
C分公司	26 984	148 412	17 538	131	11 333
D分公司	30 265	139 219	17 856	153	15 132
E分公司	18 946	81 468	11 557	98	7 768
F分公司	24 565	149 846	16 953	103	8 843
总通话数大于20000的分公司总交互数量之和		=SUMIF(B1:B7,">20000",C1:C7)			

图 5-25　SUMIF 函数使用-1

A	B	C	D	E	F
	总通话数	总交互数	满意评价数量	投诉数量	主动转人工数量
A分公司	24 253	104 288	15 037	122	11 399
B分公司	15 246	94 525	8 233	96	5 946
C分公司	26 984	148 412	17 538	131	11 333
D分公司	30 265	139 219	17 856	153	15 132
E分公司	18 946	81 468	11 557	98	7 768
F分公司	24 565	149 846	16 953	103	8 843
总通话数大于20000的分公司总交互数量之和		541 765			

图 5-26　SUMIF 函数使用-2

（5）公式与步骤：

=SUMIF(A2:A10,">90",B2:B10)，计算在单元格区域 B2:B10 中，其在 A2:A10 中数值大于 90 的单元格的和。

9）SUMIFS 函数

（1）函数说明：

SUMIFS 函数的主要作用是对一组给定条件指定的单元格求和（多条件求和）。

（2）函数语法：

SUMIFS(sum_range,criteria_range1,criteria1,[criteria_range2],[criteria2],…)

（3）参数：

sum_range 可选。要求和的单元格区域。

criteria_range1 必需。用于确定对哪些单元格求和的条件 1。

[criteria_range2], [criteria2]，…可选。附加的区域及其关联条件。

（4）示例：

如图 5-27 所示，如果想计算 6 个分公司中总通话数超过 20 000 且投诉数不高于 130 的分公司的总交互数，则使用 SUMIFS 函数，先选中最后要计算的单元格区域，选中第一个条件对应的数据列，写出第一个条件，然后选中第二个条件对应的数据列，写出第二个条件（如果需要更多条件限制，以此类推），则可以自动计算出数值，如图 5-28 所示。

A	B	C	D	E	F
	总通话数	总交互数	满意评价数量	投诉数量	主动转人工数量
A分公司	24 253	104 288	15 037	122	11 399
B分公司	15 246	94 525	8 233	96	5 946
C分公司	26 984	148 412	17 538	131	11 333
D分公司	30 265	139 219	17 856	153	15 132
E分公司	18 946	81 468	11 557	98	7 768
F分公司	24 565	149 846	16 953	103	8 843
总通话数大于20000，且投诉数少于130的分公司的总交互数量之和		=SUMIFS(C1:C7,B1:B7,">20000",E1:E7,"<130")			

图 5-27　SUMIFS 函数使用-1

（5）公式与步骤：

=SUMIFS(C2:C10,A2:A10,">90",B2:B10,">60")，计算在单元格区域 A2:A10 中大于 90 且在区域 B2:B10 中大于 60 的单元格在区域 C2:C10 中的对应数值的和。

A	B	C	D	E	F
	总通话数	总交互数	满意评价数量	投诉数量	主动转人工数量
A分公司	24 253	104 288	15 037	122	11 399
B分公司	15 246	94 525	8 233	96	5 946
C分公司	26 984	148 412	17 538	131	11 333
D分公司	30 265	139 219	17 856	153	15 132
E分公司	18 946	81 468	11 557	98	7 768
F分公司	24 565	149 846	16 953	103	8 843
总通话数大于20000，且投诉数少于130的分公司的总交互数量之和		254 134			

图 5-28　SUMIFS 函数使用-2

10）SUMPRODUCT 函数

（1）函数说明：

SUMPRODUCT 函数的主要作用是返回相应范围或数组的个数之和。其默认操作是乘法，但也可以执行加减除运算。

（2）函数语法：

SUMPRODUCT(array1,[array2],[array3],⋯)

（3）参数

array1 必需。其相应元素需要进行相乘并求和的第一个数组参数。

[array2],[array3],⋯可选 2～255 个数组参数，其相应元素需要进行相乘并求和。

（4）执行其他算术运算

像往常一样使用 SUMPRODUCT，但请将分隔数组参数的逗号替换为所需的算术运算符（*、/、+、–）。执行所有操作后，结果将像往常一样进行求和。

注意：如果使用算术运算符，请考虑将数组参数括在括号中，并使用括号对数组参数进行分组以控制算术运算的顺序。

（5）示例：

如果已知所有分公司的总通话数和每个分公司的满意度比例（图 5-29），可以用 SUMPRODUCT 函数将每个分公司各自的总通话数与其对应的满意度比例依次相乘并求和，可得到 6 个分公司收到的满意评价的总数，如图 5-30 所示。（如图可加与 SUM 函数计算的结果一致）

A	B	C	D	E	F	G
	总通话数	总交互数	满意评价数量	满意度比例	投诉数量	主动转人工数量
A分公司	24 253	104 288	15 037	62%	122	11 399
B分公司	15 246	94 525	8 233	54%	96	5 946
C分公司	26 984	148 412	17 538	65%	131	11 333
D分公司	30 265	139 219	17 856	59%	153	15 132
E分公司	18 946	81 468	11 557	61%	98	7 768
F分公司	24 565	149 846	16 953	69%	103	8 843
满意评价总数				=SUMPRODUCT(B2:B7,E2:E7)		

图 5-29　SUMPRODUCT 函数使用-1

A	B	C	D	E	F	G
	总通话数	总交互数	满意评价数量	满意度比例	投诉数量	主动转人工数量
A分公司	24 253	104 288	15 037	62%	122	11 399
B分公司	15 246	94 525	8 233	54%	96	5 946
C分公司	26 984	148 412	17 538	65%	131	11 333
D分公司	30 265	139 219	17 856	59%	153	15 132
E分公司	18 946	81 468	11 557	61%	98	7 768
F分公司	24 565	149 846	16 953	69%	103	8 843
满意评价总数			87 174	87 174		

图 5-30　SUMPRODUCT 函数使用-2

（6）公式与步骤：

=SUMPRODUCT(A2:A10,B2:B10,C2:C10)，计算单元格区域 A2：A10、B2：B10、C2:C10 中所有数值依次相乘后结果的和。

11）STDEV 函数

（1）函数说明：

STDEV 函数的主要作用是根据样本估算标准偏差（忽略样本中的逻辑值及文本）。

（2）函数语法：

STDEV(number1,[number2],⋯)

（3）参数：

number1 必需。对应于总体样本的第一个数值参数。

[number2],…可选。对应于总体样本的 2～255 个数值参数。也可以用单一数组或对某个数组的引用来代替用逗号分隔的参数。

（4）备注：

①STDEV 假定其参数是总体样本。如果数据代表整个总体，则使用 STDEVP 计算标准偏差。

②此处标准偏差的计算使用“n–1”方法。

③参数可以是数字或者是包含数字的名称、数组或引用。

④逻辑值和直接键入参数列表中代表数字的文本被计算在内。

⑤如果参数是一个数组或引用，则只计算其中的数字。数组或引用中的空白单元格、逻辑值、文本或错误值将被忽略。

⑥如果参数为错误值或为不能转换为数字的文本，将会导致错误。

⑦如果要使计算包含引用中的逻辑值和代表数字的文本，则使用 STDEVA 函数。

⑧STDEV 使用下面的公式：

$$\sqrt{\frac{\sum (x-\overline{x})^2}{(n-1)}}$$

其中，x 是样本平均值 AVERAGE（number1,number2,…）；n 是样本大小。

（5）示例：

简单来说，标准偏差代表了数据之间的离散程度，即数据变化的稳定性，如图 5-31 所示，使用 STDEV 函数，可以直接选中需要计算的单元格区域，直接得出这一组数据的标准偏差值，如图 5-32 所示。

A	B	C	D	E	F
	总通话数	总交互数	满意评价数量	投诉数量	主动转人工数量
A分公司	24 253	104 288	15 037	122	11 399
B分公司	15 246	94 525	8 233	96	5 946
C分公司	26 984	148 412	17 538	131	11 333
D分公司	30 265	139 219	17 856	153	15 132
E分公司	18 946	81 468	11 557	98	7 768
F分公司	24 565	149 846	16 953	103	8 843
各分公司数据的标准偏差	=STDEV(B1:B7)				

图 5-31　STDEV 函数使用-1

A	B	C	D	E	F
	总通话数	总交互数	满意评价数量	投诉数量	主动转人工数量
A分公司	24 253	104 288	15 037	122	11 399
B分公司	15 246	94 525	8 233	96	5 946
C分公司	26 984	148 412	17 538	131	11 333
D分公司	30 265	139 219	17 856	153	15 132
E分公司	18 946	81 468	11 557	98	7 768
F分公司	24 565	149 846	16 953	103	8 843
各分公司数据的标准偏差	5 448	29 823	3 866	22	3 250

图 5-32　STDEV 函数使用-2

（6）公式与步骤：

=STDEV(A2:A6)，区域 A2:A6 中数值的标准偏差。

12）SUBTOTAL 函数：

（1）函数说明：

SUBTOTAL 函数的主要作用是将平均值、计数、最大值、最小值、相乘、标准差、方差等参数化，是一个汇总型函数。

（2）函数语法：

SUBTOTAL(function_num,ref1,ref2, ...)

（3）参数：

function_num，为 1～11 或 101～111 的数字，使用数字指定使用何种函数在列表中进行分类汇总计算。具体取值与对应函数见表 5-4。

表 5-4　function_num 取值与函数的对应关系

值	相当于函数	值	相当于函数
1	AVERAGE 平均值	101	AVERAGE
2	COUNT 非空值单元格计数	102	COUNT
3	COUNTA 非空值单元格计数（包括字母）	103	COUNTA
4	MAX 最大值	104	MAX
5	MIN 最小值	105	MIN
6	PRODUCT 乘积	106	PRODUCT
7	STDEV 标准偏差值（忽略逻辑值和文本）	107	STDEV
8	STDEVP 标准偏差值	108	STDEVP
9	SUM 求和	109	SUM
10	VAR 给定样本的方差（忽略逻辑值和文本）	110	VAR
11	VARP	111	VARP

ref1,ref2,…，要对其进行分类汇总计算的第 1～29 个命名区域或引用。必须是对单元格区域的引用。

（4）示例：

例如我们需要用 SUBTOTAL 函数计算 6 个分公司投诉数量的平均值（图 5-33），则可以将 function_num 定义为 1，选择对应的数据单元格，即可实现与 AVERAGE 函数相同的功能，如图 5-34 所示。

A	B	C	D	E	F
	总通话数	总交互数	满意评价数量	投诉数量	主动转人工数量
A分公司	24 253	104 288	15 037	122	11 399
B分公司	15 246	94 525	8 233	96	5 946
C分公司	26 984	148 412	17 538	131	11 333
D分公司	30 265	139 219	17 856	153	15 132
E分公司	18 946	81 468	11 557	98	7 768
F分公司	24 565	149 846	16 953	103	8 843
平均值				=SUBTOTAL(1,E1:E7)	

图 5-33　SUBTOTAL 函数使用-1

A	B	C	D	E	F
	总通话数	总交互数	满意评价数量	投诉数量	主动转人工数量
A分公司	24 253	104 288	15 037	122	11 399
B分公司	15 246	94 525	8 233	96	5 946
C分公司	26 984	148 412	17 538	131	11 333
D分公司	30 265	139 219	17 856	153	15 132
E分公司	18 946	81 468	11 557	98	7 768
F分公司	24 565	149 846	16 953	103	8 843
平均值	23 377	119 626	14 529	117	10 070

图 5-34　SUBTOTAL 函数使用-2

（5）公式与步骤：

=SUBTOTAL(function_num,A2:A6)，使用 function_num 在表 5-4 中对应的函数计算单元格区域 A2:A6 中数值的值。

13）INT 函数

（1）函数说明：

INT 函数的主要作用是将数字向下舍入到最接近的整数。

（2）函数语法：

INT(number)

（3）参数：

number 必需。需要进行向下舍入取整的实数。

（4）示例：

如果将总交互数除以总通话数的值定义为每通电话的平均交互轮数（图 5-35），则计算出来的结果都会是小数，假设按照向下舍入取整的方式处理，则可使用 INT 函数，将其保留为整数，如图 5-36 所示。

A	B	C	D	E	F
	总通话数	总交互数	平均交互轮数	取整后	满意评价数量
A分公司	24 253	104 288	4.3	=INT(D2)	15 037
B分公司	15 246	94 525	6.2		8 233
C分公司	26 984	148 412	5.5		17 538
D分公司	30 265	139 219	4.6		17 856
E分公司	18 946	81 468	4.3		11 557
F分公司	24 565	149 846	6.1		16 953

图 5-35　INT 函数使用-1

A	B	C	D	E	F
	总通话数	总交互数	平均交互轮数	取整后	满意评价数量
A分公司	24 253	104 288	4.3	4	15 037
B分公司	15 246	94 525	6.2	6	8 233
C分公司	26 984	148 412	5.5	5	17 538
D分公司	30 265	139 219	4.6	4	17 856
E分公司	18 946	81 468	4.3	4	11 557
F分公司	24 565	149 846	6.1	6	16 953

图 5-36　INT 函数使用-2

（5）公式与步骤：

=INT(8.9)，将 8.9 向下舍入到最接近的整数。

=INT(–8.9)，将–8.9 向下舍入到最接近的整数。向下舍入负数会朝着远离 0 的方向将数字舍入。

=A2-INT(A2)，返回单元格 A2 中正实数的小数部分。

14）ROUND 函数

（1）函数说明：

ROUND 函数的主要作用是将数字四舍五入到指定的位数。

（2）函数语法：

ROUND(number, num_digits)

（3）参数：

number 必需。要四舍五入的数字。

num_digits 必需。要进行四舍五入运算的位数。

（4）备注：

①如果 num_digits 大于 0，则将数字四舍五入到指定的小数位数。

②如果 num_digits 等于 0，则将数字四舍五入到最接近的整数。

③如果 num_digits 小于 0，则将数字四舍五入到小数点左边的相应位数。

④若要始终进行向上舍入（远离 0），请使用 ROUNDUP 函数。

⑤若要始终进行向下舍入（朝向 0），请使用 ROUNDDOWN 函数。

⑥若要将某个数字四舍五入为指定的倍数(例如,四舍五入为最接近的 0.5 倍)，请使用 MROUND 函数。

（5）示例：

对于上一例（图 5-35、图 5-36）中的情况，假设我们按照四舍五入取整的方式处理，就可以使用 ROUND 函数，如图 5-37、图 5-38 所示。

A	B	C	D	E	F
	总通话数	总交互数	平均交互轮数	取整后	满意评价数量
A分公司	24 253	104 288	4.3	=ROUND(D2,0)	15 037
B分公司	15 246	94 525	6.2		8 233
C分公司	26 984	148 412	5.5		17 538
D分公司	30 265	139 219	4.6		17 856
E分公司	18 946	81 468	4.3		11 557
F分公司	24 565	149 846	6.1		16 953

图 5-37　ROUND 函数使用-1

A	B	C	D	E	F
	总通话数	总交互数	平均交互轮数	取整后	满意评价数量
A分公司	24 253	104 288	4.3	4	15 037
B分公司	15 246	94 525	6.2	6	8 233
C分公司	26 984	148 412	5.5	6	17 538
D分公司	30 265	139 219	4.6	5	17 856
E分公司	18 946	81 468	4.3	4	11 557
F分公司	24 565	149 846	6.1	6	16 953

图 5-38　ROUND 函数使用-2

（6）公式与步骤（表 5-5）:

表 5-5　公式与步骤

公式	说明	结果
=ROUND(2.15, 1)	将 2.15 四舍五入到一个小数位	2.2
=ROUND(2.149, 1)	将 2.149 四舍五入到一个小数位	2.1
=ROUND(–1.475, 2)	将–1.475 四舍五入到两个小数位	–1.48
=ROUND(21.5, –1)	将 21.5 四舍五入到小数点左侧一位	20
=ROUND(626.3,–3)	将 626.3 四舍五入为最接近的 1 000 的倍数	1 000
=ROUND(1.98,–1)	将 1.98 四舍五入为最接近的 10 的倍数	0
=ROUND(–50.55,–2)	将–50.55 四舍五入为最接近的 100 的倍数	–100

5.2　数据分析

数据分析是什么？数据分析是指用适当的统计分析方法对收集来的大量数据进行分析，将它们加以汇总、理解并消化，以求最大化地开发数据的功能，发挥数据的作用。数据分析是为了提取有用信息和形成结论而对数据加以详细研究和概括总结的过程。这里的数据也称观测值，是实验、测量、观察、调查等的结果。

数据分析的目的是把隐藏在一大批看似杂乱无章的数据中的信息集中和提炼出来，找到所研究对象的内在规律。通过数据分析，人工智能训练师可以更好地作出判断，以便进行更好的训练优化。

5.2.1 数据分析基础

1. 数据分析的步骤

完整的数据分析主要包括六个步骤，依次是明确需求、数据收集、数据处理、数据分析、数据展现、报告撰写。

1）明确需求

明确需求即明确数据分析的目的，只有明确目的，后续的数据分析工作才不会偏离方向。通俗来说，数据分析的目的就是你想通过数据获取什么东西来论证什么，通过此次数据分析计划解决什么问题。

分析目的明确后，我们需要进一步梳理分析思路，制订分析计划，后续以计划为指导进行数据分析工作。

2）数据收集

数据收集是按照确定的数据分析思路和计划，有目的地收集、整合相关数据的一个过程。

3）数据处理

数据处理是对收集到的数据进行加工、整理，形成适合数据分析样式的过程。进行数据处理，是为了保证数据的一致性和有效性，它是数据分析前必不可少的阶段。

数据处理主要包括数据清洗、数据转化、数据抽取、数据合并、数据计算等处理方法。一般的数据都需要进行一定的处理才能用于后续的数据分析工作，即使再“干净”的原始数据也需要先进行一定的处理才能使用。

4）数据分析

数据分析进行的是“抽丝剥茧”的工作，它从分析目的出发，按照分析思路，运用适当的分析方法或分析模型，使用分析工具，对处理过的数据进行分析，提取出有价值的信息。

5）数据展现

在完成数据分析之后，需要通过表格或图形的方式呈现数据，以便让阅读者更直观地了解训练师想传达的信息和观点。

俗话说，“文不如表，表不如图”，所以展示数据一般用图表进行，常用的图表有表格、柱状图、折线图、条形图、散点图、饼图。

6）报告撰写

数据分析报告是对整个数据分析过程的总结与呈现。通过报告，把数据分析的起因、过程、结果及建议完整地呈现出来，供决策者参考。

2. 数据分析方法

学习数据分析，需要掌握不同的分析方法，以应对不同的分析目的。掌握了数据分析方法，才能把零散的想法整理成有条理的思路。

1）逻辑树分析法

在常用的分析方法中，逻辑树分析法是最基础、最常用的分析方法。逻辑树是将问题的所有子问题分层罗列，从最高层开始，并逐步向下扩展，如图 5-39 所示。逻辑树分析法的目的是把复杂问题简单化。

图 5-39 逻辑树

把一个已知问题当成树干，然后开始考虑这个问题和哪些相关问题有关。每想到一点，就给这个问题所在的树干加一个“树枝”，并标明这个“树枝”代表什么问题。一个大的“树枝”上还可以有小的“树枝”，如此类推，找出问题的所有相关联项目。逻辑树主要是帮助你厘清自己的思路，不进行重复和无关的思考。

以人工智能训练师的工作为例，有时我们可能会收到来自用户的反馈，表示“机器人的交互体验不好”。猛然一想可能会觉得这个问题有些主观且复杂，让人无从下手，弄不清后续优化的具体方向，但是当我们仔细思考一下，其实可以尝试把这个问题拆分为“业务流程设计”“机器人话术设计”“AI 引擎能力”等方面，针对每个单独的方面分析是否存在问题，如“业务流程设计”，是否存在某些业务知识缺失？是否有流程节点设置不合理？是否存在业务逻辑混乱的问题？这样把一个宽泛庞大的问题拆分为细致的一个个子问题，看起来就容易分析了很多。

2）对比分析法

对比分析法也称比较分析法，是把两个或两个以上的数据进行比较，分析它们的差异，从而揭示这些数据所代表的事物发展变化情况和规律的方法。

对比分析在于看出基于相同数据标准下，由其他影响因素所导致的数据差异。对比分析的目的就在于找出差异后进一步挖掘差异背后的原因，从而找到优化的方法。

我们一般可以从两个角度进行对比分析，一个是横向对比，即同一时间条件下对不同总体指标的比较，如不同部门、不同地区、不同国家的比较；另一个是纵向对比，即同一总体条件下对不同时期指标数值的比较。比如想要对某大型银行人工智能客服项目的用户主动转人工率情况进行分析，如果从横向来

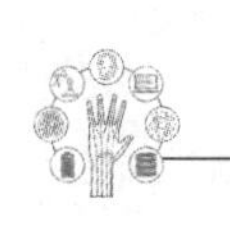

看，可以比较当期不同业务线的情况，如个人业务、公司业务、贷款业务、理财业务等，从中得出各条主要业务线的用户对于人工智能客服的接受程度；而从纵向来看，则可以比较全行所有用户在本月和去年同时期的主动转人工率变化，反馈出用户对于人工智能客服接受程度随时间的变化趋势。

3）分组分析法

分组分析法是根据数据分析对象的特征，按照一定的标志（指标），把数据分析对象划分为不同的部分和类型进行研究的方法，通过分组分析法可揭示不同部分的内在联系和规律。

分组的目的是便于对比，把总体中具有不同性质的对象区分开，把性质相同的对象合并在一起，保持各组内对象属性的一致性、组与组之间属性的差异性，以便进一步运用各种数据分析方法来揭示内在的数量关系，因此分组分析法必须与对比分析法结合运用。

例如针对数据分析的对比分析法中提到的例子，在对该银行人工智能客服项目的用户主动转人工率情况进行横向对比分析或纵向对比分析时，如果进一步将用户按照年龄、性别、收入水平等分组，再进一步统计分析每个分组的数据，则可以得出这几类因素对于用户的人工智能客服接受度的影响及其变化趋势。

4）漏斗分析法

漏斗分析法就是用类似漏斗的框架对事物进行分析的方法，漏斗分析是一套流程分析，它能够科学反映用户行为状态及起点到终点各阶段的转化率情况，如图 5-40 所示。漏斗分析法适用于业务流程相对规范、周期较长、各流程环节涉及复杂业务过程较多的流程分析，能够直观地发现问题和说明问题所在。

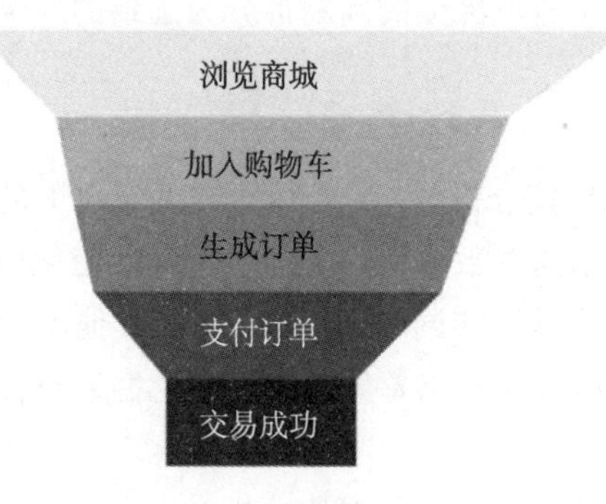

图 5-40　漏斗图

如图 5-41 所示，一位人工智能训练师在对智能外呼机器人进行产品营销转化率情况分析时，将客户在每个交互流程节点的主动挂断数量整理形成了漏斗图，从图中可以明显看到，大部分客户都在“开场白”节点就挂断了电话，但是对于愿意听完开场白之后接受产品介绍的客户，其主动挂断情况会大幅减少，由此可以作出初步推断，将目前智能外呼营销机器人的开场白话术设计得更加吸引人，让客户愿意倾听产品的详细介绍，是后续机器人优化的重点方向。而从图中还可以看出，在“其他相关产品介绍”这个节点主动挂断的客户与“购买方式介绍”节点相差不大，可以初步推断客户即使对此次介绍的产品感兴趣，愿意了解购买详情，但对于接下来介绍的相关产品却兴趣不大，由此又可以考虑是否需要同样加强对其他相关产品的亮点介绍。

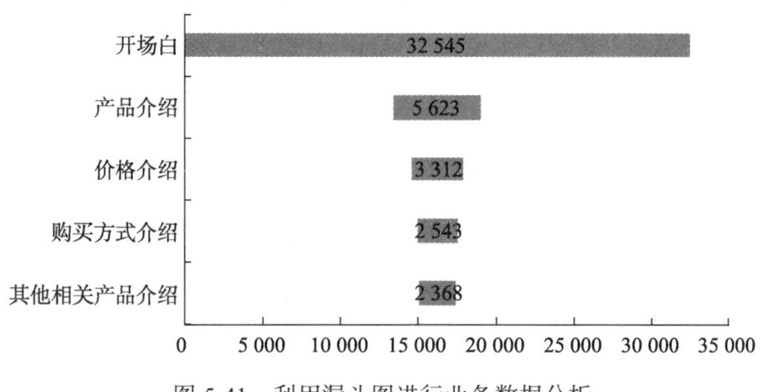

图 5-41　利用漏斗图进行业务数据分析

5）矩阵分析法

矩阵分析法是指以事物的两个重要属性（指标）作为分析的依据，进行分类关联分析，找出解决问题的一种分析方法，如图 5-42 所示。

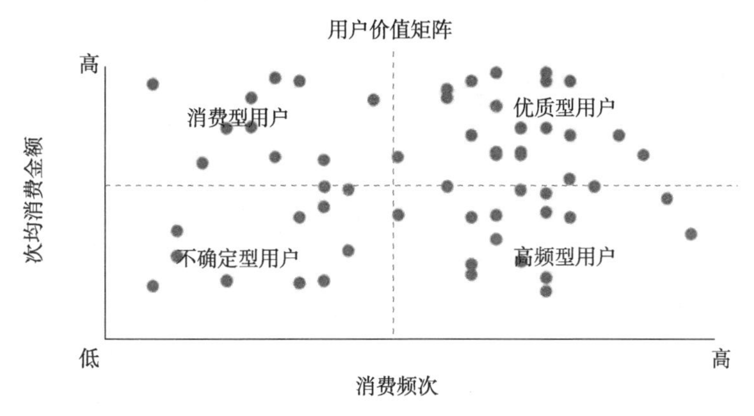

图 5-42　矩阵分析法

矩阵分析法在解决问题和资源分配时，可以为决策者提供重要参考依据。先解决主要矛盾，再解决次要矛盾，更有利于提高工作效率，并将资源分配到最能产生绩效的部门、工作中，最终有利于决策者进行资源优化配置。

同样，针对前文对某大型银行人工智能客服项目的用户主动转人工率情况的分析案例，也可以制作出如图 5-43 这样的简单分析矩阵，从两个角度综合分析用户对智能客服的接受度情况，得出下一步的产品优化方向。例如针对教育程度较低、年龄也较大的低接受度用户，可以尝试细化智能机器人业务知识库、口语化回复话术、减慢机器人语速等方法提升用户适应程度；针对教育程度较低、年龄也较小的中等接受度用户，可以尝试提升智能客服机器人话术的灵活性、时尚性，机器人声音的丰富性、独特性，机器人形象的活泼性、个性等来吸引其尝试并接受。

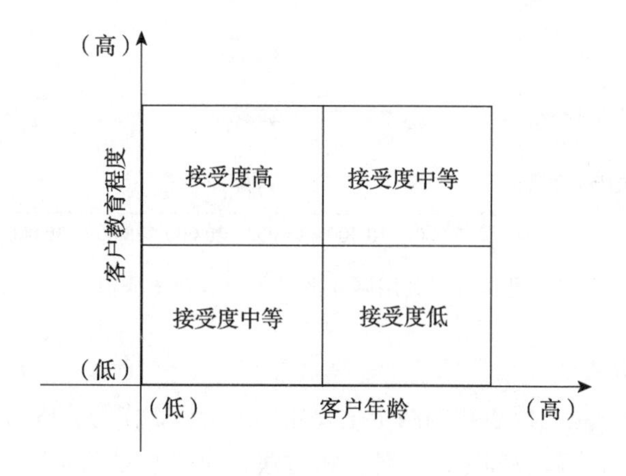

图 5-43　利用矩阵分析法进行业务分析

5.2.2　使用 Excel 进行数据分析

1. 数据透视表

数据透视表是一种交互性的表，可以用来进行计算，如求和、筛选、排序等，并且计算的结果和透视表中的排列有关。之所以称为数据透视表，是因为它可以动态地改变透视表的版面布局，可以非常方便地从不同角度分析数据。

依旧以 5.1.2 小节中提到的分公司智能客服机器人运营数据为例，首先选中需要生成数据透视表的单元格，然后单击【插入】-【数据透视表】，选择数据透视表的生成位置（图 5-44）。

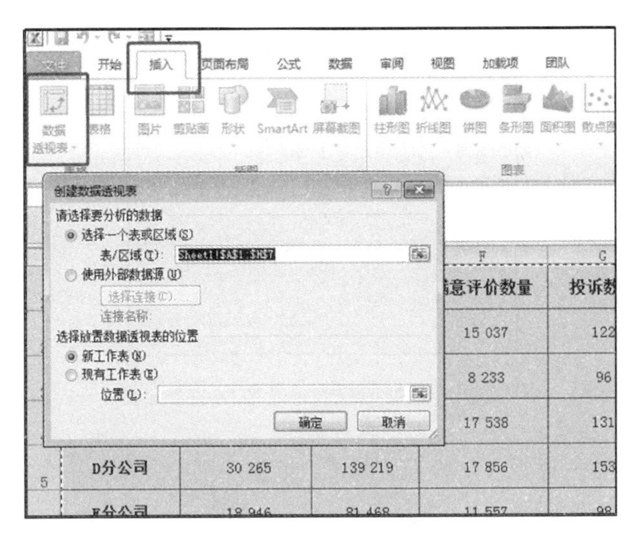

图 5-44　建立数据透视表

然后在数据透视表的字段列表页面可以自由选择【报表筛选】、【列标签】、【行标签】、【数值】四个字段显示的值，如图 5-45 所示，将“分公司”字段拖曳至【行标签】处，“总通话数”和“投诉数量”字段拖曳至【数值】处，即可在表中展示出各个分公司的数据及其总和。

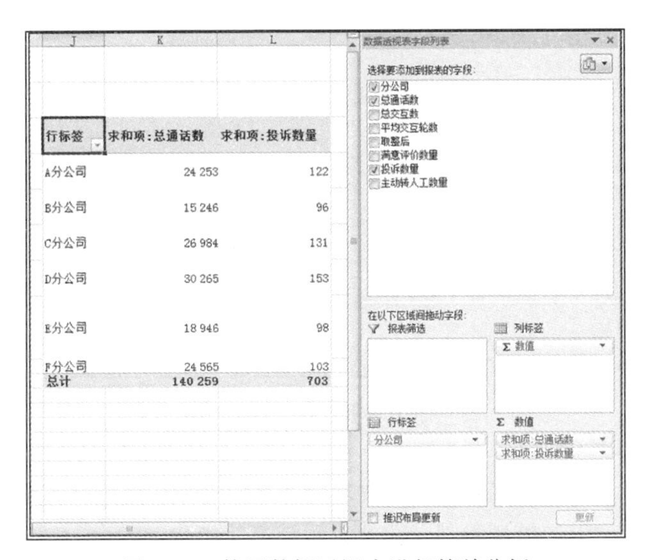

图 5-45　使用数据透视表进行简单分析

单击【行标签】的下拉箭头，还可以选择部分数据进行计算，即实现对于数据的动态查看，如图 5-46 所示。

行标签	求和项:总通话数	求和项:投诉数量
A分公司	24 253	122
B分公司	15 246	96
C分公司	26 984	131
D分公司	30 265	153
总计	96 748	502

图 5-46　数据透视表筛选数据动态分析

同时，在数据透视表字段列表的【数值】一栏中，单击一个字段右边的小三角，选择【值字段设置】，即可更改该项数据值字段的计算方式，如图 5-47 所示，可以将“总通话数”一列改为计算平均值。

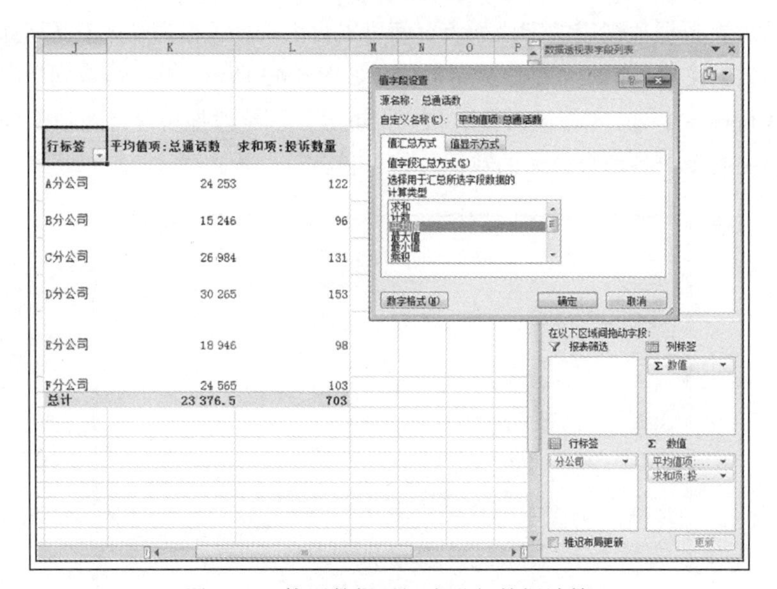

图 5-47　使用数据透视表进行数据计算

当然，以上只是数据透视表强大功能的冰山一角，更加丰富详细的功能说明可自行查找，由于篇幅限制，此处只做简要介绍。

2. Excel 数据分析工具库

为了便于复杂的数据统计分析，Excel 提供了一个数据分析加载工具——分析工具库，可以完成描述性统计、直方图、抽样相关系数、回归、移动平均、指数平滑等多种统计分析。但是 Excel 分析工具库能处理的数据量有限，并且只能处理简单的统计分析，如果需要进行大型数据或复杂的统计分析，还是需要更专业的统计分析软件。

1）分析工具库的安装

Excel 分析工具库需要自行加载安装。单击【文件】选项卡，选择【选项】，在弹出的【Excel 选项】对话框中选择【加载项】。看到【管理】下拉框，确定选择的是“Excel 加载项”，单击【转到】，如图 5-48 所示。

图 5-48 【Excel 选项】对话框

单击【转到】后，系统弹出【加载宏】对话框，勾选需要安装的加载宏，可选【分析工具库】和【分析工具库-VBA】，单击确认后即可完成安装，如图 5-49 所示。

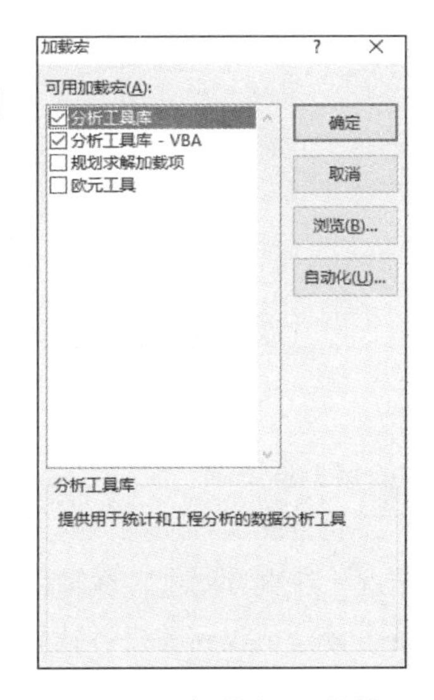

图 5-49 【加载宏】对话框

安装成功后，即可在【数据】选项卡中看到【数据分析】按钮，单击后会弹出对话框，如图 5-50 所示，使用时选择合适的分析工具，单击【确定】即可。

2）描述性统计分析

描述性统计分析是指使用几个关键数据（具体数据项依 Excel 版本不同而不同）来描述整体的情况。描述性统计分析要对调查总体所有变量的有关数据做统计性描述，主要包括数据的频数

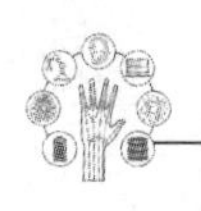

图 5-50 【数据分析】对话框

分析、数据的集中趋势分析、数据离散程度分析、数据的分布以及一些基本的统计图形，如图 5-51 所示。

分公司	总通话数	总交互数	满意评价数量	投诉数量	主动转人工数量
A分公司	24 253	104 288	15 037	122	11 399
B分公司	15 246	94 525	8 233	96	5 946
C分公司	26 984	14 8412	17 538	131	11 333
D分公司	30 265	13 9219	17 856	153	15 132
E分公司	18 946	81 468	11 557	98	7 768
F分公司	24 565	149 846	16 953	103	8 843
总通话数		总交互数		满意评价数量	
平均	23376.5	平均	119626.3333	平均	14529
标准误差	2223.965179	标准误差	12175.269	标准误差	1578.282294
中位数	24409	中位数	121753.5	中位数	15995
众数	#N/A	众数	#N/A	众数	#N/A
标准差	5447.579894	标准差	29823.19652	标准差	3865.986291
方差	29676126.7	方差	889423050.7	方差	14945850
峰度	-0.543971205	峰度	-2.497782913	峰度	-0.332310067
偏度	-0.460708425	偏度	-0.181120471	偏度	-1.024800005
区域	15019	区域	68378	区域	9623
最小值	15246	最小值	81468	最小值	8233
最大值	30265	最大值	149846	最大值	17856
求和	140259	求和	717758	求和	87174
观测数	6	观测数	6	观测数	6
置信度(95.0%)	5716.884492	置信度(95.0%)	31297.52532	置信度(95.0%)	4057.103797

图 5-51 描述性统计分析

3）直方图

直方图又称质量分布图，也是一种统计报告图，它一般用来展示数据分布情况。在直方图中，横轴代表数据类型，数轴代表数据分布情况。例如要统计各个分公司收到的投诉数量的区间分布情况，则可以如下设置并得出对应直方图，如图 5-52、图 5-53 所示。

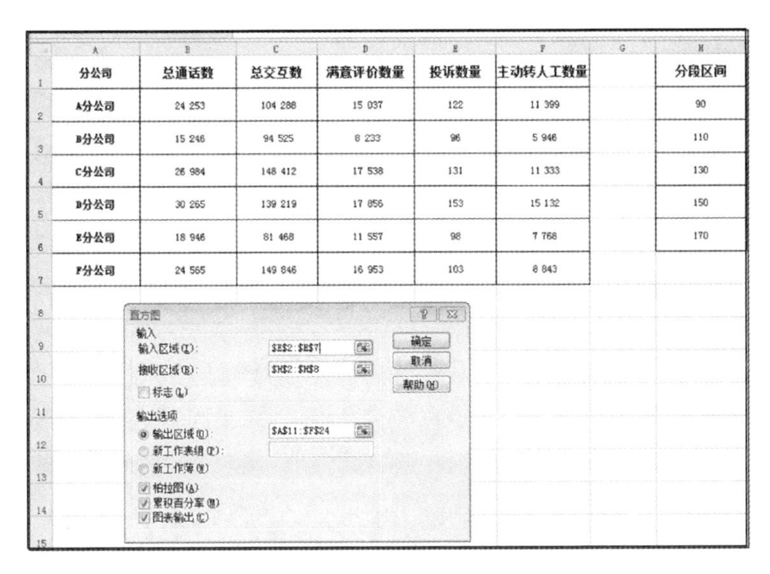

分公司	总通话数	总交互数	满意评价数量	投诉数量	主动转人工数量	分段区间
A分公司	24 253	104 288	15 037	122	11 399	90
B分公司	15 246	94 525	8 233	96	5 946	110
C分公司	26 984	148 412	17 538	131	11 333	130
D分公司	30 265	139 219	17 856	153	15 132	150
E分公司	18 946	81 468	11 557	98	7 768	170
F分公司	24 565	149 846	16 953	103	8 843	

图 5-52 直方图设置

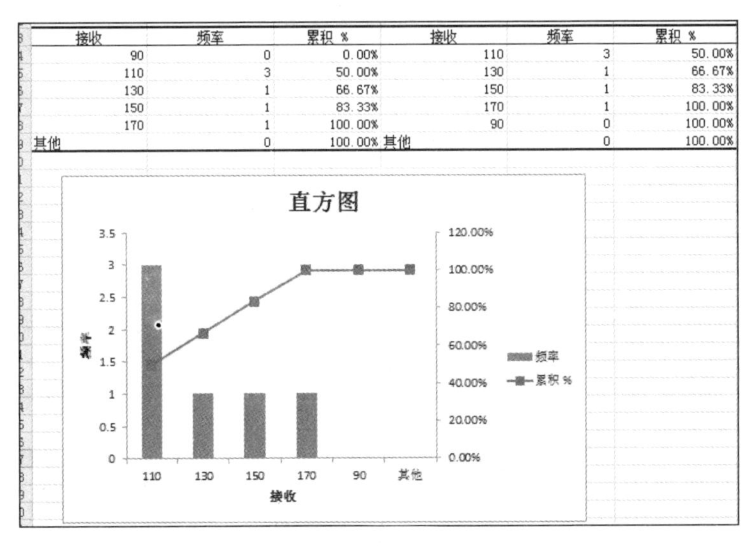

接收	频率	累积 %	接收	频率	累积 %
90	0	0.00%	110	3	50.00%
110	3	50.00%	130	1	66.67%
130	1	66.67%	150	1	83.33%
150	1	83.33%	170	1	100.00%
170	1	100.00%	90	0	100.00%
其他	0	100.00%	其他	0	100.00%

图 5-53 直方图分析结果

4）抽样分析

当我们不需要分析全部数据，而是想针对部分数据进行随机抽样分析时，可以直接选用数据分析中的抽样分析工具，如图 5-54 所示。

5）相关系数分析

相关关系是指变量之间存在的非严格的、不确定的依存关系。相关系数就是指反映变量之间线性相关强度的度量指标，通常用 r 表示，r 的取值范围是

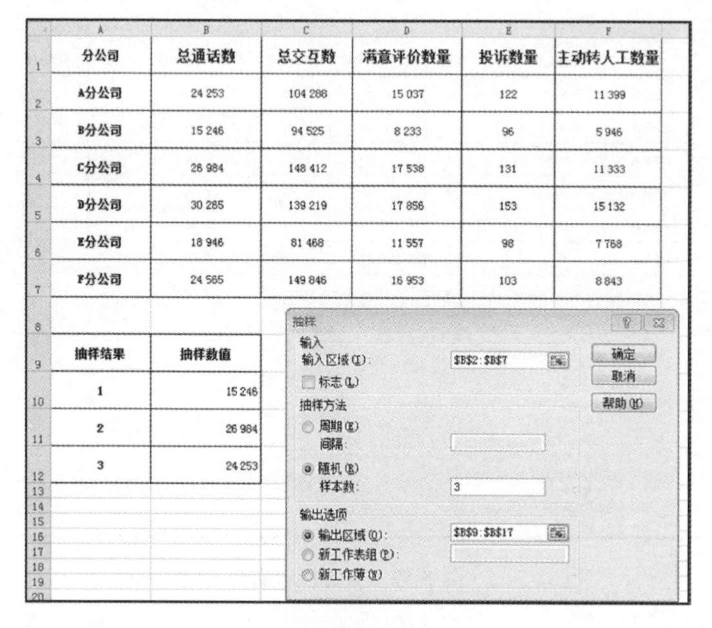

分公司	总通话数	总交互数	满意评价数量	投诉数量	主动转人工数量
A分公司	24 253	104 288	15 037	122	11 399
B分公司	15 246	94 525	8 233	96	5 946
C分公司	26 984	148 412	17 538	131	11 333
D分公司	30 285	139 219	17 856	153	15 132
E分公司	18 946	81 468	11 557	98	7 768
F分公司	24 565	149 846	16 953	103	8 843

抽样结果	抽样数值
1	15 246
2	26 984
3	24 253

图 5-54　抽样分析结果

–1～1。当 $r>0$，表示两变量线性正相关；当 $r<0$，表示线性负相关；当 $r=0$，两个变量之间不存在线性关系。如图 5-55 所示。

分公司	总通话数	总交互数	满意评价数量	投诉数量	主动转人工数量
A分公司	24 253	104 288	15 037	122	11 399
B分公司	15 246	94 525	8 233	96	5 946
C分公司	26 984	148 412	17 538	131	11 333
D分公司	30 285	139 219	17 856	153	15 132
E分公司	18 946	81 468	11 557	98	7 768
F分公司	24 565	149 846	16 953	103	8 843

	总通话数	总交互数
总通话数	1	
总交互数	0.781 005 427	1

相关系数
输入
输入区域(I): $B$2:$C$7
分组方式: 逐列(C) 逐行(R)
标志位于第一行(L)
输出选项
输出区域(O): $A$10:$D$25
新工作表组(P):
新工作薄(W)
确定
取消
帮助(H)

图 5-55　相关系数分析结果

6）回归分析

对于某一个变量的每一个数值，都有另外一个变量值与之对应，反映这种依存关系的数学表达式就是回归函数。

在 Excel 能实现的回归分析中，存在几个参数，在此做简单解释：

Multiple R：指相关系数 r，一般在-1～1，绝对值越靠近 1 则两个变量的相关性越强，越靠近 0 则其相关性越弱。

R square：上述相关系数 r 的平方。

Adjusted R Square：调整后的 R square 参数，表示自变量可以解释因变量的百分比。

标注误差：代表变量拟合程度，它的值越小，说明拟合程度越好；反之，则拟合程度越差。

观测值：指通过测量或测定所得到的样本值。

回归分析结果如图 5-56 所示。

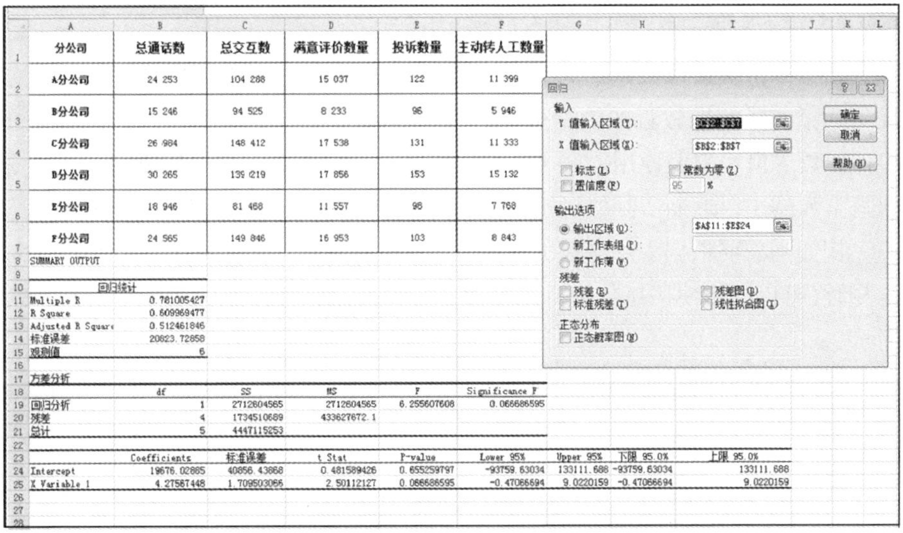
分公司 总通话数 总交互数 满意评价数量 投诉数量 主动转人工数量
A分公司 24 253 104 288 15 037 122 11 399
B分公司 15 246 94 525 8 233 96 5 946
C分公司 26 984 148 412 17 538 131 11 333
D分公司 30 265 139 219 17 856 153 15 132
E分公司 18 946 81 468 11 557 98 7 768
F分公司 24 565 149 846 16 953 103 8 843
SUMMARY OUTPUT
回归统计
Multiple R 0.781005427
R Square 0.609969477
Adjusted R Square 0.512461846
标准误差 20823.72858
观测值 6
方差分析
df SS MS F Significance F
回归分析 1 2712604565 2712604565 6.255607608 0.066686595
残差 4 1734510689 433627672.1
总计 5 4447115253
Coefficients 标准误差 t Stat P-value Lower 95% Upper 95% 下限 95.0% 上限 95.0%
Intercept 19676.02865 40856.43868 0.481589426 0.655259797 -93759.63034 133111.688 -93759.63034 133111.688
X Variable 1 4.27587448 1.709503066 2.50112127 0.066686595 -0.47066694 9.0220159 -0.47066694 9.0220159
回归
输入
Y 值输入区域(Y):
X 值输入区域(X): $B$2:$B$7
标志(L)
常数为零(Z)
置信度(F) 95 %
输出选项
输出区域(O): $A$11:$E$24
新工作表组(P):
新工作薄(W)
残差
残差(R)
残差图(D)
标准残差(T)
线性拟合图(I)
正态分布
正态概率图(N)
确定
取消
帮助(H)

图 5-56 回归分析结果

7）移动平均

移动平均是指对一系列变化的数据按照指定数量依次求取平均值，以此作为数据变化趋势表征的一种分析方法。

例如当需要分析一天中不同时段人工智能机器人收到的客户来电量的情况时（每 10 分钟统计一次），使用移动平均，将间隔设置为 6 则可以得到以小时计的客户来电量变化情况，如图 5-57 所示。

时间	客户来电量	移动平均值
6:00	3	#N/A
6:10	2	#N/A
6:20	5	#N/A
6:30	2	#N/A
6:40	6	#N/A
6:50	5	4.33
7:00	6	5.50
7:10	9	5.67
7:20	6	7.17
7:30	11	7.17
7:40	6	8.33
7:50	12	8.33
8:00	6	9.33
8:10	15	11.33
8:20	18	11.17
8:30	10	12.17
8:40	12	12.50
8:50	14	16.00
9:00	27	19.83
9:10	38	22.83
9:20	36	27.17
9:30	36	31.50
9:40	38	33.33
9:50	25	35.00
10:00	37	33.33
10:10	28	31.17
10:20	23	28.67
10:30	21	25.83
10:40	21	26.83
10:50	31	26.67

图 5-57　移动平均分析结果

8）指数平滑

指数平滑法可以说是移动平均法的一个进阶版本，即在保留全部数据的情况下，给离预测期较近的数据更大的权重，该权重值按指数规律递减。Excel 中的指数平滑法需要使用一个名为“阻尼系数”的参数，其取值范围在 0～1，阻尼系数越小，近期实际值对预测结果的影响就越大；反之则影响越小。

例如当需要根据 3 月整月每日客户的来电量情况预测 4 月某一天的客户来电量时，可以考虑使用指数平滑先进行分析预测，后续再进一步处理，如图 5-58 所示。

时间	客户来电量	指数平滑预测值
3月1日	1 489	#N/A
3月2日	1 408	1 489.00
3月3日	1 231	1 472.80
3月4日	1 085	1 424.44
3月5日	899	1 356.55
3月6日	1 418	1 265.04
3月7日	1 173	1 295.63
3月8日	1 197	1 271.11
3月9日	1 305	1 256.29
3月10日	988	1 266.03
3月11日	1 471	1 210.42
3月12日	1 349	1 262.54
3月13日	1 253	1 279.83
3月14日	1 293	1 274.46
3月15日	871	1 278.17
3月16日	1 200	1 196.74
3月17日	1 228	1 197.39
3月18日	969	1 203.51
3月19日	1 231	1 156.61
3月20日	1 213	1 171.49
3月21日	840	1 179.79
3月22日	933	1 111.83
3月23日	1 351	1 076.07
3月24日	1 204	1 131.05
3月25日	835	1 145.64
3月26日	816	1 083.51
3月27日	1 579	1 030.01
3月28日	1 542	1 139.81
3月29日	1 603	1 220.25
3月30日	1 718	1 296.80
3月31日	1 763	1 381.04

图 5-58　指数平滑预测结果

5.2.3 使用 MySQL 进行数据分析

1. SQL 简介

在介绍 SQL 前，我们首先要明白一个概念——什么是数据库管理系统。数据库管理系统是一种用来操纵和管理数据库的大型软件，通常用于建立、使用和维护数据库，简称 DBMS。它对数据库进行统一的管理和控制，以保证数据库的安全性和完整性。这个概念我们可以这样理解：数据库是个容器，而数据库管理系统是一个工具，你不是直接访问数据库，而是通过数据库管理系统，让它来替你访问。

而在本节中将介绍的 MySQL 是一种关系型数据库管理系统，关系数据库的原理就是将数据保存在不同的表中，而不是将所有数据放在一个大仓库内，这样做增加了速度，并提高了灵活性。和 Excel 工作表一样，它也采用由行和列组成的二维表来管理数据，这种方式更加简单易懂，像图 5-1 就是一个二维表的示例。目前，MySQL 已经成为世界上最受欢迎的数据库管理系统之一。无论是用在小型开发项目上，还是用来构建那些声名显赫的网站，MySQL 都证明了自己是个稳定、可靠、快速、可信的系统，足以满足任何数据存储业务的需要。

而 MySQL 所使用的 SQL 语言是用于访问数据库的最常用标准化语言，SQL（发音为字母 S-Q-L 或 sequel）是结构化查询语言的缩写。SQL 是一种专门用来与数据库通信的语言。它存在的目的就是简单有效地从数据库中读写数据。

现在在正式学习 SQL 语句前，我们还要弄清楚一些数据库中的基本概念，这些概念都是之后本章节学习过程中需要的名词。

表（table）。表是指某种特定类型数据的结构化清单。要清楚我们的数据并不是杂乱无章地存放在数据库当中的，而是将有关联的存放在某个特定的文件之中，这个文件就是一种结构化的清单，用来存储某种特定类型的数据或一个清单，这就是数据库中表的定义。

注意：表只能存储一种类型的数据或一个清单，当存在不同类型的数据或清单，就应该建立类型对应数量的表，即有几种类型建立几张表。并且一个数据库下每个表的名字不能相同，表名在同一数据库下就是唯一标识，但是不同数据库下是可以存在相同表名的。

列（column）。列是表中的一个字段。比如图 5-59 中的 name 就是一列，这一列都是记录姓名的信息。所有表都是这样由一个列或多个列组成的，每一列会存储特定的信息。

行（row）。行是表中的一条记录。可以看到图 5-59 中圈出的那一行，其中的“1488”“Harry”“17”“91”都是一条记录，表中的数据都是这样按行存储的，所保存的每个记录存储在自己的行内。

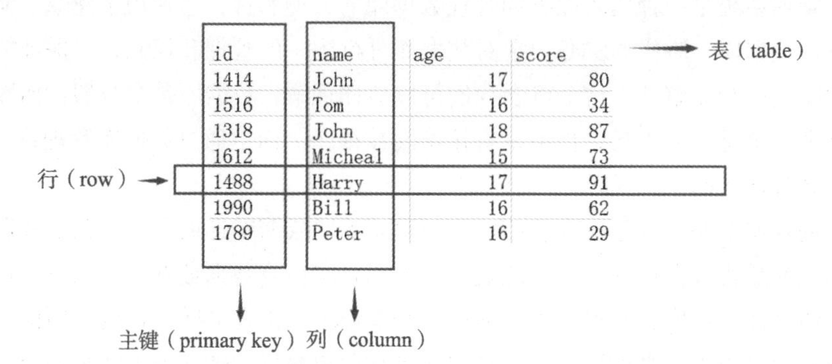

id	name	age	score
1414	John	17	80
1516	Tom	16	34
1318	John	18	87
1612	Micheal	15	73
1488	Harry	17	91
1990	Bill	16	62
1789	Peter	16	29

图 5-59　表的示例

主键（primary key）。主键是一列（或一组列），其值能够唯一区分表中每个行，可以看作一条记录（行）的唯一标识。图 5-59 中的主键就是 id，能够区分表中的每一行。

上述提到的有关表的概念都可以参考图 5-59 学习，理解过程中也可以直接想象成 Excel 的表，方便理解和学习。

2. SELECT 语句

SQL 语句都是由简单的英语单词构成的。这些单词称为关键字，每个 SQL 语句都是由一个或多个关键字构成的。而其中最经常使用的 SQL 语句就是 SELECT 语句了。它的用途是从一个或多个表中检索信息。

要使用 SELECT 语句，首先要明确两个问题：①需要搜索的是什么；②在哪里搜。在语句中的体现就是 SELECT　×××（列名） FROM　×××（表名），“×××（列名）”是问题①中要搜索的东西，“×××（表名）”是问题②中在哪搜索的表，这句的意思就是从“×××（表名）”中搜索“×××（列名）”。

这里引入一个概念——子句（clause），这句中的 FROM　×××（表名）就是一个子句，子句是 SQL 语句的组成要素，有些子句是必需的，而有的子句是可选的。一个子句通常由一个关键字和所提供的数据组成。

我们回到例子 SELECT　×××（列名）　FROM　×××（表名），可以

看到这个语句的 SELECT 子句中列举了希望从表中查询出的列的名称，而 FROM 子句则指定了选取出数据的表的名称。所以对 SELECT 语句来说是必须包含 SELECT 和 FROM 两个子句的。

我们现在以图 5-60 的 Student_grades 表为例，如果要从表里查找学生 id、姓名和成绩的话，就可以将列名、表名还有子句组合在一起。

这个例子的 SQL 语句是这样的：SELECT id, name, score FROM Student_grades;

执行结果如图 5-61 所示。

id	name	age	score
1414	John	17	80
1516	Tom	16	34
1318	John	18	87
1612	Micheal	15	73
1488	Harry	17	91
1990	Bill	16	62
1789	Peter	16	29

图 5-60　查询出 Student_grades 表中的 id、姓名和成绩

id	name	score
1414	John	80
1516	Tom	34
1318	John	87
1612	Micheal	73
1488	Harry	91
1990	Bill	62
1789	Peter	29

图 5-61　执行结果

一条简单的 SQL 语句就是这样，但是写 SQL 语句的时候，我们还需要注意几点：①结束一条 SQL 语句需要在结尾加上分号，多条 SQL 语句之间也是用分号来隔开。② SQL 语句是没有大小写区分的，SELECT、Select 和 select 是没有区别的，但是多数使用者习惯将关键字大写，表名和列名小写，这样代码便于阅读。③在处理 SQL 语句时，所有空格都会被忽略。所以我们的语句可以写成一句，也可以换行写。④查询多列时，需要使用逗号进行分隔。查询结果中列的顺序和 SELECT 子句中的顺序相同。这里需要注意查询多个列时，最后一个列名后不能加逗号，否则将会出错。⑤SQL 语句可以直接搜索查询所有的列，而不用逐个将列名写进语句中，我们只需要将列名处替换为通配符（*），则语句将返回表中所有列，这种方法的好处是当你不明确列名时，可以通过通配符检索未知列名的列。⑥需要删除重复的行时，可以使用 DISTINCT 关键字删除重复行，如 SELECT age FROM Stuedent_grades，这样就只会显示 15,16,17,18，重复的年龄数据将不再显示。

3. ORDER BY 子句

上文中，已经介绍了基本的 SELECT 语句，但是仅用上文所教授语句得到的数据是没有特定顺序的，要想其按照一定顺序输出，就需要使用 ORDER BY

子句。还是以图 5-60 的 Student_grades 表进行举例，我们如果想要提取学生的姓名，并按照首字母进行排序，SQL 语句应该写成 SELECT name FROM Student_ grades ORDER BY NAME；这样执行结果就会按照学生姓名首字母排序，如图 5-62 所示。

name
Bill
Harry
John
John
Micheal
Peter
Tom

图 5-62　执行结果

ORDER BY 子句的查询就是示例这样的，但是使用中也有以下注意事项：①不论何种情况，ORDER BY 子句都需要写在 SELECT 语句的末尾。这是因为对数据行进行排序的操作必须在结果即将返回时执行。②示例中的升序排列(从 A 到 Z)，并不是唯一排序方式，只是默认顺序，如果需要降序排序，就需要使用 DESC 关键字，例如，SELECT name FROM Student_grades ORDER BY name DESC；与 DESC 相反的关键字是 ASC（ASCENDING），在升序排序时可以指定它。但实际上，ASC 的使用并不多，因为升序是默认的（如果既不指定 ASC 也不指定 DESC，则假定为 ASC）。

4. WHERE 子句数据筛选

之前我们分别学习了如何检索表中的某一列和如何将查询出的列按照顺序排序；但是我们在实际使用数据库的过程中，更多是根据需要，查询特定数据的子集。因为一般数据库是非常庞大的，我们单独查询某一列，它的数据量也是非常大的，我们可能只需要查询某一部分特定的数据，这部分数据才是我们需要的数据。这里就需要加上指定搜索条件（search criteria），搜索条件也称为过滤条件（filter condition）。

在 SELECT 语句中，数据根据 WHERE 子句中指定的搜索条件进行过滤。

WHERE 子句在表名（FROM 子句）之后给出，所以 SELECT 语句中使用 WHERE 子句的语法应该是这个形式的：SELECT ×××（列名） FROM ×××（表名） WHERE ×××××（条件表达式）。我们依旧以图 5-60 的表进行举例，我们如果想要检索岁数为 17 岁的学生，那我们可以写这样的 SQL 语句：SELECT name,age FROM Student_grades WHERE age=17；这里等号是比较两边的内容是否相等的符号，上述条件就是将 age 列的值和“17”进行比较，判断是否相等。加了搜索条件后表里的所有记录都会被进行比较，这样执行结果就会筛选出岁数为 17 岁的学生所在行，而不会将姓名和岁数两列都展现出来。执行结果如图 5-63 所示。

name	age
John	17
Harry	17

图 5-63　执行结果

上面这个例子是采用了简单的相等测试：它检查一个列是否具有指定的值，据此进行过滤。但是 SQL 语句不仅仅有相等测试，还有很多其他 WHERE 子句的用法。表 5-6 就列举了 WHERE 子句常用到的一些子句操作符。

表 5-6　WHERE 子句操作符

操作符	说明
=	等于
<>	不等于
!=	不等于
<	小于
<=	小于等于
>	大于
>=	大于等于
BETWEEN	在指定的两个值之间

1）不等于运算符

这里我们对这些运算符怎么使用一一给大家举例，首先是不等于的运算符，不等于的运算符一定要注意是写作“<>”和“!=”的，反过来“><”和“=!”都是不可以的。具体的使用我们来看一个例子，如要筛选出除了叫 John 以外的人和他们的分数，我们的语句可以这么写：SELECT name,score FROM student grades WHERE name <> ‘John’; 或者是 SELECT name,score FROM student_grades WHERE name != ‘John’。这两个语句得到的结果都如图 5-64 所示。

name	score
Tom	34
Micheal	73
Harry	91
Bill	62
Peter	29

图 5-64　执行结果

这里我们要注意的是上述 WHERE 子句中使用的条件，会看到有的值括在单引号内（如前面使用的'John'），而有的值未括起来。单引号用来限定字符串。如果将值与串类型的列进行比较，则需要限定引号。用来与数值列进行比较的值不用引号。此外，这里我们使用的是'John'，其实'john'也是一样的，之前也提到过 MySQL 在执行匹配时默认不区分大小写，所以 john 与 John 匹配。

2）比较运算符

比较运算符见表 5-7。

这些比较运算符可以对字符、数字和日期等几乎所有数据类型的列和值进行比较。例如，从 Student_grades 表中选取出年龄（age）大于等于 16 岁的人，或者分数（score）低于 80 的人，可以在 WHERE 子句中使用比较运算符 >= 和

表 5-7　比较运算符

运算符	含义
=	和~相等
<>	和~不等于
>=	大于等于~
>	小于~
<=	小于等于~
<	大于~

<，生成如下条件表达式：SELECT name,age FROM Student_grades WHERE age >= 16;和 SELECT name,score FROM Student_grades WHERE score < 80;得到的结果如图 5-65 和图 5-66 所示。

name	age
John	17
Tom	16
John	18
Harry	17
Bill	16
Peter	16

图 5-65　年龄大于等于 16 岁的运算结果

name	score
Tom	34
Micheal	73
Bill	62
Peter	29

图 5-66　分数低于 80 分的运算结果

这里小于某个分数就是比这个分数低的意思，同理换成小于某个日期就是在这个日期之前的意思。想要实现在某个特定分数或者日期之后的查询（包括这一分数或者日期）条件，可以使用代表大于等于的 >= 运算符。

另外，在使用大于等于（>=）或者小于等于（<=）作为查询条件时，一定要注意不等号（<、>）和等号（=）的位置不能颠倒，一定要让不等号在左、等号在右。如果写成（=<）或者（=>），就会出错。

3）范围运算符

为了检查某个范围的值，可使用 BETWEEN 操作符。其语法与其他 WHERE 子句的操作符稍有不同，因为它需要两个值，即范围的开始值和结束值。例如，BETWEEN 操作符可用来检索岁数在 16～18 岁或分数在指定的分数之间的所有人。

下面这个例子给大家展示一下 BETWEEN 的用法：SELECT name,age FROM Stuedent_grades WHERE score BETWEEN 60 AND 80;得到结果如图 5-67 所示。

name	score
John	80
Micheal	73
Bill	62

图 5-67　分数在范围 60～80 的运算结果

从这个例子可以看到，在使用 BETWEEN 时，必须指定两个值——所需范围的低端值和高端值。这两个值必须用 AND 关键字分隔。BETWEEN 匹配范围中所有的值，包括指定的开始值和结束值，这个例子中就是涵盖“60”和“80”的意思，我们可以看到“80”的分数也被检索出来了。

4）空值检查

在一个列不包含值时，称其为包含空值 NULL。NULL 是无值（no value）的意思，它与字段包含 0、空字符串或仅仅包含空格不同。

SELECT 语句有一个特殊的 WHERE 子句，可用来检查具有 NULL 的列。

这个 WHERE 子句就是 IS NULL 子句。其语法如下：SELECT name,id FROM Student_grades WHERE id IS NULL;这条语句返回没有 ID 的学生，由于表中没有这样的行，所以没有返回数据。但是，日常使用中的表确实包含具有空值的列。

5）组合 WHERE 子句

以上对于 WHERE 子句的使用介绍都是基于单个筛选条件的，但是实际使用过程中肯定不是一个个条件进行检索的，通常都是多个条件一起检索出所需要的行。这里我们就要使用到一些其他子句和多个 WHERE 子句结合使用来进行更强的数据过滤。

6）AND 操作符

为了通过不止一个列进行过滤，可使用 AND 操作符给 WHERE 子句附加条件。下面还是通过举例的形式给大家解释一下 AND 操作符的使用方法，假如我们要从 Student_grades 表中筛选出名字叫 John 且 id 为‘1414’的学生，我们就可以写作：SELECT name,id FROM Student_grades WHERE name = ‘John’ AND id = 1414;得到的结果自然是只有一行，如图 5-68 所示。

所以 AND 是用在 WHERE 子句中的关键字，用来指示检索满足所有给定条件的行。上述例子中使用了只包含一个关键字 AND 的语句，把两个过滤条件组合在一起。还可以添加多个过滤条件，每添加一条就要使用一个 AND。

name	id
John	1414

图 5-68　AND 操作符运算结果

7）OR 操作符

OR 操作符顾名思义就是或的意思，与 AND 操作符不同，它指示 MySQL 检索匹配任一给定条件的行。比如下面这个语句：SELECT name,id FROM Student_grades WHERE id = 1414 OR id =1488;这个语句的结果如图 5-69 所示。

name	id
John	1414
Harry	1488

图 5-69　OR 操作符运算结果

除了单独地使用 AND 和 OR，这两个字符是可以一起使用的，但是一定要注意是有运算顺序的，SQL（像多数语言一样）在处理 OR 操作符前，优先处理 AND 操作符。如果想先处理 OR 操作符的话，就要使用圆括号明确地分组相应的操作符。因为圆括号具有较 AND 或 OR 操作符高的计算次序，DBMS 首先过滤圆括号内的 OR 条件。我们来看个例子，像这样：SELECT name,id FROM Student_grades WHERE （id = 1414 OR id =1488） AND name = ‘John’;这样得到的结果也会如图 5-68 所示，只输出 id 是 1414 或者 id 是 1488，但是名字叫 John 的，只能得到一行的结果。这里注意，我们平时写 SQL 语句的时候，不要过分依赖本身的运算顺序，我们可以将各操作符之间通过圆括号隔开，这样运算顺序更清晰，我们的代码也更加简单易懂。

8）IN 操作符

除了上述介绍的以外，圆括号在 WHERE 子句中还有另外一种用法。IN 操作符用来指定条件范围，范围中的每个条件都可以进行匹配。IN 取合法值的由逗号分隔的清单，全都括在圆括号中。下面的这个例子可以说明该操作符：SELECT name,age FROM Student_grades WHERE age IN （17,18）; 得到的检索结果如图 5-70 所示。

name	age
John	17
John	18
Harry	17

图 5-70 IN 操作符运算结果

此 SELECT 语句检索的就是年纪 17 岁和 18 岁的所有学生。IN 操作符后跟由逗号分隔的合法值清单，整个清单必须括在圆括号中。根据 IN 操作符的含义，我们也可以使用 OR 来替换，刚刚那句也可以写成 SELECT name,age FROM Student_grades WHERE age = 17 OR age = 18; 效果也是一样的，但是使用过程中我们还是推荐使用 IN，特别是当需要筛选的条件很多的时候，这样我们的代码会更简洁，运算速度也会更快。

9）NOT 操作符

NOT 操作符唯一的作用就是将它之后所跟的任何条件否定。一般和 IN 使用较多，在与 IN 操作符联合使用时，NOT 使找出与条件列表不匹配的行非常简单。而且在更为复杂的句子中，其也非常有用，可以对子句进行取反。

10）通配符

前面介绍的所有操作符都是针对已知值进行过滤的。不管是匹配一个还是匹配多个值，测试大于还是小于已知值，或者检查某个范围的值，共同点是过滤中使用的值都是已知的。但是，这种过滤方法并不是任何时候都好用。利用通配符可创建比较特定数据的搜索模式，可以检索不是确定的已知值。通配符

本身是 SQL 的 WHERE 子句中有特殊含义的字符，这里我们引出一个新的概念——谓词，虽然之前我们没有提及谓词这个概念，但其实大家已经使用过了。例如，=、<、>、<> 等比较运算符，其正式的名称就是比较谓词。同理，这里的通配符中将介绍的 LIKE 通配词等也叫作谓词。SQL 支持几种通配符，下面将进行详细介绍。

11）LIKE 谓词

为在搜索子句中使用通配符，必须使用 LIKE 谓词。LIKE 指示 MySQL，后跟的搜索模式利用通配符匹配而不是直接相等匹配进行比较。

12）百分号（%）通配符的前方一致查询

LIKE 谓词不会单独使用，通常都是和百分号（%）通配符配合使用。在搜索串中，%表示任何字符出现任意次数。例如，为了找出图 5-71 的 sample 表中所有以词 ab 起头的字符串，可使用以下 SELECT 语句：SELECT string FROM sample WHERE string LIKE ‘ab%’;这样我们得到的结果如图 5-72 所示。

string
abcddd
dddabc
abdddc
abcdd
ddabc
abddc

图 5-71　sample 表

这里的%告诉 MySQL 接受 ab 之后的任意字符，不管它有多少字符。要注意的是根据 MySQL 的配置方式，搜索可以是区分大小写的。如果区分大小写，'AB%'与图中得出的结果将都不匹配。

string
abcddd
abdddc
abcdd
abddc

图 5-72　“ab”开头的检索结果

此外，%可以在搜索模式中任意位置使用，并且可以使用多个通配符。这样我们不仅能用上述展示的前方一致，还有后方一致和中间一致等搜索模式。

13）中间一致的查询

先看例子，如我们要查询包含字符串 ‘ddd’的记录，那就可以这样写语句：SELECT string FROM samp WHERE string LIKE ‘%ddd%’;得到的结果如图 5-73 所示。

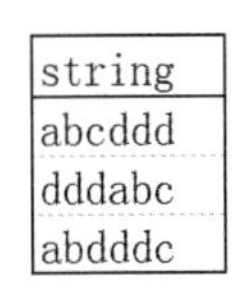

string
abcddd
dddabc
abdddc

图 5-73　含‘ddd’的检索结果

这个例子中就是将中间包含了 ‘ddd’的记录都检索出来，可以看到前两行无论前后有没有其他字母，都不影响检索。

14）后方一致的查询

也是先看例子，假如我们要查询以字符串 ‘abc’结尾的记录，语句可以这么写：SELECT string FROM samp WHERE string LIKE ‘abc%’;得到的结果如图 5-74 所示。

在我们使用谓词的时候，要注意到：①除了一个或多个字符外，%还能匹配 0 个字符。%代表搜索模式中给定位置的 0 个、1 个或多个字符。（图 5-73 的例子）②句尾空格可能会干扰通配符匹配。句尾不要加空格。③虽然似乎%通配符可以匹配任何东西，但有一个例外，即 NULL，无法匹配到 NULL。

string
dddabc
ddabc

图 5-74　以‘abc’结尾的检索结果

15）下画线（_）通配符

另一个有用的通配符是下画线(_)。下画线的用途与%一样，但下画线只匹配单个字符而不是多个字符。我们看这个语句：SELECT * FROM sample WHERE string LIKE 'abc_ _';得到的结果如图 5-75 所示。

string
abcdd

图 5-75　下画线通配符的检索结果

“abcddd”也是以“abc”开头的字符串，但是其中“ddd”是 3 个字符，所以不满足 _ _ 所指定的 2 个字符的条件，因此该字符串并不在查询结果之中。所以我们可以发现与%能匹配 0 个字符不一样，_总是匹配一个字符，不能多也不能少。

16）通配符使用的技巧

正如各种例子所示，MySQL 的通配符很有用。但这种功能是有代价的：通配符搜索的处理一般要比前面讨论的其他搜索所花时间更长。这里再给出一些使用通配符要记住的技巧。

（1）不要过度使用通配符。如果其他操作符能达到相同的目的，应该使用其他操作符。

（2）在确实需要使用通配符时，除非绝对有必要，否则不要把它们用在搜索模式的开始处。把通配符置于搜索模式的开始处，搜索起来是最慢的。

（3）仔细注意通配符的位置。如果放错地方，可能不会返回想要的数据。比如前方一致、中间一致、后方一致都是根据百分号的位置来查询的，实际使用的时候要结合已知信息和正确的通配符位置来实现前方一致、中间一致、后方一致查询。

总之，通配符是一种极重要和有用的搜索工具，以后我们会经常用到它。

5. 聚合查询（聚合函数）

使用过程中经常需要汇总数据而不用把它们实际检索出来，为此 MySQL 提供了专门的函数。使用这些函数，MySQL 查询可用于检索数据，以便分析和报表生成。例如，计算表中全部数据的行数时，可以使用 COUNT 函数。该函数就是使用 COUNT（计数）来命名的。除此之外，SQL 中还有很多其他用于汇总的函数，请大家先记住表5-8中的5个常用的聚合函数。

表5-8　5个常用的聚合函数

函数	说明
AVG()	返回某列的平均值
COUNT()	返回某列的行数
MAX()	返回某列的最大值
MIN()	返回某列的最小值
SUM()	返回某列值之和

如上所示，用于汇总的函数称为聚合函数或者聚集函数，本书中统称为聚合函数。所谓聚合，就是将多行汇总为一行。实际上，所有的聚合函数都是这样，输入多行输出一行。

1）AVG()函数——计算平均值

在正式讲解函数前，先给到大家一个概念：在聚合函数中，输入值称为参数或者 parameter，输出值称为返回值。这个概念在多数编程语言中使用函数时都会频繁出现，请大家牢记。

AVG()这个函数是通过对表中行数计数并计算特定列值之和，求得该列的平均值。AVG()可用来返回所有列的平均值，也可以用来返回特定列或行的平均值。我们以图5-60的Student_grades为例，如果要计算学生成绩的平均分，可以写这样的语句：SELECT AVG(age) AS avg_age FROM Student_grades; 得到的结果如图5-76所示。

id	name	age	score
1414	John	17	80
1516	Tom	16	34
1318	John	18	87
1612	Micheal	15	73
1488	Harry	17	91
1990	Bill	16	62
1789	Peter	16	29

avg_avg
65.142 857 1

图5-76　平均值的返回结果

这里有几个注意事项：①我们用了个AS子句，将计算出的平均值结果定义了一个新的名称avg_age，这个新的名称可视作别名。②聚合函数后面可以加前文提到过的WHERE子句，去计算特定列或行的平均值。③AVG()只能用来确定特定数值列的平均值，而且列名必须作为函数参数给出。为了获得多个列的平均值，必须使用多个AVG()函数。④AVG()函数忽略列值为NULL的行。

2）COUNT()函数——计算表中数据的行数/计算NULL之外的数据的行数

COUNT()函数进行计数。可利用COUNT()确定表中行的数目或符合特定条件的行的数目。

COUNT()函数有两种使用方式。

（1）使用 COUNT(*)对表中行的数目进行计数，不管表列中包含的是空值（NULL)还是非空值。

（2）使用 COUNT(column)对特定列中具有值的行进行计数，忽略 NULL。

用这两种方式来计算图 5-77 的 fruit_basket 表中的行数，分别可以写出以下两种语句。计算表中所有行数：SELECT COUNT(*) FROM fruit_basket; 计算表中除 NULL 之外的数据的行数：SELECT COUNT(number) FROM fruit_basket;结果如图 5-78 和图 5-79 所示。

fruit	number
apple	7
banana	8
orange	7
strawberry	14
watermelon	NULL
cherry	10

图 5-77 fruit_basket 表

count
6

图 5-78 所有行数返回结果

count
5

图 5-79 除 NULL 以外数据的行数返回结果

根据例子可以看出，如果指定列名，则指定列的值为空的行被 COUNT()函数忽略，但如果 COUNT()函数中用的是星号(*)，则不忽略。

3）MAX()函数和 MIN()函数——计算最大值和最小值

MAX()返回指定列中的最大值。MAX()要求指定列名，MIN()的功能正好与 MAX()功能相反，它返回指定列的最小值。与 MAX()一样，MIN()要求指定列名。我们来举两个例子：SELECT MAX(number),MIN(number) FROM fruit_basket;这里得到的结果如图 5-80 所示。

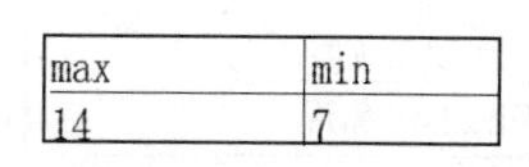

max	min
14	7

图 5-80 最大值和最小值的返回结果

刚刚我们说过 MAX/MIN 函数适用于任何数据类型的列，也就是说，只要是能够排序的数据，就肯定有最大值和最小值，也就能够使用这两个函数。对日期来说，平均值和合计值并没有什么实际意义，因此不能使用 SUM/AVG 函数，但是日期可以有最后一天和最早一天，所以可以用 MAX/MIN 函数。这点对于字符串类型的数据也适用，字符串类型的数据能够使用 MAX/MIN 函数，但不能使用 SUM/AVG 函数。在文本列中也会返回最大值和最小值，在用于文本数据时，如果数据按相应的列排序，则 MIN()返回最前面的行，而 MAX()返回最后一行。

4）SUM()函数——计算合计值

SUM()用来返回指定列值的和（总计）。我们来看例子，计算 fruit_basket

表中所有水果的数量，可以这么写：SELECT SUM(number) FROM fruit_basket;结果如图 5-81 所示。

sum
46

图 5-81 求和的返回结果

这里需要注意对于 SUM 函数来说，即使包含 NULL，也可以计算出合计值。从结果上说，所有的聚合函数，如果以列名为参数，那么在计算之前就已经把 NULL 排除在外了。因此，无论有多少个 NULL 都会被无视。这与“等于 0”并不相同。聚合函数会将 NULL 排除在外。但 COUNT(*)例外，并不会排除 NULL。

5）聚合不同值（删除重复值——关键字 DISTINCT）

可以看到图 5-77 的 fruit_basket 表中有重复的数据，如果我们想要删掉重复的数据进行聚合计算，就要用到关键字 DISTINCT，语句如下：SELECT SUM(DISTINCT number) FROM fruit_basket；得到结果为图 5-82。

sum
39

图 5-82 去重后求和的返回结果

可以看到，在使用了 DISTINCT 后，此例子中的数量减少了，因为有重复的数目被删除了。在使用这个关键字时要注意：①虽然 DISTINCT 从技术上可用于 MIN()和 MAX()，但这样做实际上没有价值。一个列中的最小值和最大值不管是否包含不同值都是相同的。② ALL 参数不需要指定，因为它是默认行为。如果不指定 DISTINCT，则假定为 ALL。

6. 数据分组（对表进行分组）

目前为止，我们看到的聚合函数的使用方法，无论是否包含 NULL，无论是否删除重复数据，都是针对表中的所有数据进行的汇总处理。而数据分组是先把表分成几组，然后再进行汇总处理。这种形式其实在实际使用中更加常见。

1）GROUP BY 子句

GROUP BY 子句的语法结构是这样的：SELECT <列名 1>, <列名 2>, <列名 3>, … FROM <表名> GROUP BY <列名 1>, <列名 2>, <列名 3>, …; 我们以图 5-60 的 Student_grades 为例，SELECT age, COUNT(*) FROM Student_grades GROUP BY age;这样返回的结果如图 5-83 所示。

age	count
15	1
16	3
17	2
18	1

图 5-83 分组后的返回结果

如图所示，未使用 GROUP BY 子句时，结果只有 1 行，而这次的结果却是多行。这是因为不使用 GROUP BY 子句时，是将表中的所有数据作为一组来对待的。而使用 GROUP BY 子句时，会将表中的数据分为多个组进行处理，这里是根据年龄分成了岁数不同的 4 个组，GROUP BY 子句的作用是对表进行了切分。在 GROUP BY 子句中指定的列称为聚合键或者分组列，由于能够决定表的切分方式，所以是非常重要的列。当然，GROUP BY 子句也和 SELECT 子句一样，可以通过逗号分隔指定多列。

GROUP BY 的使用中，需要特别注意以下几点。

GROUP BY 子句可以包含任意数目的列。这使得能对分组进行嵌套，为数据分组提供更细致的控制。

如果在 GROUP BY 子句中嵌套了分组，数据将在最后规定的分组上进行汇总。换句话说，在建立分组时，指定的所有列都一起计算（所以不能从个别的列取回数据）。

GROUP BY 子句中列出的每个列都必须是检索列或有效的表达式（但不能是聚合函数）。如果在 SELECT 中使用表达式，则必须在 GROUP BY 子句中指定相同的表达式。不能使用别名。

除聚集计算语句外，SELECT 语句中的每个列都必须在 GROUP BY 子句中给出。

如果分组列中具有 NULL，则 NULL 将作为一个分组返回。如果列中有多行 NULL，它们将分为一组。

还有语法要注意 GROUP BY 一定要写在 FROM 语句之后（如果有 WHERE 子句的话需要写在 WHERE 子句之后）。如果无视子句的书写顺序，SQL 就一定会因无法正常执行而出错。

2）过滤分组——HAVING 子句

除了能用 GROUP BY 分组数据外，MySQL 还允许指定条件过滤分组，规定包括哪些分组、排除哪些分组。说到指定条件，估计大家都会首先想到 WHERE 子句。但是，WHERE 子句只能指定记录（行）的条件，而不能用来指定组的条件。因此，对集合指定条件就需要使用其他子句了，此时便可以用 HAVING 子句。HAVING 子句是这样的格式：SELECT <列名 1>, <列名 2>, <列名 3>, … FROM <表名> GROUP BY <列名 1>, <列名 2>, <列名 3>, … HAVING <分组结果对应的条件>; 还是以此前的 Student_grades 为例，SELECT age， COUNT(*) FROM Student_grades GROUP BY age HAVING COUNT(*)=1; 结果如图 5-84 所示。

我们可以看到执行结果中并没有包含数据行数为 2 行的“17”和包含行数为 3 行的“16”。而图 5-83 中未使用 HAVING 子句时的执行结果中包含“16”和“17”，但是通过设置 HAVING 子句的条件，就可以选取出只包含 1 行数据的组了。

age	count
15	1
18	1

图 5-84　分组后筛选包含数据行数为一行的返回结果

我们之前学习过 WHERE 子句的条件(包括通配符条件和带多个操作符的子句),所学过的有关 WHERE 的所有这些技术和选项都适用于 HAVING。它们的句法是相同的，只是关键字有差别。这里的区别是 WHERE 在数据分组前进行过滤，HAVING 在数据分组后进行过滤。这是一个重要的区别，WHERE 排除的行不包括在分组中。这可能会改变计算值，从而影响 HAVING 子句中基于这些值过滤掉的分组。

我们这里来整理下现在学的 SELECT 语句中这些子句的顺序，可参考表 5-9。

表 5-9　SELECT 语句中子句的顺序

子句	说明	是否必须使用
SELECT	要返回的列或表达式	是
FROM	从中检索数据的表	仅在从表选择数据时使用
WHERE	行级过滤	否
GROUP BY	分组说明	仅在按组计算聚集时使用
HAVING	组级过滤	否
ORDER BY	输出排序顺序	否

7. 子查询(对表进行分组)

SELECT 语句是 SQL 的查询。迄今为止，我们所看到的所有 SELECT 语句都是简单查询，即从单个数据库表中检索数据的单条语句。但是实际使用的时候我们的数据库肯定不止一个表，都是关系表，互相之间是有关联的。这里我们可以看一个例子，如我们分别有三个表来记录学生的成绩、学生的学校和学生的手机号码，分别是图 5-60 的 Student_grades、图 5-85 的 School 和图 5-86 的 Phone_number。然后我们需要进行如下三步操作，①在 School 表中查到‘A school’的学生的 id 号码；②根据学生的 id 在 Student_grades 表中查到学生的姓名；③根据学生的姓名查询到学生的电话号码。

这三个步骤其实可以分别用三个查询来进行，也可以使用子查询把三个查询组成一个查询、一条语句。

我们先看下如果我们要进行第一步，我们的语句可以这么写：SELECT id, school FROM School WHERE school = ‘A shcool’; 这样我们得到的结果如图 5-87 所示。

id	school
1414	B highschool
1516	A highschool
1318	B highschool
1612	B highschool
1488	A highschool
1990	A highschool
1789	B highschool

图 5-85　School 表

name	phone_num
John	13587469854
Tom	13857999083
John	18104687785
Micheal	13958748855
Harry	18101368223
Bill	15879554311
Peter	13848665433

图 5-86　Phone_number 表

第二步，我们将得到的 id 再进一步查询，语句如下：SELECT name FROM Student_grades WHERE id IN (1516,1488,1990);这样得到的结果如图 5-88 所示。

id	school
1516	A highschool
1488	A highschool
1990	A highschool

图 5-87　第一步运算结果

name
Tom
Harry
Bill

图 5-88　第二步运算结果

我们这里可以直接将现有两步查询合并成一个查询，语句如下:SELECT name FROM Student_grades WHERE id IN (SELECT id,school FROM School WHERE school = 'A shcool');在 SELECT 语句中，子查询总是从内向外处理。在处理这个 SELECT 语句时，MySQL 实际上执行了两个操作，先执行括号内的第一步，然后再执行括号外的内容。

现在我们再看第三步：SELECT phone_num FROM Phone_number WHERE name IN ('Tom', 'Harry','Bill');得到的结果如图 5-89 所示。

phone_num
13857999083
18101368223
15879554311

图 5-89　第三步运算结果

我们还是将这一步查询和我们之前已经合并的语句，用子查询合并，得到以下语句：

```
SELECT phone_num
FROM Phone_number
WHERE name IN (SELECT name
               FROM Student_grades
               WHERE id IN (SELECT id,school
                            FROM School
                            WHERE school = 'A shcool'));
```

为了执行上述 SELECT 语句，MySQL 实际上必须执行三条 SELECT 语句。最里边的子查询返回学生 id，此列表用于其外面的子查询的 WHERE 子句。外面的子查询返回学生 id 对应的姓名，此客户 id 列表用于最外层查询的 WHERE

子句，最外层查询确实返回所需的数据——学生的号码。

可见，在 WHERE 子句中使用子查询能够编写出功能很强并且很灵活的 SQL 语句。对于能嵌套的子查询的数目没有限制，不过在实际使用时由于性能的限制，不能嵌套太多的子查询。

这里特别要注意，包含子查询的 SELECT 语句难以阅读和调试，特别是它们较为复杂时更是如此。如上所示把子查询分解为多行并且适当地进行缩进，能极大地简化子查询的使用。

8. 联结（对表进行分组）

本部分将要学习的联结（JOIN）运算，简单来说，就是将其他表中的列添加过来，进行“添加列”的运算（图 5-90）。该操作通常用于无法从一张表中获取期望数据（列）的情况。截至目前，本书中出现的示例基本上都是从一张表中选取数据，但实际上，期望得到的数据往往会分散在不同的表之中。使用联结就可以从多张表（3 张以上的表也没关系）中选取数据了。SQL 的联结根据其用途可以分为很多种类，这里希望大家掌握的有两种：内联结和外联结。接下来，我们就以这两种联结为中心进行学习。

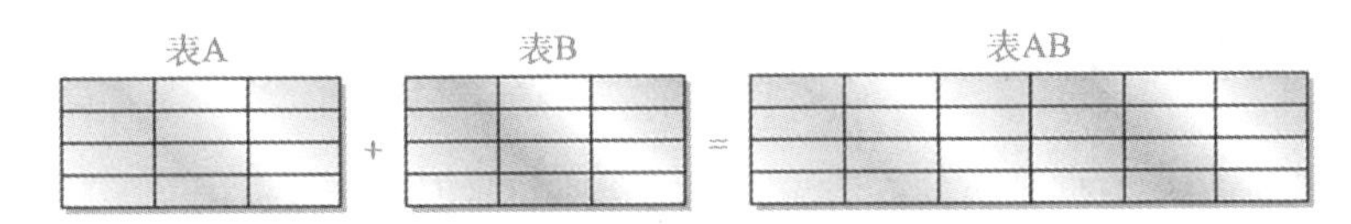

图 5-90　联结运算

1）内联结

首先看例子，我们现在是有一个 Student_grades 表（图 5-60）和一个 School 表（图 5-85），不难发现它们之间的共同点是 id 这一列是完全一致的，那我们就需要以 id 这列（两张表中都包含的列）为桥梁，将其他只存在在一张表的列合并在一起，我们来看下内联结的语句：SELECT　id，name，age，score，school FROM　Student_grades　INNER　JOIN　School　ON　Student_grades.id　= School.id;这样就可以把两张表联结起来了，结果如图 5-91 所示。

id	name	age	score	school
1414	John	17	80	B highschool
1516	Tom	16	34	A highschool
1318	John	18	87	B highschool
1612	Micheal	15	73	B highschool
1488	Harry	17	91	A highschool
1990	Bill	16	62	A highschool
1789	Peter	16	29	B highschool

图 5-91　联结运算执行结果

要注意之前的 FROM 子句中只有一张表，而这次我们同时使用 Student_grades 和 School 两张表。使用关键字 INNER JOIN 就可以将两张表联结在一起了。ON 是专门用来指定联结条件的，它能起到与 WHERE 相同的作用。需要指定多个键时，同样可以使用 AND、OR。在进行内联结时，ON 子句是必不可少的（如果没有 ON 会发生错误），并且 ON 必须书写在 FROM 和 WHERE 之间。

2）外联结

外联结也是通过 ON 子句的联结键将两张表进行联结，并从两张表中同时选取相应的列的。基本的使用方法并没有什么不同，只需要将 INNER JOIN 替换成 OUTER JOIN，而结果却有所不同。对于外联结来说，只要数据存在于某一张表当中，就能够读取出来。在实际的业务中，如想要生成固定行数的单据，就需要使用外联结。

5.3 业务分析

5.3.1 业务流程分析的目的与必要性

前面介绍了数据分析的方法论，下面介绍如何把这些数据用于实际的业务中进行改进和优化。首先，需要知道为什么要利用数据进行业务流程分析，数据和业务是一个相互作用的关系，业务的发展也不断创造出新的数据，而数据可以为驱动业务发展提供有力的支撑。在早期的 IT 信息化时代，利用数据的方式只是简单地把线下业务转移到线上的 OA/CRM/ERP 等系统，把业务过程中创造的信息进行沉淀和收集，通过表单和信息流转的方式储存数据。而随着时代的发展，简单的企业数据信息化已经逐步转变成企业流程数据化，即侧重于分析数据的结果，将这些数据信息以指标化、结构化的方式有条理地组织起来，便于企业的业务人员进行查询、复盘、监测及预判，再应用于业务流程的各环节。总的来说，早期的信息化只是为了存数据，而现在讨论的数据化则是为了用数据。

学习这么多数据分析的方法论，为的就是了解如何能更灵活、更全面地利用数据为企业作出下一步决策，而所谓数据的业务化和业务的数据化，本质也就是希望能在大批量的数据中挖掘出一些有助于企业实现盈利、帮助企业发展的信息，让数据更懂业务，让数据反哺业务，从而完成数据价值的运营闭环。

目前，随着大数据和人工智能技术的飞速发展，越来越多的企业已经开始培养员工数据思维，依靠数据的好坏来作为企业战略目标制定的依据，这样既可以避免过度的人为主观因素影响，也可以大大提高整个企业业务流程的规范性与规划效率。

5.3.2 业务流程分析角度

当企业收到海量的数据时，该如何选择对应的数据进行优化分析？从哪些维度才能评判一个业务流程的好坏，并利用对应的指标数据进行流程的完善与闭环呢？要分析业务流程，首先就要知道什么叫作流程。

流程是指由两个及以上的步骤完成一个完整行为的过程，简单地举个例子，我们要想在家里吃个饭，要经过买菜、洗菜、切菜、炒菜、装盘、吃饭、洗碗这几个步骤，那其中的每一个步骤就组成了吃饭整个流程。明确到各行各业中，业务流程指的就是为达到特定的价值目标而由不同的人事部门协作共同完成的一系列活动，这些活动之间存在紧密的联系，每个活动的变化都有可能导致最后结果的不同。所以梳理清楚流程中每个活动部门的职责、内容、方式，对业务流程分析有着重要的作用。

那如何评判一个业务流程是好是坏，它能否覆盖用户的实际操作需求及企业想达到的效果目标呢？可以试着从以下几个角度去分析。

（1）日常运营分析：想评价业务流程是否可用、好用，最简单、最直接的方法就是从它的日常数据下手进行分析。举个例子，客户想打电话到银行去办理一项业务，这个业务最终能否一次办成、客服人员的态度、客户的投诉倾向及满意度就是最直观能反映这个业务流程是否合理的指标。各行各业都有价值评判的标准，服务类行业可能更关注的是业务办理成功率、投诉率、满意度等，而零售类行业可能更关注成交量、利润额、成本控制等，新媒体等行业则更关注访问量、阅读量、评论转发的活跃度、用户留存数等，各行业在分析自己的业务流程之前，首先需要弄清楚所在行业关注的关键指标，再从数据下手，进行分析与挖掘。

（2）终端用户数据反馈：现实中还可能存在一种情况，就是整个业务流程指标数据都非常好看，甚至超越同行业的平均水平，但数据的基数比较小，通俗地说就是企业耗力开发了一个新的业务流程，甚至前期的测试指标数据都非常优良，但知道、使用这个业务的人少之又少，那这样的业务流程也是非常失败的，这时候可以尝试对终端用户进行客户画像分析，通过分析使用这个业务的终端用户的一些基本信息，如性别、地区、年龄、偏好等，进而了解业务流程的受众群体为哪一部分人较多，从而针对性地对这部分人员提供进一步的流程细化与优化，而针对使用较少的那部分受众，也可以再细挖流程中的步骤进行改进，如当发现使用这个业务的老年人较少时，那就需要反思此前业务流程的设计对老年人是否不友好，字体、操作界面等是否简洁明了等。贴近用户群体画像的反馈更有利于企业找到业务流程的缺陷与问题，使得企业的业务流程受众面更广、使用人数变多，从而实现这个业务流程的价值。

（3）定期流程审核：当一个版本的业务流程定下来后，很多业务人员通常认为这部分工作告一段落了，但实际并不如此，一个流程的上线并不代表结束，除了需要对日常的数据进行分析外，还需要定期地对这个流程进行审核。当前的行业大环境并不是一成不变的，各家企业的规则、受众、偏好可能都会随着信息时代的发展而飞速改变，那此前制定的业务流程可能就不再适用了。流程审核的形式可以是面对面访谈、肩并肩观察或是资料审核，面对面访谈可以理解为以问答和沟通的形式来测试业务人员对流程关键节点和流程设计的掌握程度；肩并肩观察是指介入业务流程的现场，以实时监测的方式观察业务人员是否按照标准的业务流程进行业务的办理；而资料审核则是考察业务人员的实际操作及表述是否有迹可循、有章可查。无论是哪种形式，业务流程的审核的核心思想都是要保证业务流程设计与执行的一致性，避免因操作上的参差造成对整个业务指标的负面反馈。

（4）横向对比分析优劣：横向对比指的是业务与业务之间的对比，格局放大一点，可以延伸到公司与公司之间的对比。这时候企业需要关注的是，为什么在基本相同的条件下，其他公司的业务流程或同公司的其他业务流程在指标数据会优于当前正在进行的业务流程，是否在业务形态、需求场景方面做的调研不够深入，竞品公司是否有优点可以值得引进和学习，这都是需要思考和学习的方向。

5.3.3 业务流程分析方法论

1. 价值链分析法

价值链是指企业价值创造过程中一系列不相同但互相关联的价值活动的总和，企业则一般是由研发、设计、生产、营销和辅助活动（人力资源、采购、IT 等）等一系列价值活动的集合。也就是说，企业的这些生产经营活动，构成了一个创造价值的动态过程，即价值链。而价值链分析法则是通过价值分析找到整个生产经营活动中的增值活动与非增值活动，通过消除或精简非增值活动和强化增值活动来达到优化业务流程、形成企业竞争优势的目的。

以平时最常接触到的银行为例，一个商业银行的价值链根据业务可以分为以下几个模块：客户服务、内部服务、客户关系管理及营销、增值服务及其他辅助性活动，客户服务主要涉及的是面向客户的服务办理型业务，如通过电子、电话、网点等渠道进行各种业务办理等；内部服务涉及的是银行为自己的员工提供咨询及各业务在内部的流转过程，如为客户办理一个贷款申请，需要涉及内部各部门的政策查询、申请和审批流转等，这就属于内部的服务；客户关系管理及营销涉及的是在基本业务办理的基础上，为客户提供最新资讯的信息服务及个性化理财咨询，如日常接到的理财产品营销电话、客户经理微信推送理财产品信息等；增值服务涉及的是超出银行业务范围的其他服务型内容，如高端客户的知识讲座、沙龙、免费洗车等；最后的辅助性活动涉及银行的多个基础部门，它们不直接为银行业务创造价值，但也需要依靠这些部门的运营才能保证银行业务的正常运转，如人事行政部门、IT 部门、采购部门等。

通过以上价值链分析可知，客户服务、内部服务、客户关系管理及营销三块活动内容为银行的主要增值内容，可以通过科技数据手段为这些增值性活动提供更高效智能的运营手段，如引进智能机器人客服提升客户服务效率及满意度、引进智能外呼机器人提升营销速度及客户意向筛选等，而其他的非增值性部门（如人力方面）也可以在此基础上作出相应的缩减，这样能极大地提升银行的运转效率，节省人力成本。

2. 客户关系分析法

客户关系分析法主要方向是对企业的客户进行分析，以及客户关系的维护和发展，它的应用主要是结合数据挖掘，从大量的客户画像数据及客户行为数据中挖掘出客户隐含的、先前未知的、对决策有极大价值的客户需求信息与规则，并能根据已有的信息对未发生的行为进行结果预判，为企业经营决策和市场策划提供依据。客户关系分析可分为客户细分、客户行为分析和市场分析三个方面。

首先是客户细分，客户细分既可以按照客户价值进行分析，也可以按照多维的客户属性进行客户画像分析，按照客户价值分析是从客户销售收入、客户利润、客户业务量、客户信任度及客户忠诚度等几个因素作为划分标准，从而设定相应的客户级别，针对不同的客群设定不同的业务流程，提供更个性化的服务；而多维的组合型分析方法主要是结合客户的自然属性，如年龄、性别、收入、职业、教育程度等进行组合分析，快速地筛选出对应的客户群体名单，目前多维数据分析法已经较为成熟。

其次是客户行为分析，主要包括客户满意度、忠诚度、响应度及流失预测四个方面。客户的满意度越高，越有利于企业推进业务或项目的签约与成交，试想，一个非常满意的客户和一个比较满意的客户，自然是前者更容易合作，也更容易达成企业利润的最大化；而客户忠诚度则有助于企业建立一个长久稳定的业务利益关系；客户响应度主要应用于新客户获取阶段，这些客户在前期并未曾接触过企业的产品，这时企业可以利用客户的响应渠道、响应速度、购买方式等方面来分析建立客户数据；最后一个就是流失预测，在保持新客户加入的情况下，维护老客户的黏度，做好流失预判，也是客户关系分析的一个重要方面，企业可以通过分析流失客户的属性、投诉情况、客户购买频率等因素来进行模型预判。

最后是市场分析，市场永远都处于波动变化的趋势，这时做好市场的变化预判则显得尤为重要，通过及时分析产品类别、销售数据、销售区域信息、竞品发展情况等因素，对市场变化做好实时的监控和定位，则有利于企业运筹帷幄，把握先机，规避不必要的风险。

还是以银行为例，相信大家对银行的理财营销电话并不陌生，但银行并不是无章无序地对所有获取到的客户名单进行群体营销，这样不仅营销成本较高，还不一定能达到理想的营销效果。很多人看到银行电话的第一时间可能就会选择挂断，相当于无效营销。实际上，银行一般会先分析客户群体的收入水平、对本银行的忠诚度、对理财风险的承受度和关注度等因素，再依次作出不同的营销政策和流程，这样分析出的目标客户一般对此类电话接受度较高，有很大机会达成最终业务成交，从而达到银行营销的目的。

3. 基于 ERP 分析法

ERP，即企业资源计划，它是一种以提高客户满意度为目标不断优化供应链的管理思想，同时还是融合了先进信息技术和企业实践的新型管理工具，它以业务流程为基础，整合企业物流、信息流及资金流等各部门的关键信息，以系统集成的形式来规范和优化企业生产管理中的各项步骤与资源。

ERP 系统与业务流程是相辅相成的，ERP 的建立必须借助企业的流程化指导，而当业务流程在提升过程中出现新的观点，ERP 也需要为流程优化提供帮助，所以两者需要得到一个有效的整合，ERP 整体的实施思路可以参照以下过程：首先需要对企业现有业务流程进行调研，在此基础上绘制企业业务流程图，之后按照系统流程给出初步解决方案供企业方进行判断与优化。

4. 业务流程重组

业务流程重组又称 BRP，是指对企业业务流程进行根本性的再思考和彻底性的再设计，它将完全推翻和颠覆原有的业务流程，从而获得企业各方面的成本降低、业务改善及利润增长。当企业出现以下特征时，就是在告警我们应该及时地对业务流程进行重新分析了：企业资产利用率下降、客户满意度下降、企业竞争力下降、政府频繁出台新政、陈旧传统的信息技术应用等，通过以上特征可以看出，业务流程重组关注的四个要点分别为服务、成本、质量和时间。

客户需求是什么？如何定义流程能使客户需求得到满足？针对不同的客户群如何提供差异化的服务？从结果导向来思考，我们设计的流程需要能够为客户创造价值；

设计流程如何能保证成本最低？过程中哪些流程的能提供价值，哪些流程耗时而不产生收益？设计的流程间如何互相影响和关联？流程设计的付出和回报能否达成正比？从设计成本来看，我们需要挑选出高价值的流程；

创造出来的流程是否跟以前有批量重复？是否设计出了前所未有的流程？流程质量是否可控，是否能有效降低客户的投诉度，提升满意度？从流程质量看，我们不仅要保证流程能用，更要保证流程好用；

在设计流程的过程中，是否动用到了批量的人力、物力？是否能提高工作的自动化程度？如何利用新型的信息化技术指导建立流程？流程的重组不仅体现在结果，更包括过程中各环节的优化和效率的提升。

当我们掌握好业务流程重组的方法论，就可以更好地为企业的增效降本提供建设性的意见。

5.4 业务优化

5.4.1 PDCA 法

PDCA 法是一种闭环的循环管理方法，一个业务流程的完善可能并不是一次循环就能找到根因并解决，可能需要经过多重的嵌套循环才能最终定位和优化。

P（plan）——计划，确定方针和目标，确定活动计划。

D（do）——执行，实地去做，实现计划中的内容。

C（check）——检查，总结执行计划的结果，注意效果，找出问题。

A（action）——行动，对总结检查的结果进行处理，成功的经验加以肯定并适当推广、标准化；失败的教训加以总结，以免重现，未解决的问题放到下一个 PDCA 循环。

PDCA 法在日常的质量管理和业务改善中是一种常见的思路，如今天计划制定一个人工智能业务流程，同时按照这个计划去开展实施，在实施过程完成后通过自测和分析发现流程中的问题，再针对此问题进行改善，当改善完成后再次按此思路去执行流程，如未发现问题则对此次改善的经验加以总结，形成方案供学习参考；如发现问题，则继续按照 PDCA 的方法进行循环改善。

5.4.2 七步分析法

麦肯锡七步分析法是根据大量的案例总结出的一套商业机遇的分析方法，在实际运用中对业务分析和改善都是一种很重要的思维和方法。

第一步，需要定位及陈述问题，找到目前业务流程的问题节点所在。

第二步，问题分解，即把造成这个问题的因素以逻辑树或鱼骨图的方式罗列出来。

第三步，去掉非关键的影响因素，用于上一步的问题分解可能会分解出大大小小的很多问题，需要按照问题的重要程度进行优先级排序。

第四步，在明确根因后，需对明确后的问题制定出改善计划和解决计划。

第五步，根据制定的计划日程，进行改善方案的实施和开展。

第六步，需要对改善方案的执行结果进行一个结果的分析，明确这个方案的执行对业务流程的优化作用是否明显，相关指标是否有明显改变。

最后一步，则是将结果与方案相结合，形成一套完整的、有数据和理论支撑的解决方案，用以说服听众，并把它应用到实际的业务流程中。

以银行最常见的智能语音导航场景来分析，客户通过电话渠道进行业务咨询或者业务办理，通过机器人的引导或直接答复完成整个流程，银行在分析日常数据时发现，机器人的整体交互感很差，想通过七步分析方法进行相关的改善。

首先，我们需要先分析通话数据，找到可能影响转人工率的因素包括:语义识别差、语音识别率低、线路系统不稳定等。

第二步，对上述确定的因素做细分，语义识别差的原因可能包括知识库加工不充分、对业务知识考虑不全、算法模型不够智能等；语音识别率低的原因可能包括客户口音较重、识别率模型未做优化、环境噪声影响等，线路系统不稳定的因素则可能包括网关的不稳定性、网络的不稳定性、系统的不稳定性等。

第三步，通过对对话数据进行分析与标注，发现影响占比最大的还是语义识别差导致的整体效果差，而其他相关因素占比较小，这时可以把语义识别差定为主因。

第四步，在语音识别差的原因中，排查出来最根本的因素则是人员加工的知识库不充分，导致最基础问题都答不出来，这时需对知识库加工做一个重新的梳理和排期，制定加工计划。

第五步，根据上述安排，组织相关人员进行知识库收集、编写等工作。

第六步，对上述优化后的知识库再次开展测试工作，标注对应的准确率指标，对比改善前是否有明显的提高。

第七步，将此次优化过程梳理成有条理的运营方案，以项目分享的形式供大家学习与参考。

5.4.3 DMAIC 法

DMAIC 即 define（定义）、measure（测量）、analyze（分析）、improve（改善）、control（控制）。

define：明确客户真实需求，定义准确业务流程，这是业务流程制定的基础和方向，当拿到客户的需求方向后，需对这个需求做一个大致的分类，明白客户要实现的是什么样的目标。

measure：通过工具和方法，模拟在不同输入项的情况下，输出结果会有何不同的变化，从而帮我们找到影响到结果最主要的关键因子。

analyze：分析和测量一般是交互重叠进行的，两者的基本思路一致，这里就不赘余介绍，那除了上述提到的测量工具，分析工具还包括鱼骨图、散点图、佩瑞多图等。

improve：根据测量和分析的结果，找到了影响业务流程最主要的一个甚至多个关键因素，下一步则是针对这些关键因素作出改善方案和效果跟踪。

control：当明确了改善方案，也确定了改善效果有用，此时也并不代表这个改善过程得到了一个闭环的管理，还应该持续对此改善措施进行一个管控和跟踪，确保相关人员有定期按规章、按制度来进行执行，那才能保证效果的一致性和固定性。

还是以上述案例进行分析，其实整体思路是类似的。

首先需要明确客户需要改善的是哪个方面的数据，客户需要提升的是交互感，那这时不能误解成客户想提升接通率，不然的话整体方向就错了。

明确需求问题后，先分析出影响问题的主要因素为语义识别差、语音识别率低、线路系统不稳定三方面，这时可以采用控制变量法，分别测试在其他两个条件相同的情况下，改变其中一个因素对最终指标的影响情况，从而确定出主要因素。

当确定出主要因素为知识库不充分时，针对此因素作出改善计划并跟踪测试效果；

完成以上改善并确认改善有用后，还需要定期对此结果进行跟踪，确保不是偶发性的改良，而且需要保证业务人员定时按照这个思路和规定来进行业务流程的抽查，进行周期性的运营和分析，才能保证效果的稳定和持久。

第6章

人工智能常见算法

随着算法、算力和数据技术的不断发展和提升，有越来越多的人工智能应用相继落地，比较典型的包括语音交互产品（智能语音助理、智能车载系统、智能音箱等）、智能驾驶、智能机器人等，其交互效果、智能体验在算法的迭代升级过程中也不断被优化、提高。

本章主要从人工智能所应用到的机器学习算法基础知识，以及针对不同类型数据、模型、算法的工作任务、性能指标、优化方法这几个方面，对人工智能模型与算法的基础知识进行介绍。

6.1 机器学习算法

6.1.1 机器学习概述

我们通常所定义的学习，即人与动物在生活过程中凭借经验产生的行为，也可以说是行为潜能的相对持久的变化，是在外部环境的刺激下而产生的记忆。机器的学习也类似。目前机器学习对我们来说并不是一个陌生的词汇，并且实际上它已经存在了几个世纪，最早可追溯到17世纪，贝叶斯、拉普拉斯关于最小二乘法的推导和马尔可夫链，这些均是机器学习所使用的工具及基础。

从20世纪50年代开始研究机器学习以来，不同时期进行研究的途径和目的并不相同，可以划分为四个阶段。

第一阶段是20世纪50年代中期到60年代中期，这段时间主要研究的是“有无知识的学习”，主要是为了研究探索系统的执行能力。此期间最具代表性的研究就是Samuet的下棋程序。

第二阶段是从20世纪60年代中期到70年代中期，这段时期内主要研究的是将各个领域的知识数据植入智能系统里，其目的是模拟人类学习的过程，在这一阶段具有代表性的工作有Hayes-Roth和Winson的对结构学习系统方法。

第三阶段是从20世纪70年代中期到80年代中期，也称为机器学习复兴时期。1980年，卡内基梅隆大学（CMU）在美国召开了第一届机器学习国际研讨会，这也标志着机器学习研究已在全世界兴起。这期间最具代表性的工作有Mostow 的指导式学习、Lenat 的数学概念发现程序、Langley 的 BACON 程序及其改进程序。

第四阶段是 20 世纪 80 年代中期，也是机器学习的最新时期，该时期下的机器学习已经成为一门新的学科，综合应用了心理学、生物学、神经生理学、数学、自动化和计算机科学学等，形成了机器学习理论基础，并且机器学习与人工智能的各种基础问题的统一性观点也正在形成。

接下来我们将根据机器学习方式的不同，从无监督学习算法和监督学习算法两个方面对人工智能算法的基础知识进行介绍。

6.1.2　无监督学习算法

1. k 均值聚类

聚类的原理，即通过数据的共同特征，将数据进行分组，以提供决策支撑。然而分组的依据及分组的数量，我们一开始均无法明确，所以接下来我们介绍一种 k 均值聚类的方法，帮助我们进行数据的分类，其中 k 表示群组个数。

在进行 k 均值聚类时，我们需要进行群组的定义，明确两个问题：

（1）需要划分出多少个群组？

（2）每个群组中都有哪些数据？

首先第一个问题，需要划分出来多少个群组。随着群组数量的增加，每个群组里的数据相似度越来越高，相邻的群组间区别越来越小，极端情况下，单独的一个数据点就是一个群组，但是这种分组方式毫无意义。

所以，在决定群组数量时，需要有所权衡，首先，群组的数量需要足够大，以便最终分出来的群组是有意义的，可以作为决策的依据；其次，群组的数量要足够小，需要保证不同群组间是有所区别的。这个时候，我们可以使用陡坡图来协助确定合适的群组数量。

陡坡图可以展现群组内数据的离散度随着群组数量增加而降低的过程，若所有数据均属于一个分组，则群组内的离散度将达到最高。陡坡图的拐点处表示最佳群组数量，该处的群组内离散程度是较为合理的。从图 6-1 中可以看出，该组数据被分为 2~3 组的时候，是较为合适的。

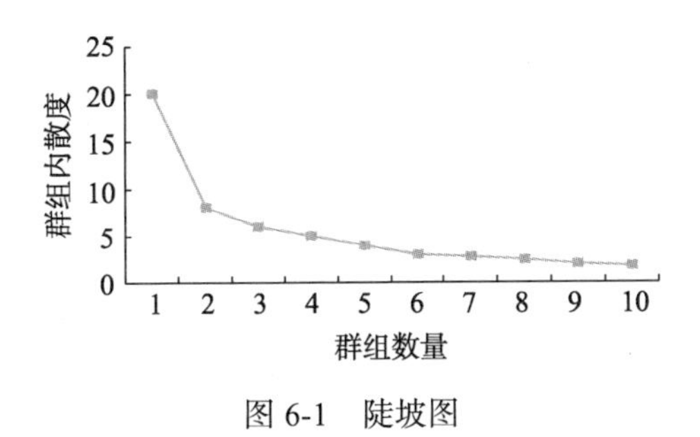

图 6-1　陡坡图

确定好群组数量之后，就需要再确定群组内都有哪些成员了。群组成员是在多次迭代过程后确定的，我们以 2 个群组为例，如图 6-2 所示。

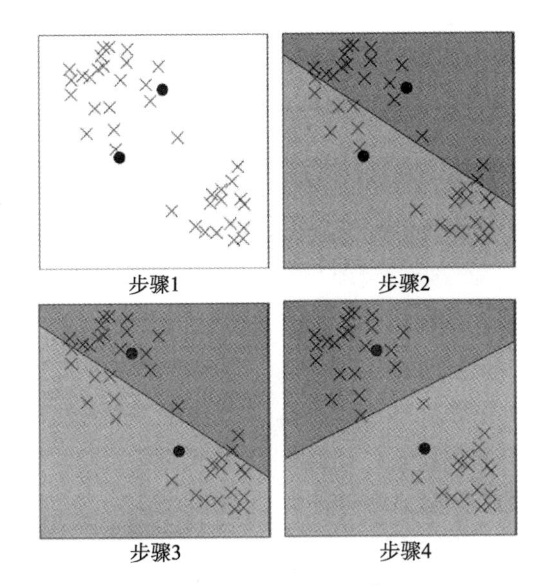

图 6-2　*k* 均值聚类的迭代过程

确定群组成员的步骤如下。

（1）猜测每个群组的中心点，也叫伪中心点，因为暂时不能确定猜测的中心点是否正确。

（2）将每个数据点分配给最近的伪中心点，如此便得到了两个群组，即图 6-2 中的深灰色与浅灰色群组。

（3）根据群组成员的分布，调整伪中心点的位置。

（4）重复步骤（2）、步骤（3），直至群组成员不再发生变化。

上述例子只涉及两个维度，但实际上更多维度的聚类也可以应用此方法进行。

局限性

（1）每个数据点只能属于一个群组。实际情况中，可能存在数据点恰好处于两个群组中间的位置，此时便无法使用 k 均值聚类来进行分组。

（2）群组被假定为正圆形的。查找距离群组中心点最近的数据点，这一过程类似于不断缩小群组的半径，所以最终得到的是一个正圆形，但如果实际群组的形状是椭圆或者其他存在重叠的形状，则也无法正确完成分组。所以 k 均值聚类只适用于正圆形、非重叠的群组。

（3）群组被假定是离散的。k 均值聚类既不允许群组重叠，也不允许互相嵌套。

2. 主成分分析

主成分分析用于找出最能区分数据点的变量，这种变量也称作主成分，数据点会沿着几个主成分的维度分散开，如图 6-3 所示。

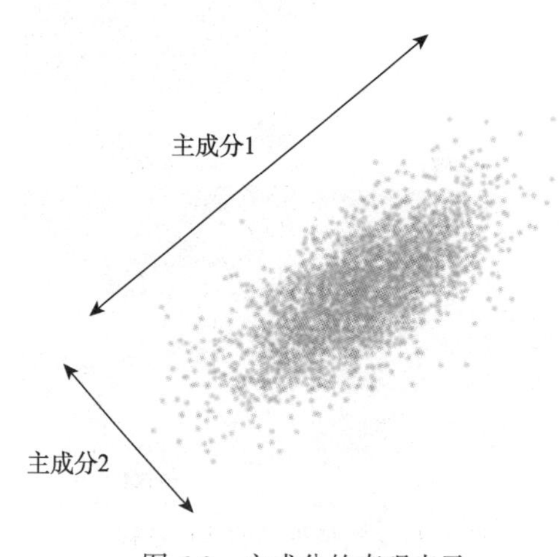

图 6-3　主成分的直观表示

主成分可以使用一个或者多个变量表示。比如，可以将“维生素 C”作为变量进行不同食物的区分，蔬菜与肉类维生素 C 含量明显不同，可以用这个变量来区分蔬菜与肉类。但单就一个维生素 C 变量，无法对肉类继续进行细分，所以可以将脂肪作为第二个变量，与维生素 C 进行组合，生成一个新的变量“维生素 C-脂肪”，这样就可以将蔬菜与肉类在一个维度均进行展开。为了进一步增强展开的可视化效果，我们再加入“膳食纤维”这个变量，与前者共同组合成“（维生素 C + 膳食纤维）− 脂肪”这个变量，将不同的蔬菜与肉类数据在同一维度下最大化地展开，如图 6-4 所示。

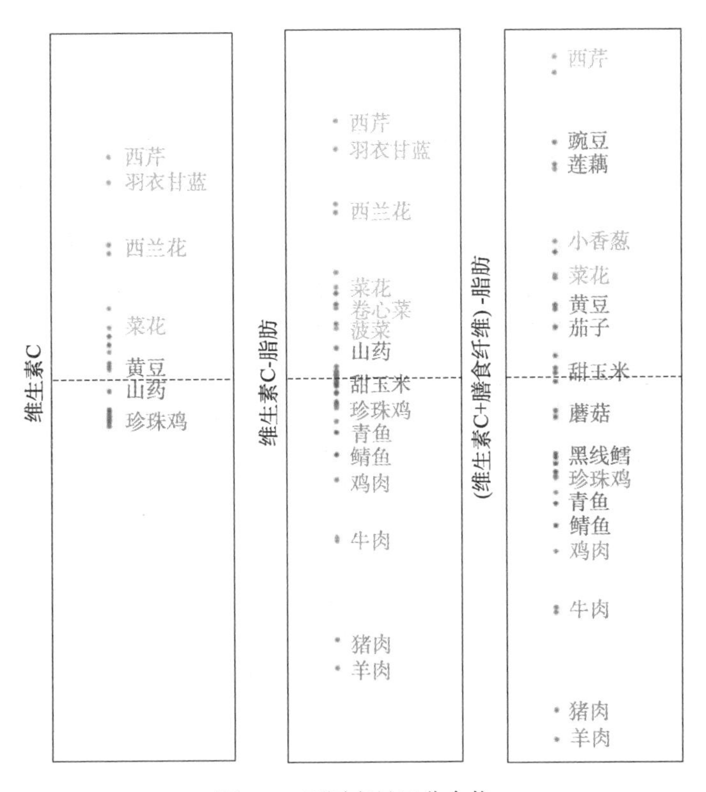

图 6-4　不同变量区分食物

小结

主成分分析是一种降维技巧，通过主成分分析，我们可以使用较少的变量来进行数据的描述，这些变量即我们所说的主成分。

每个主成分都是几个原始的变量经过加权组合而得到的，好的主成分可以用于数据分析及可视化。

当属性信息关联度最高的几个维度拥有最大的数据散度，并且互相正交时，主成分分析可以展示出其最佳效果。

局限性

（1）散度最大化。主成分分析有个重要的假设，即数据点最分散的维度是最具分析价值的，但个别情况下，这个假设并不一定是正确的，常见的一个反例就是计算薄饼的个数，在进行计算时，需要沿着垂直方向将一张张薄饼区分开来。然而，如果薄饼的堆叠高度较低，主成分分析算法就会认为其水平方向为计算薄饼个数任务的最佳主成分，但事实并非如此。

（2）解释成分。主成分分析算法需要对产生的各个成分进行解释，但有时一些变量组合的原因难以进行解释。

（3）正交成分。主成分分析算法中，各个成分间总是存在正交关系。但实际上这个假设可能是不对的，因为信息维度之间可能不存在正交的关系。

3. 关联规则

关联规则可用于揭示商品之间的相互关联信息，以提供更优的销售策略，增加销售利润。此外，关联规则还可以应用到其他更多领域，如医疗诊断中，可以达到了解判断并发症状、协助改善治疗效果的目的。

关联规则的常用指标有三个：支持度、置信度和提升度。

支持度指某个项集出现的频率，即包含该项集的交易数与总交易数的比例，如表 6-1 所示。

表 6-1　交易示例

交易序号	交易内容
交易 1	苹果、啤酒、米饭、鸡腿
交易 2	苹果、啤酒、米饭
交易 3	苹果、啤酒
交易 4	苹果、梨
交易 5	牛奶、啤酒、米饭、鸡腿
交易 6	牛奶、啤酒、米饭
交易 7	牛奶、啤酒
交易 8	牛奶、梨

其中，苹果的支持度为 4/8 = 50%，一个项集也可以包含多项，比如{苹果、啤酒、米饭}的支持度为 2/8 = 25%，我们可以自定义一个支持度阈值，当项集的支持度高于这个阈值时，就把它叫作频繁项集。

置信度表示的是当 A 出现时，B 也同时出现的频率，记作（A→B）。也可以这么理解，置信度指的是同时包含 A、B 两项的交易数与包含 A 项的交易数之比，表 6-1 中的{苹果→啤酒}的置信度为 3/4 = 75%。

提升度指的是 A、B 两项一起出现的频率，但需要考虑到这两项各自出现的频率，所以{苹果→啤酒}的提升度的计算方法为{苹果→啤酒}的置信度除以{啤酒}的置信度。根据表 6-1，{苹果→啤酒}的提升度为 1，说明苹果和啤酒之间无关联，如果{A→B}的提升度大于 1，则说明如果客户购买了 A 商品，那么也可能会购买 B 商品；如果{A→B}的提升度小于 1，则说明如果客户购买了 A 商品，那么就不大可能会购买 B 商品了。

小结

关联规则用于揭示某一个元素出现的频率，以及它与其他元素之间的关系。

识别关联规则常用的指标有三个：

{A}的支持度表示 A 项出现的频率；

{A→B}的置信度表示当 A 出现时，B 同时出现的频率；

{A→B}的提升度表示 A 和 B 一同出现的频率，并同时考虑单个项出现的频率。

局限性

（1）计算成本高。当库存量很大或者支持度阈值设置得偏低时，候选项会有很多，解决办法是可以使用高级数据结构对候选项进行更加高效的分类，以减少比较的次数。

（2）假关联。当元素的数量很多时，偶尔会出现假关联的情况，为了保证发现的关联规则是具有普遍性的，需要对其进行验证。

4. Louvain 方法

Louvain 方法用于在网络中寻找出群组，主要做的是两件事。第一个就是将同个群组中各个节点之间的边数和强度最大化，其中边指的就是各个节点之间的连线，也代表各个节点间的关系。因为每条边均带有权重，这里的强度指的就是相应节点间的关系强弱程度。还有一个模块度的概念，表示这两件事情的完成程度，模块度越高，群组越理想。

Louvain 不断迭代，获得理想群组的步骤如下。

（1）把单个节点作为一个群组，即分组初，群组数等于节点数。

（2）将一个节点分配给对于提升模块度最有利的一个群组，如果模块度无法得到进一步的提升，则节点保持原来的位置不变。将所有的节点重复进行这个过程，直至无法进行分配。

（3）将步骤（2）中得到的群组，认为是一个新节点，重新构建出一个粗颗粒度的网络，并且将先前群组间的边合并成连接新节点且带有权重的新边。

（4）重复步骤（2）、步骤（3），直至无法重新分配与合并。

Louvain 方法可以帮助我们找出更多、更重要的群组，并将一些权重较低的小群组进行合并，操作步骤简单、高效，现在 Louvain 方法已经成为一种流行的网络聚类方法，但是它自身仍存在一些局限性。

局限性

（1）重要但较小的群组可能会被合并。反复合并群组有可能使一些重要但是较小的群组被合并掉。为防止这种情况的出现，需要在合并过程中进行检查，如有必要，就把这些群组进行保留。

（2）有多种可能的聚类配置。如果网络中包含重叠或者是嵌套的群组，就难以使用 Louvain 方法找出最理想的群组分组方案。

5. PageRank 算法

PageRank 算法是以谷歌公司的联合创始人 Larry Page 的姓命名的，一开始是谷歌公司用来进行网页排名的算法之一，但实际上它可以用于对任意类型的节点进行排名。

在 PageRank 算法中，确定一个网页排名的因素有以下三个。

（1）链接数量。被其他网页链接的数量越多，该网页的访问数量可能就越多。

（2）链接强度。链接被访问的次数越多，该网页的流量可能就越大。

（3）链接来源。如果该网页被其他有较高排名的网页链接，那么该网页的排名可能也会得到提升。如图 6-5 所示，其中节点代表的是网页，边代表的是超链接。

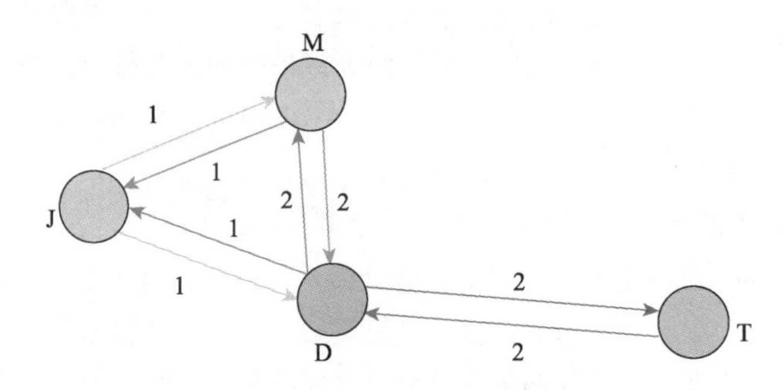

图 6-5　PageRank 算法原理图

从图 6-5 中可以看出，从网页 M 到网页 D 的可能性，是从网页 M 到网页 J 的 2 倍。要想了解这 4 个网页中哪个吸引的访问者人数最多，可以在图 6-5 中模拟 100 个访问者的上网行为，观察分析他们最终会停留在哪个网页上。

首先我们可以把这 100 个访问者平均分配给 4 个网页，如图 6-6 所示。然后根据链接的方向及其强度，给每个网页重新分配访问者，如：网页 M 的 25 个访问者里，有 1/3 会访问网页 J，2/3 会访问网页 D，经过这样重新分配之后，每个网页的访问者数量变成如图 6-7 所示。

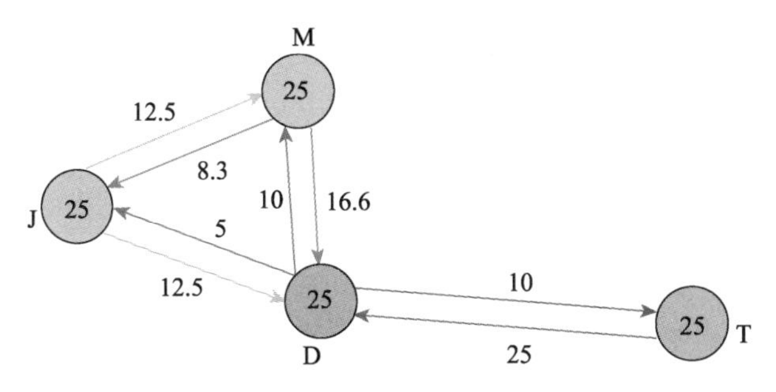

图 6-6　100 个访问者分配到 4 个网页

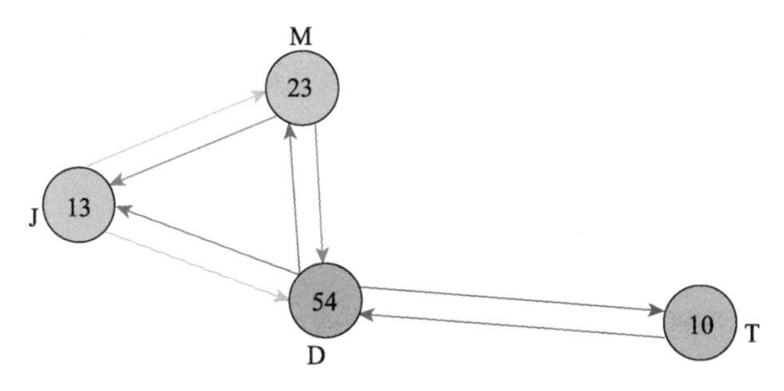

图 6-7　重新分配后的访问者分布图

如此重复上述分配操作，直至每个网页的访问者数量不再发生变化，最终每个网页中访问者的数量体现了该网页的 PageRank 排名，即访问者越多，排名就越高。

6.1.3　监督学习算法

1. 回归分析法

回归分析法指利用数据统计原理，对大量统计数据进行数学处理，并确定因变量与某些自变量的相关关系，建立一个相关性较好的回归方程（函数表达式），并加以外推，用于预测今后因变量的变化的分析方法。

回归分析主要由三个要素组成，即趋势线、回归系数和相关系数。

（1）趋势线。趋势线是做预测时经常会用到的工具，它所涉及的主题各式各样，如从天气预测到股市行情走向。回归分析中可以通过增加更多的预测变量来改善提升预测结果的准确性，并且可以对各个预测变量与预测结果的相关性强弱进行比较。从图 6-8 中可以看出房价与房间面积之间的关系，面积越大，对应的价格也就越高。

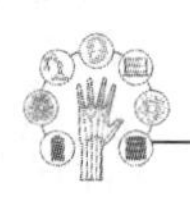

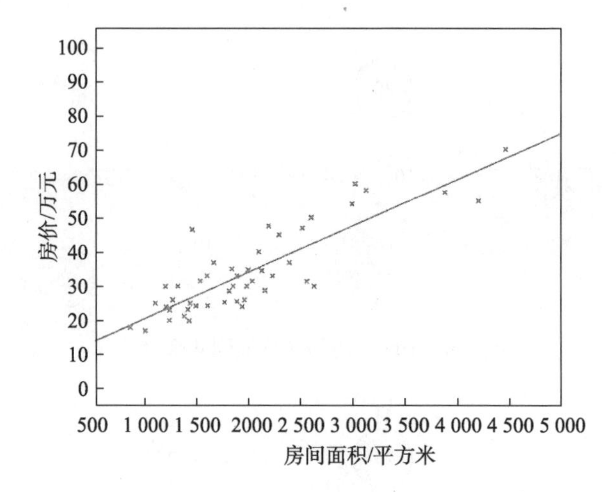

图 6-8　房间面积和房价的关系

除了房间面积对于房价的影响之外，周围居民的富裕程度也对房价有着一定的影响，且影响程度较房间面积更大。可以将房间面积与居民的富裕程度这两个变量结合起来，对房价进行预测，不过，因为两个变量对于房价的影响程度不同，应当对其赋予对应的权重，再进行预测。

（2）回归系数。在为回归预测变量求得最佳权重之后，还需要对其进行合理的解释。回归预测变量的正式名称即回归系数，它表示某个预测变量与其他预测变量相比的影响大小。也就是相关预测变量的增加值，并不是绝对预测强度的概念。

在预测房价时，对两个预测变量都进行标准化之后，权重之比为 1∶3，回归方程为

房价 = 1（房间面积）+ 3（居民富裕程度）

因为这两个变量与房价的关系均为正相关关系，所以中间以加号连接。

（3）相关系数。当预测变量只有一个时，对应的标准化后的回归系数也被叫作相关系数，记为 γ，如图 6-9 所示。相关系数的值域为–1 到 1。

从图 6-9 中，我们可以获取到两部分信息。

（1）关联方向。相关系数 γ 为正时，表示预测变量与预测结果之间的变化方向一致，相关系数为负时，则代表两者变化是相反的。

（2）关联强度。γ 的值越接近–1 或 1，预测变量对于预测结果的影响程度就越大，若 γ 的值为 0，则表示预测变量与预测结果之间不存在相关关系。

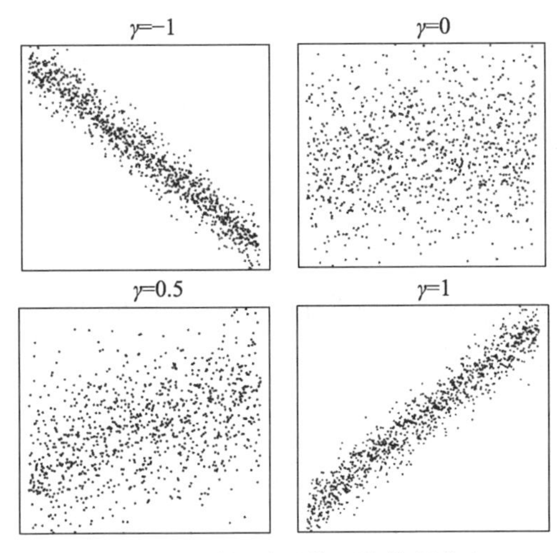

图 6-9　不同相关系数下的数据分布

2. *k* 最近邻算法

k 最近邻算法的原理是根据某个数据点周围的数据点类型，对该数据点进行分类，如图 6-10 所示，一个数据点周围有 3 个黑点和 1 个白点，那基于少数服从多数的原则，该数据点很大可能是黑色的。在 *k* 最近邻算法中，参数 *k* 代表周围数据点的数量，上述举例中，*k* 的值为 4，修改 *k* 值的过程叫作参数调优，对预测的准确度起着至关重要的作用。

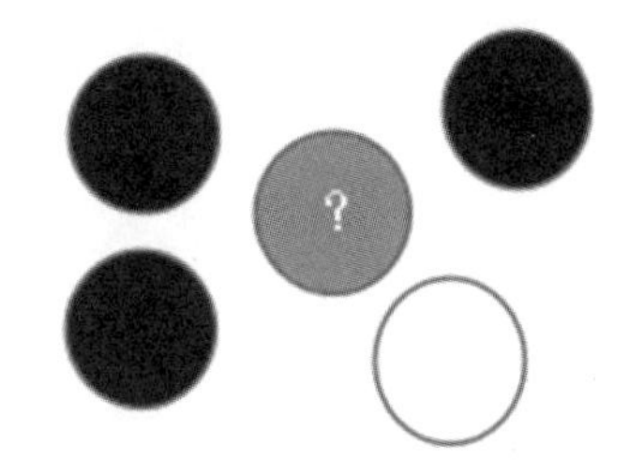

图 6-10　*k* 最近邻算法原理图

对于 *k* 值的选择，如果 *k* 值过小，数据点只根据最近的周围几个数据点进行匹配，此时由于随机噪声产生的误差也较大。*k* 值过大，数据点会与距离过远的其他数据点进行匹配，此时会有更多的一些噪点进入，也会导致误差变大。只有选择合适的 *k* 值时，才能达到理想拟合，将误差降到最低。一般使用的是交叉验证法对 *k* 进行调优。对于二分类的问题，可以把 *k* 设置成奇数，以避免平局的情况出现。

除了用于数据点分类，*k* 最近邻算法还可以通过合计周围数据点的值来预测一些连续值，此时可以使用加权平均值，能够进一步改善预测效果，提升拟合度。此外，*k* 最近邻算法还可以用来识别异常，因为 *k* 最近邻算法利用数据中的隐藏模式进行预测，所以一旦存在预测误差，则说明数据点与总体趋势不一致。异常数据点的存在可能是因为缺少对应的预测变量，也可能是因为所使

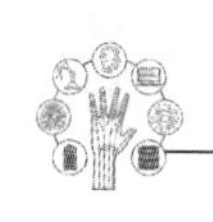

用的预测模型缺少足够的训练数据，所以在进行模型训练时必须保证有足够的数据样本。一旦找到异常数据点，需要将其从数据集中移除，以减少数据中包含的噪声，提升预测的准确率。

3. 支持向量机

支持向量机是一种基于统计学习理论的新型学习机，是由苏联教授 Vapnik 最早提出的。它是实现结构风险最小化的方法。其原理可以以图 6-11 辅助理解。图中的超平面与其最近的数据点之间的间隔我们叫作分离边缘，一般用 P 表示。支持向量机的目标是找出分离边缘 P 值最大的一条最佳分界线用于分组。距离最佳分界线最近的几个向量因为在寻找最佳分界线的过程中提供了支持作用，所以被称为支持向量。

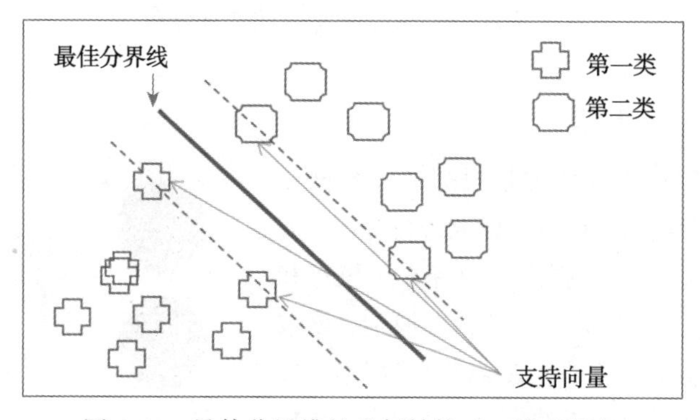

图 6-11　最佳分界线的几何结构（二维空间）

支持向量机的另一个用途是找出决策边界的凸弧，并且在发现错综复杂的凸弧时更具效率。此外，支持向量机还具备在高维空间进行数据操纵的能力，在进行多个变量的数据集操纵时，该能力更为突出，常见的应用场景是遗传信息破译、文本情感分析。

局限性

（1）小数据集。由于支持向量机是依靠支持向量进行决策边界的确定，所以数据集样本量较少时，会对分界线的精准定位产生影响。

（2）多组数据。支持向量机只支持同时对两组数据进行分类，如果同时存在多组数据，需要使用多类支持向量机，对每组数据均进行应用。

（3）两组之间存在大量重叠。支持向量机是根据数据点在决策边界的哪一边进行分类，当两个组之间的数据点存在大量重叠的时候，可能会导致分类发生错误，因此可以通过数据点到决策边界的距离来分析被正确分类的可能性。

4. 决策树

决策树是在已知各种情况发生概率的基础上，通过构成决策树来求取净现值的期望值大于等于零的概率，判断其可行性的决策分析方法，是直观运用概率分析的一种图解法。由于这种决策分支画成图形很像一棵树的枝干，故称决策树。在机器学习中，决策树是一个预测模型，它代表的是对象属性与对象值之间的一种映射关系。决策树是一种树形结构，其中每个内部节点表示一个属性上的测试，每个分支代表一个测试输出，每个叶节点代表一种类别。

若要生成决策，首先需要根据相似性把所有的数据点分成两组，后续就是重复这个二分的过程。每一层的叶节点中的数据点均比上一层要少，但其同质性更高。其中，重复二分的这个过程也被称为递归拆分，具体可以分为两个主要步骤：①确定一个二元的选择题，将数据点分成两组，最大限度地提高每组数据点的同质性；②针对每个叶节点重复步骤①，直至满足终止条件。

终止条件可以使用交叉验证法选取：

（1）每个叶节点的数据点均属于同一类，或者值均相同；

（2）叶节点包含的数据点少于 5 个；

（3）进一步进行分支时会超出阈值，且同质性不会再提高。

决策树也存在一个缺点，因为决策树的生成原理是将数据点重复地进行二分过程，数据的变化可能会影响拆分的结果，导致生成的决策树也大不相同，并且每次拆分时都需要保障是最佳的拆分方式，所以很容易产生过拟合的情况。

5. 随机森林

随机森林是决策树的集成模型，是通过组合许多模型的预测结果而得到的预测模型，在进行模型组合时，可以遵循多数优先的原则，也可以取平均值。模型进行组合的过程中，准确的预测模型会得到强化，错误的则会被抵消掉，所以相较于子模型，集成模型的预测准确度更高。为了保证组合模型的高度准确性，用来集成的子模型不能存在相同的错误分组，即子模型间必须是不相关的。

图 6-12 是对 10 个输出结果进行灰或白的颜色预测，其中第四个是集成模型，由前三个模型组成，这里的正确结果应该是 10 个输出全为灰色，所以相比之下，集成模型的预测准确度是最高的。

随机森林的预测结果一般比单个决策树模型的更准确，因为它利用了自助聚集法和集成方法两种技术。其中自助聚集法是通过随机限制数据拆分过程产生的变量来生成一系列不相关的决策树，集成方法则是将决策树的预测结果组合在一起进行分析。

模型a											准确度70%
模型b											准确度70%
模型c											准确度60%
集成模型											准确度80%

图 6-12　子模型与集成模型

随机森林是一个未知的结果，因为它是由多个决策树组成的，且无明确的预测规则。所以在实际应用过程中，是否使用随机森林，需要考虑模型的预测能力及结果是否可以进行解释。

6. 神经网络

神经网络也被称作人工神经网络或连接模型，它是一种模仿动物神经网络行为特征，进行分布式并行信息处理的算法数学模型。这种网络依靠系统的复杂程度，通过调整内部大量节点之间相互连接的关系，从而达到处理信息的目的。

近年来，由于数据存储和共享技术取得巨大进步，计算机能力的提升和算法精度的改进，由神经网络衍生出来的一些技术在执行速度及准确度上都已经超过了人类。

通过神经网络技术，可以对图片中的内容进行识别，如图 6-13 所示。

图 6-13　将图像转换为像素

为了读取图像中的内容，需要先把图像中的内容全都转换成像素，其中黑色像素用 0 表示，白色像素用 1 表示，完成像素化之后，就可以将像素化后的值交给神经网络进行处理，得到最终的结果。

神经网络通常由四部分组成。

（1）输入层。输入层进行每个输入图像的像素处理，最终的神经元的数量与实际上输入图像的像素数一致。

（2）隐藏层。在处理后的像素进入神经网络之后，它们会经过层层转换，不断提高标签已知的图像的整体相似度。其中标签已知指的是神经网络之前处理过这些图像，虽然说转换得越多，预测的准确度也就会越高，但相应的处理时间也会增加，所以一般几个隐藏层就够了，并且每层神经元的数量与像素数是成比例的。

（3）输出层。该层产生的是最终的预测结果，该层中的神经元可以只有一个，也可以同最终结果的数量。

（4）损失层。损失层一般存在于最后，提供有关输入是否识别正确的反馈，并给出相应的误差量。

尽管神经网络在一定程度上可以模拟人脑，但其自身还是存在一些缺点，为了弥补这些缺点，我们也有对应的解决方法。

（1）需要大量样本。神经网络的预测准确度是依赖于训练的数据量大小的，如果训练集太小，就会出现过拟合的问题；如果训练数据较难获取，一般采用二次取样、畸变和丢弃的方法来改善该问题。

（2）计算成本高。训练一个由几千个神经元组成的神经网络一般需要很长时间，最简单、直接的方法就是升级硬件，但其成本也会增加不少。另一个方法就是调整算法，使用一些预测准确度稍低的算法来提升对应的处理速度。常用的一些方法有随机梯度下降法、小批次梯度下降法和全连接层等。

尽管存在上述缺点，但神经网络强大的数据处理能力现已经应用于生活中智能助手、自动驾驶等各大领域，甚至在一些领域已经战胜了人类，如谷歌公司的 AIphaGo 在 2015 年首次战胜了人类棋手。随着算法的不断改进及计算能力的持续提升，神经网络在物联网时代的作用将越来越大。

6.2 算法应用

6.2.1 训练与测试

1. 为什么要进行数据训练

训练的过程实质是优化！模型训练的是模型里的参数，模型是一个从输入到输出的黑盒子，训练是为了让这个黑盒子更适应我们手头的任务。

在进行模型训练时，首先需要收集整理大量和任务相关的数据集来训练模型；然后通过模型在数据集上的误差不断迭代训练模型，得到对数据集拟合合理的模型；最后再将训练好、调整好的模型应用到真实的场景中。

2. 训练集、验证集、测试集

训练集（train set）——用于模型拟合的数据样本。

验证集（validation set）——是模型训练过程中单独留出的样本集，它可以用于调整模型的超参数和用于对模型的能力进行初步评估；通常用来在模型迭代训练时验证当前模型泛化能力（准确率，召回率等），以决定是否停止训练。

测试集（test set）——用来评估最终模型的泛化能力；但不能作为调参、选择特征等算法相关的选择的依据。

一个形象的比喻：

训练集——学生的课本；学生根据课本里的内容来掌握知识。

验证集——作业，通过作业可以知道不同学生学习情况、进步速度快慢。

测试集——考试，考的题是平常都没有见过，考查学生举一反三的能力。

3. 为什么要有测试集

训练集直接参与了模型调参的过程，显然不能用来反映模型真实的能力（防止对课本死记硬背的学生拥有最好的成绩，即防止过拟合）。

验证集参与了人工调参（超参数）的过程，也不能用来最终评判一个模型（只会刷题库的学生不能算是学习好的学生）。

所以要通过最终的测试集（考试）来考查一个模型（学生）真正的能力（期末考试）。

可能很多人都有这样的困惑，训练完一个模型，离线评估准确率 90%+，然而一到线上，效果却大跌眼镜，这是为什么呢？比较显而易见的一个原因是离线测试集和线上数据集分布的差异。我们的离线测试集通常是 held-out datasets，和训练集同分布，是从同一个数据集划分来的，而这个数据集可能是不全面的、有偏向的，而线上数据集的分布可能不一样（out-of-distribution），所以在测试集上表现得好不一定意味着在相关数据集上表现得好。

在实际应用中，除了模型算法之外，还有很多因素会对最终效果产生很大的影响。其中最重要的就是数据，还有就是应用场景的特点。

6.2.2 文本类数据测试及优化

自然语言处理主要是研究实现人与计算机之间用自然语言进行有效通信的各种理论和方法。基于神经网络的深度学习技术具有强大的表达能力、端到端解决问题的能力，因而在 NLP 任务的应用上越来越广泛和有效。本节主要从文本情感分析和文本相似度匹配两个方面进行介绍。

1. 文本情感分析

文本情感分析是对带有情感色彩的主观性文本进行分析、处理、归纳和推理的过程。情感类型一般分为正向（positive/积极）、负向（negative/消极）、中性（neutral/中立）。简单来说就是利用算法来分析提取文本中表达的情感。例如分析一个句子表达的好、中、坏等判断，高兴、悲伤、愤怒等情绪。如果能将这种文字转为情感的操作让计算机自动完成，就节省了大量的时间。对于目前的海量文本数据来说，这是很有必要的。

文本情感分析主要有三大任务，即文本情感特征提取、文本情感特征分类和文本情感特征检索与归纳。而关于文本情感分析的方法主要分为两类：基于情感词典的文本情感分析方法和基于机器学习的文本情感分析方法。

1）情感分析方法介绍

（1）基于情感词典的文本情感分析方法。情感词典是文本分析的基础，利用文本情感词典，可以对情感词典进行极性和强度标注，进而进行文本情感分类。

图 6-14 是基于情感词典的文本情感分析过程。

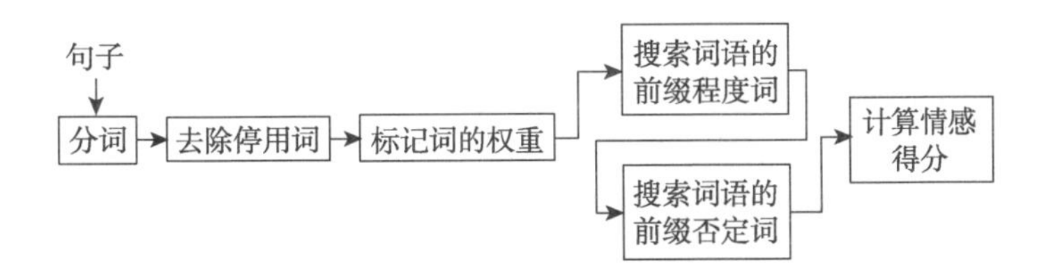

图 6-14　基于情感词典的文本情感分析过程

举个例子：

这个菜不是太好吃。

先进行分词：这个/菜/不是/太好吃，一共分为四个词：这个，菜，不是，太好吃。

遍历每个单词，“太好吃”在情感词典中的 pos 词典中出现，所以 pos_score 得分为 1，然后往前遍历是否出现程度词，无程度词，再搜索否定词，出现了“不是”得分为–1，相乘最终得分为–1。然后 pos_score 减去 neg_score 的值为最终得分，大于 0 则为 pos，小于 0 为 neg。

上述例子中每一个情感词的得分需要按照情感词典来计算，而情感词典则分为人工构建情感词典和自动构建情感词典。

①人工构建情感词典。人工构建情感词典是抓取数据之后多次进行人工标注，根据情感表达将词语进行正负向和强弱程度区分。比较典型的中文情感词典是王勇等对微博中的句子构建的极性词典、台湾大学的中文情感极性词典（NTUSD）、知网情感词典 HowNet 等。

人工构建情感词典在扩充词条信息和便利性方面有一定的优势，但是大大增加了人工开销，并且设计的范围有限，不适合跨领域研究。

②自动构建情感词典。

第一种是基于知识库的方法，是对上面的人工构建情感词典进行的拓展，加入名词、动词、副词，使情感词更加全面。

完备的语义知识库，能够快速构建通用性较强的情感词典，对词典的精度要求不高的情况下，这种方法较为实用。中文语义知识库的不足及领域的限制使得该方法在构建面向单一领域的情感词典中表现不佳。

第二种是基于语料库的方法，利用相关领域的大量语料和相关度的计算规则，结合机器学习的方法，自动统计情感词的情感极性，自动构建情感词典。

语料库相对于语义知识库而言，其优点是容易获得且数量充足，构建的词典在语料所属的领域内表现较好，但是构建的成本较高，需要对语料进行预处理。另外，所构建的词典的准确率相对不高。

第三种是知识库和语料库结合的方法，将扩充的情感知识库和特定领域的语料库结合，使构成的情感词典更加丰富。

基于情感词典的文本情感分析技术由于构建的词典往往只针对某个领域，对于跨领域情感分析的效果不够好，而且词典中的情感词可能不够丰富，对于短文本和特定领域文本进行情感分析的效果更好。因此，对于长文本来说，更好的解决方法是利用机器学习方法。

（2）基于机器学习的文本情感分析方法。机器学习方法是先将文本信息进行特征处理，然后对模型进行有监督学习训练，训练好的模型用于预测新的文本信息的情感极性，分析过程如图 6-15 所示。

根据分类算法不同，基于机器学习的文本情感分析方法可分为朴素贝叶斯、最大熵和支持向量机三种方法。而其中支持向量机的效果最好。

①朴素贝叶斯。基于朴素贝叶斯的方法是通过计算概率来对文本情感进行分类，适合增量式训练，而且算法比较简单。

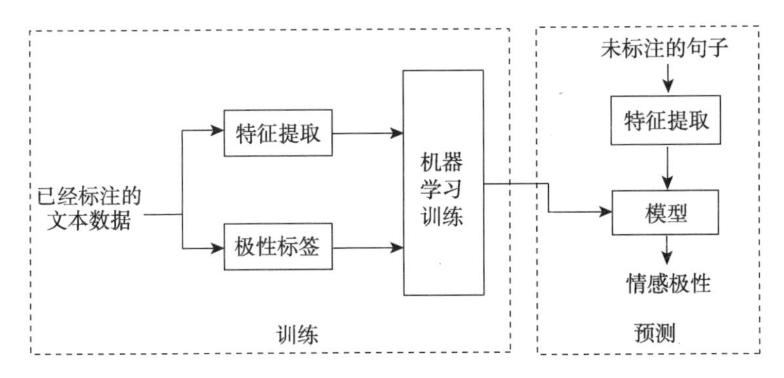

图 6-15 基于机器学习的文本情感分析过程

对于给定的数据 x，有贝叶斯公式：

$$p(C \mid x)=\frac{p(C)p(x \mid C)}{p(x)}$$

根据公式可以得出数据 x 归为情感类型 C 的概率。

将 x 分词为 x_1，x_2，x_3，x_4，则

$$p(x)=p(x_1 \cap x_2 \cap x_3 \cap x_4)$$

朴素贝叶斯在贝叶斯公式的基础上做了独立同分布假设，所以简化 $p(x)$的计算为

$$p(x)=p(x_1)p(x_2)p(x_3)p(x_4)$$

但该方法对输入数据的表达形式很敏感，而且需要计算先验概率，因此会在分类决策方面存在错误率。

②最大熵。最大熵分类器属于指数模型类的概率分类器。基于最大熵原理，并且从适合训练数据的所有模型中，选择具有最大熵的模型。近年部分学者基于最大熵构建情感分析模型，对文本情感进行了分析。

基于最大熵的文本情感分析只要得到一些训练数据，然后进行迭代，就可以得到所需模型，进行自收敛，方法简单。但是由于最大熵往往只能得到局部最佳解而非全局最优解，因此运用该方法进行情感分析的准确率有待提高，且约束函数数量和样本数目有关系，迭代过程计算量巨大，实际应用比较难。

③支持向量机。支持向量机最初由 Vapnik 提出，它通过寻求结构化风险最小以提高学习机泛化能力，实现经验风险和置信范围的最小化，从而达到在统计样本量较少的情况下亦能获得良好统计规律的目的。

结果表明，基于 Boosting 算法的 SVM 混合情绪分析模型，性能显著优于单独的 SVM 模型。

基于 SVM 的文本情感分析方法被认为是最好的情感分析方法，该方法泛化错误率低，计算开销不大，而且对于训练样本较小的文本可以得到很好的情感分析效果，对高维数据的处理效果良好，能够得到较低的错误率，但该方法对参数调节和核函数的选择敏感。

2）模型效果评估及优化

情感是人类的一种高级智能行为，为了识别文本的情感倾向，需要深入地语义建模。另外，不同领域（如餐饮、体育）在情感的表达上各不相同，因而需要有大规模覆盖各个领域的数据进行模型训练。为此，可通过基于深度学习的语义模型和大规模数据挖掘解决上述两个问题。Senta（Sentiment Classification）是百度 NLP 开放的中文情感分析模型，针对带有主观描述的中文文本，可自动判断该文本的情感极性类别并给出相应的置信度。情感倾向分析能够帮助企业理解用户消费习惯、分析热点话题和危机舆情监控，为企业提供有利的决策支持。

以下为模型各评价指标计算方法：

错误率：是指分类错误的样本数占样本总数的比例。

准确率：是针对模型预测结果而言的，它表示的是模型预测为正的样例中有多少是真正的正样例。

精确度：是指分类正确的样本数占样本总数的比例。精确度反映了分类器对整个样本的判定能力。

召回率：是针对原来的样本而言的，它表示的是样本中的正例有多少被预测正确。

百度 Senta 在各种垂类准确率非常高，整体效果业界领先。而开源项目 Senta 中，既包含了简单高效的情感分类语义模型，也包含了百度基于独有大数据语料训练好的高精准模型，可以适应不同场景的需求。所以，用户在使用 Senta 时可以将自己场景的数据加入训练集中，使得模型更符合自身的应用场景。即便自己没有训练机器，也可以上传自身的数据到百度 AI 开放平台进行定制化，然后调用定制化好的 API 即可。

2. 文本相似度匹配

在自然语言处理任务中，我们经常需要判断两篇文档是否相似、计算两篇文档的相似程度。比如，基于聚类算法发现微博热点话题时，我们需要度量各篇文本的内容相似度，然后让内容足够相似的微博聚成一个簇；在问答系统中，我们会准备一些经典问题和对应的答案，当用户的问题和经典问题很相似时，

系统直接返回准备好的答案；在监控新闻稿件在互联网中的传播情况时，我们可以把所有和原创稿件相似的文章都看作转发，进而刻画原创稿件的传播范围；在对语料进行预处理时，我们需要基于文本的相似度，把重复的文本给挑出来并删掉……总之，文本相似度是一种非常有用的工具，可以帮助我们解决很多问题。

现在在生活中很多方面也已经用到了文本相似度计算的知识。例如，很多产品（App、网站导游机器人等）配备了问答系统，允许用户用自然语言向系统发出各种请求。系统会理解用户的语言，然后返回一定形式的内容并展示在终端里，作为对用户的回答。有些问题比较经典或者大家经常问到，工程师或者领域专家会把这些问题和对应的答案收集并存储起来，当用户再次问到类似的问题时，直接返回现成的答案即可。“类似”与否的判断，就需要使用文本相似度计算来支持。

那么，如何让机器替我们完成文本相似度的计算呢？

1）相似度计算方法介绍

文本相似度计算方法有两个关键组件，即文本表示模型和相似度度量方法，见表 6-2。前者负责将文本表示为计算机可以计算的数值向量，也就是提供特征；后者负责基于前面得到的数值向量计算文本之间的相似度。

表 6-2　文本相似度计算方法介绍

文本表示模型		相似度度量方法
文本切分粒度	特征构建方法	
原始字符串	TF	最小编辑距离
ngram	TF-IDF	欧氏距离
词语	句向量	余弦距离
句法分析结果	词向量	杰卡德相似度
主题模型	Simhash	海明距离
		分类器

2）模型效果评估及优化

文本相似度，顾名思义是指两个文本（文章）之间的相似度，在搜索引擎、推荐系统、论文鉴定、机器翻译、自动应答、命名实体识别、拼写纠错等领域有广泛的应用。BERT（bidirectional encoder representations from transformers）全称是来自变换器的双向编码器表征量，它是谷歌开发并发布的一种新型语言模型。BERT 旨在通过联合调节所有层中的上下文来预先训练深度双向表示。

因此，预训练的 BERT 表示可以通过一个额外的输出层进行微调，适用于广泛任务的最先进模型的构建，如问答任务和语言推理，无须针对具体任务做大幅架构修改。

BERT 本质上是一个两段式的 NLP 模型。

第一个阶段叫作 pre-training，通过大规模无监督预料训练获得的模型，可以获取文本动态字符级语义 embedding，简单地可以视为加强版的字符级 word2vec。实际上由于 BERT 预训练阶段在 Masked LM 之外的另一个 pre-training 任务就是 next sentence Prediction，即成对句子构成的句子级问题，所以用 BERT 做文本匹配是有天然优势的。

第二个阶段叫作 fine-tuning，利用预训练好的语言模型，完成具体的 NLP 下游任务，NLP 下游任务多种多样，NLP 在多种任务中当时都取得了最好的效果，其中之一就是文本匹配任务，只需要直接输入分割好的句子对就可以直接获取匹配结果。

当然除了直接使用 BERT 的句对匹配之外，理论上还可以只用 BERT 来对每个句子求 embedding，之后再通过 Siamese Network 这样的经典模式去求相似度也可以。但从实操来说是不可取的，使用 BERT 获取 embedding 后再进行复杂的交互计算，整个模型会非常大，训练时耗也会很长，不适于工业。

BERT 预训练阶段任务之一就是 next sentence prediction，所以使用 BERT 进行文本匹配任务可以非常轻易地达到很好的效果，一般工业级数据效果可以达到 80%甚至超过，比一般非预训练匹配模型所需训练数据少、训练模型效果好。

（1）测试数据分析。将需要打分的文本数据输入模型处理后就会输出对应的相似度打分，这时候会确定一个阈值，设定高于阈值的样本为相似文本，低于阈值的样本为无关样本。样本统计之后的结果如准确率、误召回率等数据可用于进行模型处理能力的判断。

模型各数据计算方法如下：

准确率：指得分高于阈值且命中正确的样本在所有得分高于阈值的样本中的占比，该指标会随着阈值的上升而上升。

误召回率：指所有与知识库无关的用户问题中得分高于阈值的问题的占比，该指标会随着阈值的上升而下降。

回答率：指得分高于阈值的样本在全部样本中的占比，该指标会随着阈值的上升而下降。

匹配度：指得分高于阈值且命中正确的样本在全部样本中的占比，该指标会随着阈值的上升而下降。

（2）BERT 模型预训练及其改进。

①BERT 模型以字为基础，在中文场景中词包含的信息更为广泛。

对应改进：使用全词 MASK，即 MASK 的从字替换到词。

②BERT 模型以字为基础，在中文场景中短语或者实体包含的信息更为广泛。

对应改进：增加基于 phrase（短语）和 entity（人名、位置、组织、产品等）的 MASK。

③BERT 模型的预训练任务只有两个，为了增大其通用性，增加预处理任务的数量。

对应改进：使用多个预处理任务进行训练。

④Next sentence prediction 任务在很多下游任务中表现一般。

对应改进：使用动态 MASK 及修改 NSP 任务。

⑤BERT 模型参数过大，预训练时间过长。

对应改进：共享层之间的参数，embedding_dim 缩小。

采用蒸馏的方法，学习到一个小型的网络。

⑥BERT 模型在通用场景下效果不错，但在个人场景下效果一般。

对应改进：基于内部语料集合进行再次预训练。

⑦BERT 模型在生成式任务中表现一般。

对应改进：将 BERT 模型的 DAE 变为 DAR。

6.2.3 音频类数据测试及优化

1. 模型简介

关于音频类数据，一般涉及的是 ASR，自动语音识别技术，即将人的语音转换成文本的技术。语音识别是一个多学科交叉的领域，它与声学、语音学、语言学、数字信号处理理论、信息论、计算机科学等众多学科紧密相连。由于语音信号的多样性和复杂性，语音识别系统只能在一定的限制条件下获得满意的性能，或者说只能应用于某些特定的场合。

由于语言文字排列组合的多样性，进行语音识别效果测试时，需要基于统计学的测试方法，具有大数据思维。将测试场景、测试对象等均分多组进行测试，以确保测试结果的合理性、有效性。

1）语音识别应用到的主流算法

（1）基于动态时间规整（dynamic time warping，DTW）的算法。该算法

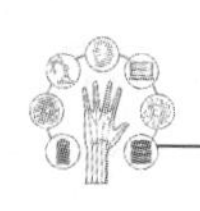

是进行连续语音识别的主流方法。虽然其运算量较大，但技术上较简单，且识别正确率相对较高。近来，针对小词汇量、孤立字（词）的识别系统，也有很多改进后的 DTW 算法被提出。

（2）基于参数模型的隐马尔可夫模型的算法。该算法主要适用于大词汇量的语音识别系统，需要较多的数据来训练模型，且训练周期、所需内存空间以及识别的时间都比较大比较长，一般连续隐马尔可夫模型要比离散隐马尔可夫模型计算量大，但识别率要高。

（3）基于非参数模型的矢量量化（VQ）的算法。该算法所需的模型训练数据、训练周期和识别时间、工作存储空间都很少。但是 VQ 算法对于大词汇量语音识别的识别性能不如 HMM 好。

2）语音识别过程中的关键技术

（1）端点检测（VAD）。该项技术的主要目的是确定语音信号的起始端点，以及从起始端点开始进行连续语音流中的有效语音信号、结束端点的检测。这对于提高识别模型的精确度和正确度有着重要的作用。通过进行端点检测，可以从连续的语音流中分离出有效的语音，减少传输或者存储的数据量，其次在一些特殊的场景中，比如需要进行录音的场景，使用语音后端点检测可以省掉结束录音的操作。

（2）噪声抑制（降噪）。实际中的音频数据通常都会带有一定强度的背景噪声，噪声有白噪声、脉冲噪声、起伏噪声等，其中在实际应用中最常见的是频谱较为稳定的白噪声。如果背景噪声的强度较大，会对语音识别的效果产生非常大的影响，如识别准确率降低、端点检测的灵敏度下降等，因此在语音识别的前端处理中，进行噪声抑制是很有必要的。噪声的抑制流程一般是：①获取稳定背景噪声的频谱特征（在某一处或者某几处频谱的幅度非常稳定的）；②从背景噪声的起始点开始分组，进行 Fourier 变换，求得平均噪声频谱。

（3）语音增强。除了降噪之外，我们也可以通过语音增强来消除环境噪声对语音识别的影响。目前常用到的语音增强方法主要有：①基于短时谱估计的语音增强法，包括谱相减法、维纳滤波法、最小均方误差法等；②噪声对消法；③谐波增强法；④基于语音生成模型的语音增强法；⑤基于听觉掩蔽的语音增强法；⑥基于小波变换的语音增强法。

3）影响语音识别效果的三个因素

（1）环境噪声。为了模拟真实的应用场景，测试时一般需要加入不同级别的场景噪声配合测试。比如车载语音的场景，通常需要进行 20 km/h、40 km/h、60 km/h、80 km/h、100 km/h 多个不同速度的场景测试，这样才能反映最真实的识别情况，以更好地暴露产品的缺点。

（2）发音位置。发音位置与所应用的场景相关，如车载智能语音助手，那么就需要分别考虑每个座位上的识别效果如何。

（3）发音对象。发音对象一般为我们的用户，如果产品的使用人群足够多、范围足够广，那我们就需要对不同地域、不同年龄、说话习惯等多个因素进行综合考虑来分析评价识别效果的好坏。

在进行语音识别效果测试的过程中，我们需要提前准备好效果测试需要用到的数据，通常来说测试数据越丰富，效果会越好。

首先需要准备应用场景相关的真实录音数据，一般要求时长为 1 h 以内即可，然后对该数据进行标注处理，得到测试所需的测试集。

一般语音识别这里常被用来进行模型性能评价的指标是字错率和词错率，中文 ASR 常用字错率；而英文中单词为最小单位，因此常用词错率。但 CER 与 WER 核心计算方法一样。

2. 模型效果评估方法

字错率计算的原理其实就是将 ASR 预测的输出字符序列与正确的参考字符序列进行比较，得到错误率。计算公式如下：

$$\text{CER}=\frac{S+D+I}{N}$$

式中，S（substitution）表示替换的字符总数；D（deletion）表示删除的字符总数；I（insertion）表示插入的字符总数；N 表示正确参考序列中字符的总数；CER 的值域为[0，无穷大]。

测试语音识别效果时，一般中文使用字错率，其核心算法逻辑如下：

```
def cer(r: list, h: list):
    """    Calculation of CER with Levenshtein distance.    """
    # initialisation
    import numpy
    d = numpy.zeros((len(r) + 1) * (len(h) + 1), dtype=numpy.uint16)
    d = d.reshape((len(r) + 1, len(h) + 1))
    for i in range(len(r) + 1):
        for j in range(len(h) + 1):
            if i == 0:
                d[0][j] = j
            elif j == 0:
                d[i][0] = i

    # computation
    for i in range(1, len(r) + 1):
```

```
        for j in range(1, len(h) + 1):
            if r[i - 1] == h[j - 1]:
                d[i][j] = d[i - 1][j - 1]
            else:
                substitution = d[i - 1][j - 1] + 1
                insertion = d[i][j - 1] + 1
                deletion = d[i - 1][j] + 1
                d[i][j] = min(substitution, insertion, deletion)

    return d[len(r)][len(h)] / float(len(r))

if __name__ == "__main__":
    r = '你好，请问你叫什么名字'
    h = '你好，你叫什么名字'
    r = [x for x in r]
    h = [x for x in h]

    r = '北京城交已实现无人驾驶'
    h = '<UNK>斤重交已实现无人驾驶'
    r = r.split()
    h = h.split()

    print(cer(r, h))
```

3. 优化方法

通过如上代码运行，可得到测试集文本的 CER。一般 CER 较低时，即实际表现为模型将输入的语音内容识别成了一句不相关的内容。识别错误的情况通常有三种：第一种是将生僻词识别错误的问题，主要是因为模型在进行训练时没有进行过这类数据的学习训练，此时需要再使用对应的训练集对模型进行训练，如果错误的词较少，我们也可以使用添加热词的方式进行优化。第二种是模型在进行识别时发生竞合问题，即两个词的发音非常像，会相互冲突，如把“我要去宜家”识别成了“我要去一家”，这种错误需要将对应正确的文本加入语言模型中进行训练优化。第三种是：因为模型进行语音识别时主要是进行一个预测的过程，尽管可能前边已经进行了热词优化，将词和句子加到了模型上，但实际识别的时候可能还是会出现识别错误。此时我们可以通过强干预进行该问题的解决，具体的优化方法是，在模型识别完成之后，再加一个干预的逻辑，此时会将识别错误的文本强行干预转写为预期的内容。比如，模型总是将“我想买一个 Switch”识别为“我想买一个思维刺”，通过干预之后，最后得到的转写内容就是“我想买一个 Switch”。

目前在理想的环境中，ASR 模型识别的准确率已经能达到很不错的指标，但是在一些复杂场景中，识别效果还是存在不少的问题，需要进行优化提升，尤其是经常遇到的竞合问题、噪声识别等。未来语音识别和图像算法可能会互相结合，如通过唇语和表情的识别能力，辅助提升ASR模型的识别准确率，解决复杂场景、混乱环境的识别问题。

总的来说，语音识别就是把声学信号转换成文本信息的一个过程，其中最核心的算法就是声学模型和语言模型，分别通过大量的音频数据和语言文本数据进行训练，提升整体识别预测的效果。其中声学模型负责找到对应的拼音，语言模型负责找到对应的句子。在后期运营时，可以整理 badcase 对模型进行相应的优化和效果提升。

6.2.4 图像算法及指标

1. 图像识别引入

除了文本类数据和音频类数据，图像类数据也是最主要的数据类型之一。随着人工智能与我们的生活越来越紧密地联系在一起，人们对图像类问题的研究越来越深入，图像识别逐步拓展至各个领域，与各行业技术相结合，为日常生活带来了诸多便利。图像识别主要经历了三个阶段：对文字信息的识别，对数字化信息的识别，对物体的识别。

2. 图像识别过程

图像识别是使用人工智能技术将图像中的对象进行识别，包括文本、人物、位置、动作等，在交通、医学、安防、教育、金融等领域都有广泛应用。图像识别主要分为图像处理和图像识别两个过程，如图 6-16 所示。

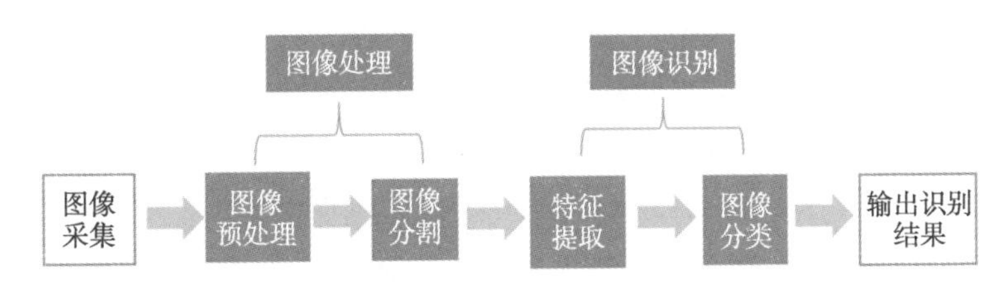

图 6-16　图像识别过程

机器学习算法的训练效果在很大程度上依赖高质量的数据集，当数据集质量不高时，需要经过加工处理，提升数据集的整体质量。图像识别算法效果也是依赖于数据集质量，因此在图像识别之前，需要进行图像处理，包括预处理和分割，去除干扰，让原始图像编程适于计算机进行特征提取。

预处理即对图像的大小、分辨率、通道数、长宽比、缩放等进行处理，以保证后续工作的正常进行。这些处理大多数可依赖于软件实现，如数字化、几何变换、归一化、图像平滑、图像增强、图像复原、图像编码与压缩。

图像分割是对图像中的目标、背景进行标记、定位，然后把目标从背景中分离出来。

目前，图像分割的方法主要有基于区域特征的分割方法、基于相关匹配的分割方法和基于边界特征的分割方法。采集图像时会受到各种条件的影响，会使图像变得模糊、有噪声干扰，使得图像分割时遇到困难。在实际的图像中需根据景物条件的不同选择适合的图像分割方法。图像分割为进一步的图像识别、分析和理解奠定了基础。

对图像数据进行处理并形成待训练数据后，再根据处理得到的训练集进行特征提取和分类。由于我们所研究的图像是各式各样的，人眼在识别这些图像时，不仅依靠存储在脑海中的图像记忆来识别，还依靠图像所具有的本身特征先将这些图像分了类，然后通过各个类别所具有的本身特征来识别。机器的图像识别也是如此。图像识别实际上是一个分类的过程，为了识别出某图像所属的类别，我们需要根据图像特征将其与不同类别的图像区分开来，这就要求选取的特征不仅能够很好地描述图像，更重要的是还能够很好地区分不同类别的图像。因此特征提取在图像识别过程中非常关键，也是图像识别的重点和难点。常用的图像特征有颜色特征、纹理特征、形状特征、空间关系特征、局部特征点等，根据实现的目标不同可选取不同的特征提取方法。目前，卷积神经网络是最主流的图像特征提取方法之一。此外，特征提取的算法还包括深度残差网络、深度残差收缩网络等。

提取图像特征之后，还需根据不同的特征，将图像划分到不同的类别，实现最小的分类误差，这个对图像特征进行分类预测的过程就是图像分类。在传统机器学习算法中，常用的分类器包括 SVM、随机森林等。其中，SVM 应用最为广泛，它是一种二分类模型，适合中小型数据样本、非线性、高维的分类问题。在深度学习算法中，从 2012 年 Alex Krizhevsky 提出的 AlexNet 网络模型，到 2014 年牛津大学 VGG 组提出的 VGG-Net 模型和谷歌公司研发的 GoogLeNet 模型，再到 2015 年微软研究院何恺明等人提出的 ResNet 网络模型，涌现的这一系列卷积神经网络模型，不但加快了神经网络的训练速度，模型的准确率也有较大提升，极大推动了图像识别领域的发展。

3. 基于神经网络的图像识别技术

近年来，随着计算机技术不断发展，图像数据量也呈指数型增长，为处理海量图像数据，基于神经网络的图像识别技术应运而生。它在传统图形识别的基础上，结合了人工神经网络算法，模拟了人类的神经元进行数据处理，同时具备自主学习的功能，可以提高图像识别过程的稳定性，使得高级计算机的行为和思维更接近于人类。在基于神经网络的图像识别技术中，卷积神经网络由于避免了对图像的复杂前期预处理，可以直接输入原始图像，因而在图像识别领域应用最为广泛。

1）卷积神经网络结构

卷积神经网络是一种前馈神经网络，与普通神经网络非常相似，它的人工神经元可以响应一部分覆盖范围内的周围单元，利于处理大型图像，具有多层次结果，包括卷积层、池化层和全连接层，如图 6-17 所示。

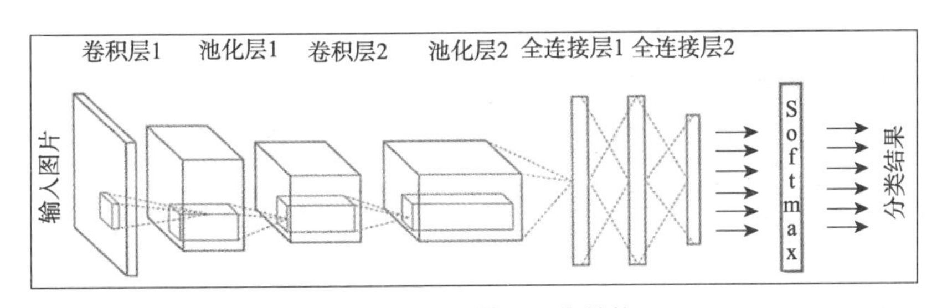

图 6-17　卷积神经网络结构

2）卷积神经网络用于图像识别

用卷积神经网络进行图片识别，一般步骤有：

（1）卷积层初步提取特征；

（2）池化层提取主要特征；

（3）全连接层将各部分特征汇总；

（4）产生分类器，进行预测识别。

卷积层。卷积层实际上是利用卷积核对图像进行卷积运算，主要作用是生成图像的特征数据，它的操作主要包括窗口滑动和局部关联两个方面。窗口滑动即通过卷积核在图像中滑动，与图像局部数据卷积，生成特征图；局部关联即每一个神经元只对周围局部感知，综合局部的特征信息得到全局特征。卷积操作后，需要使用激励函数对卷积结果进行非线性映射，保证网络模型的非线性。

池化层。池化层也称下采样层，是对特征数据进行聚合统计，降低特征映射的维度，减少出现过拟合。设置池化层的主要目的是降低维度、简化神经网络结构、减少网络训练的参数、缩短网络的训练时间。池化的方法有最大池化和均值池化两种，根据检测目标的内容选择池化方法。最大池化的主要作用是对图片的纹理特征进行保留提取，而均值池化主要是对图片的背景特征进行提取。为了使学习到的数据特征更加全局化，数据会经过多层卷积池化操作，再输入全连接层。

全连接层。全连接层会将池化后的多组数据特征组合成一组信号数据输出，进行图片类别识别。

4. 图像识别的典型应用

近年来，图像识别技术经过不断发展，与各行业技术相结合，各种应用层出不穷，在我们的生活中无处不在，如身份证识别、车牌识别、医学影像识别等。下面将主要通过光学字符识别和自动人脸识别（automatic face recognition，AFR）阐述图像识别技术的具体应用。

1）光学字符识别

（1）光学字符识别介绍。光学字符识别，是指电子设备（例如扫描仪或数码相机）检查纸上打印的字符，通过检测暗、亮的模式确定其形状，然后用字符识别方法将形状翻译成计算机文字的过程；即针对印刷体字符，采用光学的方式将纸质文档中的文字转换成为黑白点阵的图像文件，并通过识别软件将图像中的文字转换成文本格式，供文字处理软件进一步编辑加工的技术。OCR 技术充斥、改变着人们的生活，如在银行办理业务时，一个手机就能帮忙扫描身份证，并识别出里面的信息；汽车出高速收费站时，不需要人工收费，走 ETC 通道能自动扣除高速费，用的是车牌识别技术；学习时看到不懂的题，用手机 App 一扫就能在网上找到这题的答案。诸如此类的 OCR 技术在人们日常生活中的应用数不胜数，极大地便利了人们的生活，也促进了人类社会的发展。

（2）基于传统机器学习算法的光学字符识别。

在深度学习出现之前，传统机器学习算法在 OCR 领域占据主导地位。传统的 OCR 基于图像处理（二值化、连通域分析、投影分析等）和统计机器学习（Adaboost、SVM），过去 20 年间在印刷体和扫描文档上取得了不错的效果。其标准的处理流程包括图像预处理、文本行检测、单字符分割、单字符识别、后处理，如图 6-18 所示。

图 6-18　传统 OCR 过程

其中，图像预处理主要是对图像的成像问题进行修正，包括几何校正（透视、扭曲、旋转等）、模糊校正、光线校正等；文本行检测通常使用连通域、滑动窗口两个方向；单字符分割采用垂直投影等方法；字符识别算法主要包括图像分类、模版匹配等。

受传统算法的局限性，传统 OCR 仅在比较规整的印刷文档上表现比较好，在复杂场景之下，如图像模糊、低分辨率、干扰信息等情况下，文字检测、识别性能都不够理想。

（3）基于深度学习算法的光学字符识别。

为了解决传统算法在 OCR 技术上的问题，基于深度学习算法的 OCR 技术应运而生，在 OCR 领域有了长足的发展，相关应用也层出不穷，复杂场景的文字识别性能得到了较大提高。

基于深度学习算法的 OCR 主要分为两步，首先是检测出图像中的文本行；接着进行文本识别，其本质也是识别图片中的文字，即在复杂的图片背景下对所需目标文字进行识别提取，如图 6-19 所示。

图 6-19 基于深度学习算法的 OCR 过程

文字区域定位，顾名思义，即找到包含文字或数字的区域，主要检测方法有基于区域的对象检测和基于回归的对象检测。前者的算法包括 Faster R-CNN 系列，特点是精度较高，缺点是速度慢；后者的算法包括 Yolo 系列，特点是速度快，缺点是精度低。

文字行识别，是对文字区域内的文字进行识别。对于定长字符识别，由于图片中的字符有长有短，我们可以考虑将不同长度的字符转化为同样的长度，典型算法有 Ian Goodfellow 在 2013 年提出的 multi-digit number classification，较适用于少量字符识别，且每个字符之间可以看作独立的识别情景，如门牌号码识别或车牌号码识别。对于不定长字符识别，可以使用专门的不定长字符识别模型，如 CRNN（卷积循环神经网络）字符识别模型，优点是可以产生任意长度的文字，并且能学到文字与文字之间的联系，缺点是计算效率较低。

与传统 OCR 相比，基于深度学习算法的 OCR 技术在多种场景的文字识别上都有较大幅度的性能提升。

（4）光学字符识别常用评估指标。

①文字识别准确率。文字识别准确率分为字符准确率和条目准确率。

字符准确率就是按照单字计算的准确率，有字符识别准确率和字符识别召回率两个指标。字符识别准确率，即识别对的字符数占总识别出来字符数的比例，可以反映识别错和多识别的情况，但无法反映漏识别的情况；字符识别召回率，即识别对的字符数占实际字符数的比例，可以反映识别错和漏识别的情况，但是没办法反映多识别的情况，可以配套字符识别准确率一起使用。

条目准确率是将一个字段算作一个整体，计算识别正确的字段所占测试样本总字段数的比例，可由文本行识别成功率、平均编辑距离和文本行定位的准确率和召回率体现。文本行识别成功率，即识别对的文本行占总文本行的比例，可以反映实际应用场景的可行性和效果；平均编辑距离，平均编辑距离越小，说明识别率越高，平均编辑距离是主要衡量整行或整篇文章的指标，可以同时反映识别错、漏识别和多识别的情况；文本行定位的准确率和召回率，与字符识别准确率和召回率的计算方法类似，不同的是，其主要反映的是文本行定位的情况。

②识别速度。除了识别精度，识别速度也是非常重要的衡量 OCR 性能的指标，尤其在移动端和嵌入式平台的识别速度，是决定 OCR 技术是否可用的衡量标准。

③其他指标。预训练模型大小，即存放训练模型参数文件的大小，对于移植到移动端或嵌入式平台的使用很重要，会影响整个产品的稳定性、易用性及可行性等。

（5）光学字符识别面临的挑战。OCR 目前主要应用在书籍、报纸、图片等的数字化上，高识别率很大程度上依赖输入的图像质量，如纸质材料扫描得到的图像清晰度高，文字识别率也较高，而拍照图片的清晰度低，文字识别率也会降低。除图像清晰度外，OCR 技术识别率还面临光照不足、仿射变换、尺度问题等技术难点。另外，OCR 应用常对接海量数据，因此要求数据能够得到实时处理，并且 OCR 应用常部署在移动端或嵌入式硬件，而端侧的存储空间和计算能力有限，对 OCR 模型的大小和预测速度也有很高的要求。因此，要在复杂场景下实现快速、高识别率的光学字符识别，还需探究更为智能、高效的模型算法。OCR 之路，任重而道远。

2）自动人脸识别

（1）自动人脸识别介绍。自动人脸识别，是基于人的脸部特征信息进行身份识别的一种生物识别技术。用摄像机或摄像头采集含有人脸的图像或视频流，并自动在图像中检测和跟踪人脸，进而对检测到的人脸进行脸部识别的一系列相关技术，通常也叫作人脸识别、人像识别、面部识别。和指纹、虹膜等其他生物识别技术相比，人脸识别具有无接触、快速简便、直观准确、交互性强、性价比高、很难假冒等优势，因此在各个领域应用非常广泛，各种相关应用如考勤打卡、档案管理、身份验证、刷脸支付、人脸归类查询等已经投入使用，并取得了显著效果。

人脸识别技术大致由人脸检测和人脸识别两个环节组成，流程如图 6-20 所示。

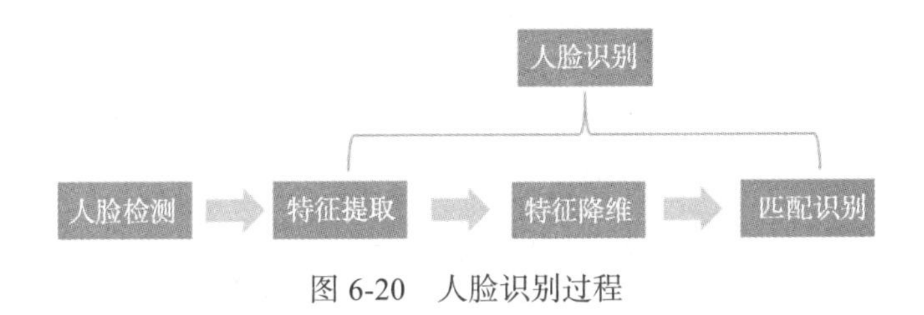

图 6-20　人脸识别过程

人脸检测的目的是寻找图片中人脸的位置。当发现有人脸出现在图片中时，标记出人脸的坐标信息，或者将人脸切割出来。也就是针对输入的人脸图像或者视频流，首先判断其是否存在人脸，如果存在人脸，则进一步给出每个脸的位置、大小和各个主要面部器官的位置信息。

人脸识别由特征提取、特征降维和匹配识别组成。特征提取是从人脸图像中提取所蕴含的身份特征数据；特征降维就是将高维空间的数据映射到低维的子空间中，减少匹配计算度的同时能够有效完成人脸的鉴别和分类工作；匹配识别是在特征提取和特征降维的基础上，将待识别的人脸与数据库中已知的人脸进行匹配比较，建立它们之间的关系，并输出匹配结果。总之，人脸识别就是依据人脸检测后的信息，进一步提取每个人脸中所蕴含的身份特征，并将其与已知的人脸进行对比，从而识别每个人脸的身份。

（2）基于传统机器学习算法的人脸识别。传统机器学习算法下，人脸识别的发展主要还是人脸特征表示方法的改变，经历了三个重要的阶段。

第一阶段是人脸识别研究的早期阶段，主要是基于人脸面部几何结果特征进行研究，包括面部器官的几何特性（如双眼间距、头宽、鼻高）和面部关键特征点的相对几何关系（如两眼角和鼻尖的距离比等）。1965 年，布莱索（Bledsoe）等在 Panoramic Research Inc 发表的第一篇关于自动人脸识别的报告标志着这一阶段研究的开启。基于几何特征的方法一般通过提取人脸关键点如口、鼻、眼等的特征、位置和形状，进行人脸的识别和匹配，优点是计算量小。但是，人脸关键点的定位本身就是一个比较困难的问题，当姿态、表情、光照、遮挡等内在因素和外在环境发生变化时，也容易受到影响，从而导致特征急剧变化、很不稳定；同时提取到的几何特征过于简单，忽略了局部特征，造成部分鉴别信息丢失，降低了人与人之间的可区别性。所以基于几何特征的算法鲁棒性很差，总体识别准确率不高，只适用于人脸粗略识别，无法在实际中应用。

第二阶段的人脸识别研究主要是在比较理想条件下的研究，较适用于理想图像采集条件、用户配合、中小规模数据库的情况。这一时期非常有名的算法是美国麻省理工学院 Turk 等提出的特征脸（EigenFace）方法。基于子空间分析和统计学的方法是这阶段人脸识别方法的主流。这类方法提取的不再是具有一定语义信息的特征，而是从图像中抽取底层物理特征，包括图像灰度特征、局部纹理描述等，并将这些底层物理特征作为初始特征，然后通过训练学习得到更能区分人脸的模型。由于底层物理特征这些原始特征的空间维数很高，不适于直接训练识别，并且原始特征还保留了对识别不利的噪声干扰，因此需要将这些特征进一步降维，使鉴别信息得以集中。而子空间分析方法就是通过特征降维、变换等多种手段，提升特征鉴别能力的。

第三阶段是基于真实条件下，如用户不配合、大规模数据库、光照变化、采集设备变化等人脸识别分析和研究的阶段。这些不理想条件下的人脸识别是人脸识别技术发展的难点，也是人脸识别技术迈向实际应用过程中必须解决的问题。这个阶段的研究有以下几个方向：深入分析和研究不同影响下的人脸识别，包括光照不变人脸识别、姿态不变人脸识别和表情不变人脸识别等；提出不同的分类识别方法，包括以线性判别分析为代表的线性建模方法、以核方法为代表的非线性建模方法和基于 3D 人脸重建的人脸识别方法；采用新的面部特征提取方法，如基于无监督学习的局部描述等。

（3）基于深度学习算法的人脸识别。随着深度学习算法的出现，人脸识别研究也不断深入。基于传统机器学习算法的人脸识别方法，对于面部姿态、表情、相对位置等类内问题和外界的光照、遮挡物、背景等类外问题发生变化后的人脸识别效果往往达不到预期，需要运用深度学习算法，模拟人类视觉感知神经系统的认知过程，获得更具表征力的特征，来解决传统机器学习算法中人脸识别的难题。

在介绍基于深度学习算法的人脸识别方法前，先介绍一个人脸图像数据库——LFW（Labeled Faces in the Wild）。该数据库是目前用得最多的人脸图像数据库，由美国马萨诸塞大学阿默斯特分校计算机视觉实验室整理完成，包含超过 13 000 张的人脸图像，所有的人脸图像来自网络，而非实验室采集。该数据库是为了研究非限制环境下的人脸识别问题而建立，现已成为学术界评价人脸识别性能的重要参照。

下面介绍几个基于深度学习算法的人脸识别方法，有 DeepFace、DeepID、FaceNet 等，在 LFW 数据集上的识别精确度已经超过了人工识别的结果。DeepFace 是 Facebook 提出的网络结构，它通过 3D 模型的人脸对齐方法，利用大数据训练出人工神经网络用于人脸特征提取，被称为深度学习在人脸识别领域的奠基之作。DeepID 是 2014 年香港中文大学多媒体实验室开发的人脸识别模型，之后该团队对模型进行了更新和优化，更新后的两个模型分别为 DeepID2 和 DeepID3，该模型使用了两种深度神经网络框架——VGG-Net 和 GoogLeNet 来进行人脸识别。FaceNet 是谷歌 2015 年提出的一个基于深度卷积神经网络的人脸识别系统，它直接将人脸映射到特征空间，空间的距离代表了人脸图像的相似性，用空间距离的相似度来解决人脸图像的识别问题。上述方法都是在大量训练数据的基础上，提高模型的人脸识别精确度，所以需要收集更多、更全的数据集，以提升复杂环境下人脸识别的精确度。

（4）人脸识别常用评估指标。在人脸识别中，识别精度方面我们主要关注误识率（false accept rate，FAR）和拒识率（false reject rate，FRR）这两个指标。

误识率，是指将身份不同的两张照片，判别为相同身份的概率，即将其他人误作指定人员的概率；拒识率，是指将身份相同的两张照片，判别为不同身份的概率，即将指定人员误作其他人员的概率。误识率和拒识率越低，说明识别精度越好，模型识别性能越好。理想情况下，误识率和拒识率都越低越好，但是误识率会随着计算机判别时采用阈值的增大而减小，而拒识率会随着阈值的增大而增大，两个指标是一个跷跷板，一个指标降低意味着另一个指标会升高，因此需要选择一个合理的阈值点，平衡误识和拒识的情况。

误识率决定了系统的安全性，拒识率决定了系统的易用程度，在实际中，误识对应的风险远远高于拒识，因此，人脸识别系统中，会将误识率设置为一个非常低的范围，如 FAR = 0.001 或 FAR = 0.000 1 甚至 FAR = 0.000 001，即误识率固定在千分之一或万分之一甚至百万分之一的情况下，选择拒识率最低时的阈值。而且在误识率固定的条件下，拒识率低于 5%，这样的系统才有实用价值。

除了识别精度，识别速度也是重要的评价识别性能的指标。根据不同的应用场景，要求的识别速度不同，若识别速度太慢，达不到要求，则无法用于实际场景中。因此，识别速度是衡量人脸识别技术能否实用的一个重要标准。

（5）人脸识别面临的挑战。虽然基于深度学习算法的人脸识别方法在识别精度方面较传统机器学习算法有很大提升，但在实际应用中仍存在很多问题。深度学习算法是在用户能够提供大量的训练数据的基础上效果较好，如果只能提供小量的数据，深度学习算法不能够对数据特征进行无偏差估计，在人脸识别效果上可能还比不上传统机器学习算法。而且目前深度学习算法的计算复杂度较高，需要 GPU（图形处理器）等提升计算能力的硬件支持，在训练过程中，模型参数过多，训练时间也较长，在嵌入式设备上直接运行不方便。

还有，影响人脸识别的因素，如姿态、表情、光照、遮挡等类内和类外问题没有得到根本解决，因此需要继续加强对特定问题的研究，以促进整体人脸识别研究的进步。总而言之，人脸识别未来的发展还需计算机视觉研究者的共同努力。

5. 图像识别的优化

前文提到了图像识别的两个经典案例及其模型训练的流程，但训练的模型只能实现初步的效果，为了达到可商业应用的目标，还需要不断优化，以保证图像识别的精确度，下面将从数据和算法两个方面简单介绍优化方法。

图像识别中，图像数据的好坏直接影响模型算法的设计和效果。既然模型依赖大量训练数据进行特征提取，训练数据错误或者缺失，会极大影响模型效果，那么需要保证训练数据的准确和完善，在图像分析前进行预处理就十分必要。在预处理之前，添加更多数据，扩充训练数据也是提高模型精确度最简单的方法之一，可通过数据增强等方式增加可用数据集，补充数据，提高模型的泛化能力。在预处理中，图像尺寸大小、颜色通道数等数据格式也会影响模型的效果，图像尺寸太小、颜色通道太简单，不利于模型提取特征，图像尺寸太大、颜色通道太复杂，会增加计算机所需的计算资源，训练时间也会增长，因此拿到待处理数据后，需要先确定图像大小、颜色通道数等数据格式，可以用实验的方式确认最适合的图像大小、颜色通道数，再对训练数据进行批量处理，优化数据。

在预处理后，需要根据图像数据对模型进行训练和评估，根据实现目标不同，选择或设计合适的模型算法，先用简单的训练方法看看选择或设计的模型是否工作得很好，再用更复杂的方式进行调整和优化。基于深度学习算法的图像识别技术，网络结构调优和模型训练调参是模型调优的两个重要方向。深度学习网络需要训练大量参数提取图像特征，势必会占用大量的运行时间和计算机存储内存，需要通过网络结构调优和训练调参，在保证图像识别准确率的前提下，减少运行时间和内存消耗。

总之，尽管基于深度学习算法的图像识别技术较基于传统机器学习算法的图像识别技术在精确度上已有很大提升，但它的发展并不完善，仍存在很多问题和挑战，需要持续不断研究去解决。

参 考 文 献

[1] MCCARTHY J, MINSKY M L, ROCHESTER N, et al. A proposal for the Dartmouth summer research project on artificial intelligence[J]. AI magazine, 2006, 27(4): 12-14.

[2] MCCARTHY J. What is AI?/Basic questions[EB/OL].(2007-11-12)[2022-03-31]. http://jmc.stanford.edu/artificial-intelligence/what-is-ai/index.html.

[3] NILSSON N J. The quest for artificial intelligence: a history of ideas and achievements[M]. Cambridge: Cambridge University Press, 2010.

[4] RUSSELL S, NORVIG P. Artificial intelligence: a modern approach[M]. 4th ed. Hoboken: Pearson Education Inc., 2020.

[5] 中国电子技术标准化研究院. 人工智能标准化白皮书（2018 版）[R]. 2018.

[6] 霍布斯. 利维坦[M]. 北京：商务印书馆，2017.

[7] 中国信息通信研究院，中国人工智能产业发展联盟. 人工智能发展白皮书：产业应用篇（2018 年）[R]. 2018：1-55.

[8] 聂明，齐红威. 数据标注工程——概念、方法、工具与案例[M]. 北京：电子工业出版社, 2021.

[9] 张启宏. 基于人工智能的金融监管信息系统[J]. 现代计算机（专业版），2002(6)：49-51，60.

[10] 徐绪松，吴健谋，胡则成. 金融数据分析智能信息处理技术[J]. 科技进步与对策，2000(6)：95-96.

[11] 朱振一，王巍. 人工智能在医疗领域的发展现状及前景分析[J]. 世界最新医学信息文摘，2019，19(50)：77-78.

[12] 朱寿华，凌泽农，周金花. 人工智能技术在医疗健康领域的应用[J]. 电子技术与软件工程，2020(1)：18-19.

[13] 杨家荣. 人工智能与制造业融合的现状及思考[J]. 上海电气技术，2019，12(2)：1-5，15.

[14] 杨铮. 浅析人工智能技术在制造业中的应用[C]//天津市电子学会会议论文集，2019.

[15] 谢晶，王惠俊. 人工智能在零售业中的应用研究[J]. 现代营销（下旬刊），2020(5)：164-165.

[16] 朱燕萍. 关于物联网和人工智能的现代物流仓储应用技术研究[J]. 中国物流与采购，2019(13)：34-35.

[17] 赵溪，苏钰，子任. 客服域人工智能训练师[M]. 北京：清华大学出版社, 2021.

[18] 刘鹏，张燕. 数据标注工程[M]. 北京：清华大学出版社，2019.

[19] 蔡莉，梁宇，朱扬勇，等. 数据质量的历史沿革和发展趋势[J]. 计算机科学，2018，

45(4)：1-10.

[20] 郝爽，李国良，冯建华，等. 结构化数据清洗技术综述[J]. 清华大学学报（自然科学版），2018，58(12)：1037-1050.

[21] 蔡莉，王淑婷，刘俊晖，等. 数据标注研究综述[J]. 软件学报，2020，31(2)：302-320.

[22] 程学旗，靳小龙，王元卓，等. 大数据系统和分析技术综述[J]. 软件学报，2014，25(9)：1889-1908.

[23] 艾瑞咨询. 2020 年中国智能物联网（AIoT）白皮书[R]. 2020.

[24] 胡永波. 人工智能云服务模式的系统架构分析[J]. 集成电路应用，2021，38(5)：98-99.

[25] 王万良. 人工智能导论[M]. 4 版. 北京：高等教育出版社，2017.

[26] 许诘. 试论知识库与知识库管理系统的关系[J]. 武汉工业学院学报，2004，23(4)：51-54.

[27] 沈江，徐曼，孙慧，等. 数据治理：人工智能创建未来城市[M]. 北京：科学技术文献出版社，2021.

[28] 贾俊平. 统计学[M]. 7 版. 北京：中国人民大学出版社，2018.

[29] 张文霖，刘夏璐，狄松. 谁说菜鸟不会数据分析（入门篇）[M]. 北京：电子工业出版社，2013.

[30] 张文霖，狄松，林凤琼，等. 谁说菜鸟不会数据分析（工具篇）[M]. 北京：电子工业出版社，2013.

[31] FORTA B. MySQL 必知必会[M]. 刘晓霞，钟鸣，译. 北京：人民邮电出版社，2009.

[32] MICK. SQL 基础教程[M]. 孙淼，罗勇，译. 北京：人民邮电出版社，2017.

[33] 周逸松. 数据的魔力：基于数据分析的呼叫中心流程改善[M]. 成都：成都时代出版社，2013.

[34] 张晓辉，史耀耀，李山，等. 业务流程分析与优化方法研究[J]. 机械制造，2006，44(499): 62-66.

[35] 王扶东，李兵，薛劲松，等. CRM 中客户关系分析评价方法研究[J]. 计算机工程与应用，2003, 39(31): 201-204.

[36] 黄莉婷，苏川集. 白话机器学习算法[M]. 北京：人民邮电出版社，2019.

[37] 我叫人人. 语音交互：聊聊语音识别——ASR[EB/OL]. (2020-08-19)[2022-03-31]. https:// www.woshipm.com/ai/4144034.html.

[38] 徐彩云. 图像识别技术研究综述[J]. 电脑知识与技术，2013，9(10)：2446-2447.

[39] 张晓娟，高瑾. 计算机图像识别技术的应用及细节问题阐述与分析[J]. 电子技术与软件工程，2016(6)：89.

[40] 恽鸿峰. 计算机图像识别技术的应用及细节问题研究[J]. 数字技术与应用，2016(8)：123-124.

[41] 王天辰. 计算机图像识别技术的应用及细节问题[J]. 电子技术与软件工程，2017(19): 128.

[42] 王晓刚. 深度学习在图像识别中的研究进展与展望[D]. 香港：香港中文大学，

2014.
[43] 徐自远. 面向人工智能算法下图像识别技术分析[J]. 数字技术与应用，2021，39(10): 4-6.
[44] 张琦，张荣梅，陈彬. 基于深度学习的图像识别技术研究综述[J]. 河北省科学院学报，2019，36(3)：28-36.
[45] 周飞燕，金林鹏，董军. 卷积神经网络研究综述[J]. 计算机学报，2017，40(6)：1229-1251.
[46] 顾思宇，梁博文，郑泽宇. TensorFlow：实战 Google 深度学习框架[M]. 2 版. 北京：电子工业出版社，2018：134-147.
[47] 荆涛，王仲. 光学字符识别技术与展望[J]. 计算机工程，2003(2)：1-2，80.
[48] 张婷婷,马明栋,王得玉. OCR 文字识别技术的研究[J]. 计算机技术与发展,2020，30(4)：85-88.
[49] 冯亚南. 基于深度学习的光学字符识别技术研究[D]. 南京：南京邮电大学，2020.
[50] 左腾. 人脸识别技术综述[J]. 软件导刊，2017，16(2)：182-185.
[51] 景晨凯，宋涛，庄雷，等. 基于深度卷积神经网络的人脸识别技术综述[J]. 计算机应用与软件，2018，35(1)：223-231.
[52] 杨巨成，刘娜，房珊珊，等. 基于深度学习的人脸识别方法研究综述[J]. 天津科技大学学报，2016，31(6)：1-10.

附 录

人工智能发展大事记

【孕育时期】

1936 年，艾伦 · 图灵（Alan Turing）提出了一种抽象的计算模型——“图灵机”（Turing Machine）。

1943 年，沃伦 · 麦卡洛克（Warren McCulloch）和沃尔特 · 皮茨（Walter Pitts）发表了《神经活动内在观念的逻辑演算》（*A Logical Calculus of the Ideas Immanent in Nervous Activity*），其中的二元神经元理论为神经网络奠定了基础。

1943 年，诺伯特 · 维纳（Norbert Wiener）、阿图罗 · 罗森布鲁斯（Arturo Rosenblueth）和朱利安 · 毕格罗（Julian Bigelow）共同发表了论文《行为、目的和目的论》（*Behaviour, Purpose and Teleology*），创造了“控制论”（cybernetics）一词。

1946 年，第一台通用电子计算机 ENIAC 诞生。

1948 年，诺伯特 · 维纳的《控制论——或关于在动物和机器中控制和通信的科学》（*Cybernetics: or Control and Communication in the Animal and the Machine*）出版。

1950 年，艾伦 · 图灵发表了论文《计算机器与智能》（*Computing Machinery and Intelligence*），提出将“模仿游戏”作为判断机器是否具有人类智能水平的方法（后称为“图灵测试”）。

1950 年，美国科幻作家艾萨克 · 阿西莫夫（Isaac Asimov）在小说集《我，机器人》（*I, Robot*）中提出了机器人学三定律（Three Laws of Robotics）。

1951 年，马文 · 明斯基（Marvin Minsky）与迪恩 · 爱德蒙（Dean Edmunds）合作建立了第一个人工神经网络 SNARC。SNARC 由 40 个神经元组成，成功地模拟了老鼠在迷宫中寻找食物的行为。

1952 年，亚瑟 · 塞缪尔（Arthur Samuel）开发了第一个计算机跳棋程序，这也是第一个具有学习能力的计算机程序。

1955 年，《人工智能达特茅斯夏季研究项目提案》中首次出现“人工智能”一词。

1955 年，赫伯特·西蒙（Herbert Simon）和艾伦·纽厄尔（Allen Newell）研发的程序“逻辑理论家”（Logic Theorist），证明了怀特黑德（Whitehead）与罗素（Russell）所著《数学原理》中前 52 个定理中的 38 个。

【黄金时期】

1956 年，以“人工智能”为主题的达特茅斯会议召开。

1957 年，弗兰克·罗森布拉特（Frank Rosenblatt）开发了感知器，这是一种早期的人工神经网络，能够基于两层计算器学习网络进行模式识别。

1957 年，诺姆·乔姆斯基（Avram Noam Chomsky）出版了《句法结构》（*Syntactic Structures*），他提出的转换生成语法理论推动了自然语言处理的研究和发展。

1958 年，约翰·麦卡锡（John McCarthy）发明了 LISP 编程语言，后来成为人工智能研究中最流行的编程语言。

1959 年，亚瑟·塞缪尔提出了“机器学习”的概念，将其定义为“它使计算机能够在没有明确编程的情况下进行学习”。

1959 年，约翰·麦卡锡和马文·明斯基共同在麻省理工学院组建了世界上第一个人工智能实验室。

1961 年，第一台工业机器人 Unimate 开始在新泽西州通用汽车工厂的装配在线工作。

1965 年，第一个专家系统 DENDRAL 开始在斯坦福大学研制。

1965 年，麻省理工学院的计算机教授约瑟夫·魏岑鲍姆（Joseph Weizenbaum）开发了第一个聊天程序 ELIZA，它模拟了一个心理医生，可以用英语与人交谈。

1966—1972 年：斯坦福研究所人工智能中心研制了世界上第一台可自主移动的机器人 Shakey。

1968 年，电影《2001 太空漫游》（2001: *A Space Odyssey*）上映，片中刻画了一部叫“HAL9000”的高智能电脑。

1970 年，日本早稻田大学研制出第一台拟人机器人 WABOT-1，它拥有可移动的四肢、视觉能力和交谈能力。

1972 年，斯坦福大学开始研发专家系统 MYCIN，用于识别引起严重感染的细菌并推荐抗生素。

1973 年，英国数学家詹姆斯·莱特希尔（James Lighthill）向英国科学委员会提交的报告《人工智能：一项全面调查》（*Artificial Intelligence: A General*

Survey）出版，该报告对人工智能的批评导致各国政府减少了对人工智能研究的支持，引发了人工智能的第一次寒冬。

【第一次寒冬】

1974 年，保罗·沃伯斯（Paul Werbos）在哈佛大学的博士论文中首次提出了神经网络的误差反向传播算法。

1976 年，雷伊·雷蒂（Raj Reddy）在卡内基梅隆大学的研究团队开发出了语音识别系统 Hearsay I、Harpy、Dragon。

1978 年，卡内基梅隆大学开始为 DEC 公司研发一款能制定计算机硬件配置方案的专家系统 XCON。

1979 年，斯坦福大学人工智能实验室推出的斯坦福推车（Stanford Cart）在无人干预的情况下花了大约 5 小时成功通过了一个放满椅子的房间，成为自动驾驶汽车最早的研究范例之一。

【繁荣时期】

1980 年，专家系统 XCON 投入商业使用，为 DEC 公司节省了大量成本。

1980 年，早稻田大学研制出 Wabot-2 机器人，它能够与人交流、阅读乐谱并在电子风琴上演奏中等难度的曲子。

1982 年，日本政府投资 1 000 亿日元的第五代计算机技术开发计划正式启动。

1982 年，约翰·霍普菲尔德（John Hopfield）提出了最早的递归神经网络 Hopfield 网络。

1982 年，朱迪亚·珀尔（Judea Pearl）发明了贝叶斯网络（Bayesian network），这是一种模拟人类推理过程中因果关系的不确定性处理模型。

1984 年，罗杰·单克（Roger Schank）和马文·明斯基在美国人工智能年会（AAAI）上警告“AI 之冬”即将到来。

1986 年，梅赛德斯-奔驰在恩斯特·迪克曼斯（Ernst Dickmanns）的指导下建造了一辆配备摄像头和传感器的无人驾驶厢式货车。它能够在没有其他障碍物和人类驾驶员的道路上以 55 英里/小时的速度行驶。

【第二次寒冬】

1988 年，朱迪亚·珀尔出版了《智能系统中的概率推理》（*Probabilistic Reasoning in Intelligent Systems*），将概率论方法引入了人工智能推理。

1988 年，IBM 沃森研究中心发表了《语言翻译的统计方法》（*A Statistical Approach to Language Translation*），预示着基于规则的机器翻译向统计机器翻译的转变。

1989 年，雅恩 · 乐昆（Yann LeCun）和贝尔实验室的其他研究人员成功使用卷积神经网络技术，实现了手写邮编的识别。

1990 年，罗德尼 · 布鲁克斯（Rodney Brooks）发表了题为《大象不会下象棋》(*Elephants Don't Play Chess*) 的宣言，他认为符号 AI 已经进入了瓶颈期，并提出了用环境交互打造 AI 的设想。

1992 年，日本的第五代计算机计划宣告失败。

【稳步发展】

1994 年，由加拿大阿尔伯塔大学的计算机科学家乔纳森 · 谢弗（Jonathan Schaeffer）及其同事开发的一款国际跳棋程序奇努克（Chinook）击败了人类国际跳棋世界冠军马里恩 · 廷斯利（Marion Tinsley）。

1995 年，理查德 · 华勒斯（Richard S. Wallace）博士开发了聊天机器人系统 ALICE（Artificial Linguistic Internet Computer Entity，人工语言互联网计算机实体）。ALICE 曾经在 2000 年、2001 年和 2004 年三次问鼎勒布纳奖。

1997 年，塞普 · 霍克瑞特（Sepp Hochreiter）和于尔根 · 施密德胡伯（Jürgen Schmidhuber）联合发表了关于长短期记忆网络（LSTM）的论文，这是一种目前用于手写识别和语音识别的循环神经网络。

1997 年，IBM 的超级计算机深蓝（Deep Blue）击败了世界国际象棋冠军加里 · 卡斯帕罗夫（Garry Kasparov）。

2000 年，麻省理工学院的西蒂亚 · 布雷泽尔（Cynthia Breazeal）博士开发了 Kismet，这是一款可以识别和模拟情绪的机器人。

2000 年，日本本田推出了拥有人工智能的人形机器人 ASIMO，它能够像人类一样快地行走，在餐厅中为顾客上菜。

2001 年，史蒂文 · 斯皮尔伯格（Steven Spielberg）的电影《人工智能》（*Artificial Intelligence*，AI）上映，电影讲述了一个拥有爱的能力的机器人小孩试图融入人类生活的故事。

2004 年，第一届 DARPA 挑战赛在美国莫哈韦沙漠地区举行。这是一项针对自动驾驶汽车的有奖竞赛，但当时没有任何一辆参赛车辆完成 150 英里的路线。

2006 年，英伟达（Nvidia）推出了并行计算平台和编程模型 CUDA。

2006 年，杰弗里 · 辛顿（Geoffrey Hinton）提出了深度学习的概念。

2007 年，普林斯顿大学的李飞飞及其同事开始启动 ImageNet 项目，这是一个用于视觉对象识别软件研究的大型可视化数据库。

2009 年，谷歌启动无人驾驶项目。

2010 年，ImageNet 推出大规模视觉识别挑战赛（ILSVCR）。

【爆发时期】

2011 年，IBM 的 Watson 系统参加美国的《危险边缘》（*Jeopardy*!）智力问答节目，并击败了两位前冠军。

2011 年，苹果的智能语音助手 Siri 问世。

2012 年，首个深层卷积神经网络模型 AlexNet 在 ImageNet 的 ILSVRC 图像分类竞赛中以 15.3%的 top-5 测试错误率赢得第一名。

2014 年，DeepID 系列人脸识别算法的准确率首次超过人眼识别准确率。

2015—2017 年，谷歌 DepMind 的 AlphaGo 不断击败了樊麾、李世乭、柯洁等数位人类顶尖围棋职业棋手。

2018 年，谷歌发布的 BERT 模型在自然语言处理领域取得了重大突破。

2019 年，DeepMind 的 AlphaStar 在电子游戏《星际争霸 2》中排名已超越 99.8%的活跃玩家。